(a) earth (b) milkdrop

図 **3.20** 学習用カラー画像

(a) pepper (b) parrots

図 **3.21** 評価用カラー画像

(a) RvNN の出力画像
 （PSNR = 12.7）

(b) QANN の出力画像
 （PSNR = 14.4）

図 **3.23** 評価用画像入力時のネットワークの出力画像 1（earth 学習）

(a) RvNNの出力画像　　　　　　(b) QANNの出力画像
　　（PSNR = 12.0）　　　　　　　　（PSNR = 14.8）

図 **3.24**　評価用画像入力時のネットワークの出力画像 2（earth 学習）

(a) RvNNの出力画像　　　　　　(b) QANNの出力画像
　　（PSNR = 18.7）　　　　　　　　（PSNR = 18.5）

図 **3.25**　評価用画像入力時のネットワークの出力画像 1（milkdrop 学習）

(a) RvNNの出力画像　　　　　　(b) QANNの出力画像
　　（PSNR = 19.4）　　　　　　　　（PSNR = 18.6）

図 **3.26**　評価用画像入力時のネットワークの出力画像 2（milkdrop 学習）

計測・制御
テクノロジー
シリーズ
6

計測自動制御学会 編

量子力学的手法による システムと制御

伊丹　哲郎
松井　伸之
乾　　徳夫　共著
全　　卓樹

コロナ社

会誌出版委員会 (平成 29 年度)
出版ワーキンググループ

主　　査	小木曽　公尚
委　　員	天　野　　晃
(五十音順)	倉　本　直　樹
	小　林　　洋
	中　茎　　隆
	奈　良　高　明
	安　井　裕　司

ま え が き

まず，本書のテーマを以下に掲げる。

- 状態空間に広がる波を想定した最適フィードバック制御の量子力学
- ニューラルネットワークに量子的な計算ビットを搭載した量子計算知能
- 確率論に量子的もつれを導入して人間行動を分析する量子意思決定論と量子ゲーム理論
- 量子機械と量子グラフ

本書が主として想定する読者は，「普通の大きさ」すなわち「マクロ」の装置やプラントに関わる技術者/研究者である。身の回りの物質が，原子や分子といった「非常に小さい」すなわち「ミクロ」の物質からできていることは常識として知っているが，機械や熱，流体の力学，電磁気あるいは化学反応を扱うことはあっても「量子」は必要ない，そう考えるエンジニアが対象である。本書はマクロな世界を，ミクロの力学を使って解き明かす方法を提示する。その意味で，本書は量子力学ユーザにその新しい活用の用途を与えることにもなる。

「量子」は，製鉄炉内の温度推定のために輻射エネルギーを離散化するという 19 世紀末（1900 年 12 月）に出されたアイデアに端を発し，ミクロ世界を説明するための基本要素となった。ところが，これをあえてマクロの物理・工学システムのみならず人間行動の分析に適用するという試みが，誕生から 1 世紀を経た 2000 年前後に世界各地で起こった。ミクロの物質は波であり，かつ粒子でもある。この事実を反映して，本書でも繰り返し説明・強調するように，システムの状態とは「重ね合わせ」できるベクトルである。また，複素数が関与するため，システム同士の「干渉」がある。このような一見世離れした論理が，古典的なマクロ物理を確かに内包する。であれば，日常世界の難題をより広い視野で捉えるには，それを量子の言葉で書き直すことが一つの有力な方法

論となるのではないか？　事実，非線形システムのフィードバック則は，「量子化」により線形理論で最適化できる。複素位相を持つ「量子描像」ニューラルネットワークは，古典的なニューラルネットワークをはるかに超える性能をもたらす。囚人のジレンマには，「量子的」に解決する途が開かれる。

　海外では，すでにこの新分野の成書も多い。そこで，本書を企画し，量子力学とはどのようなもので，そのなにが有益なのかを，エンジニアを対象として議論・提供しようと考えた。このようなアイデアを中心にすえた成書は，海外にもない。

　1章（伊丹）では，粒子は波，波は粒子であり，木から落ちるリンゴの運動はベクトルであると考えざるを得なくなった紆余曲折の経緯をあえて強調する。「より広い視野」で課題を見直す上では，事実に裏づけられている限り「禅問答」も意外と役に立つ。また，この章ではマクロシステムへの適用に焦点を当てつつ，量子力学の基本構造と計算法を示す。読者はその基礎の理解があれば，続く各章を自由な順で読むことができる。

　2章（伊丹）は，ハミルトン–ヤコビ方程式を媒介として非線形システムのフィードバック最適化を線形理論で扱う。システムの「量子化」により従来の量子力学の計算法が適用できる点を強調する。

　3章（松井）は，量子計算知能をその誕生から説き起こした上で，量子ビットあるいはエンタングルメント（量子的もつれ）をキーワードとして，量子アルゴリズムをサーベイする。ついで，量子描像ニューラルネットワークによる豊富な適用例を与える。古典ニューラルネットワークに比した大幅な性能向上と，それが量子のどの側面に依拠するかについて，詳細な分析を示す。

　以上が工学的な適用であるのに対し，**4**章（全）は量子を人間行動に適用する野心的な試みである。確率の論理を詳述した上で，心理を量子力学的確率で記述することの優位性を強調する。つぎにゲーム理論の量子版を与え，純粋に量子的なナッシュ均衡の存在を強調し，その含意を示す。以上にあっては，実装は古典物理システムであるが，量子システム実装の可能性についても一部で触れる。

まえがき　*iii*

　最後の **5** 章は，ミクロ量子システムとしての設計・製作を前提として，量子機械（乾）と量子グラフ（全）を説明する。書籍で触れられることの少ない発展途上の項目であり，研究アイデアを得るためにもぜひ一読されたい。発展著しい「量子情報」について，そのキーとなる概念は量子的もつれであり，これは **3** 章および **4** 章を通じて詳細な説明がなされている。

　量子力学のシステム・制御分野への適用は，海外においてはすでに確固たる潮流である。これをわが国の技術者/研究者に伝える初めての和書として，本書は刊行される。

　最後に，**3** 章の研究に協力いただいた兵庫県立大学院生の上口大晴氏と峯本俊文氏，松江工業高等専門学校の幸田憲明教授，ならびに兵庫県立大学の礒川悌次郎准教授と西村治彦教授に，また **4** 章と **5** 章の量子グラフの領域について熟読の上コメントをいただいた高知工科大学院生の中村孝明氏に謝意を表したい。

2017 年 10 月

著　　　　者

目　　　次

1. マクロシステムの「量子」的な解析

1.1 日常の世界になぜあえて「量子」を持ち込むのか？ ……………… *1*

1.2 量子力学の基本構成 ……………………………………… *4*

   1.2.1 シュレディンガー方程式と波動の解釈 ………………… *5*

   1.2.2 固有モードの線形重ね合わせと測定の作業仮説 ……………… *7*

   1.2.3 量子力学で記述されるシステム ……………………… *9*

1.3 量子力学的な物理世界 ……………………………………… *12*

   1.3.1 正 準 量 子 化 ……………………………………… *12*

   1.3.2 古典力学との対応 ………………………………… *14*

   1.3.3 集合論的に自明な不等式とその量子力学における破れ ……… *24*

1.4 まとめと展望 ………………………………………… *27*

問　　　題 ……………………………………………… *28*

2. 最適フィードバック制御の量子力学

2.1 非線形フィードバックの「重ね合わせ原理」による最適化 ………… *29*

   2.1.1 最適フィードバックへの揺らぎの導入 ………………… *29*

   2.1.2 非線形制御を包含する線形理論の可能性 ……………… *35*

   2.1.3 最適制御としての力学，力学としての最適制御 ………… *37*

2.2 ディラック括弧と波動方程式 ………………………………… *39*

   2.2.1 ディラック括弧 ………………………………… *39*

2.2.2 最適フィードバック制御のシュレディンガー方程式 ·············	*47*
2.2.3 アフィンシステム ·······································	*48*
2.3 最適フィードバックの近似 ································	*55*
2.3.1 波動関数の経路積分表示 ··························	*56*
2.3.2 定 常 位 相 ····································	*60*
2.4 アルゴリズム ··	*65*
2.4.1 制御定数 H_R の置き換え ······················	*65*
2.4.2 LQ 制御系の適用 ······························	*70*
2.4.3 固 有 値 解 析 ·································	*73*
2.4.4 ランダムウォーク ····························	*81*
2.4.5 開ループ：経路積分とそのモンテカルロ計算 ··················	*87*
2.5 まとめと展望 ···	*95*
問　　　題 ···	*95*

3. 量子計算知能

3.1 量子計算知能の誕生 ·································	*97*
3.2 量 子 計 算 ···	*99*
3.2.1 量 子 ビ ッ ト ··································	*100*
3.2.2 量子レジスタと量子エンタングルメント ················	*101*
3.2.3 量子論理ゲートと量子回路 ·······················	*104*
3.2.4 量子アルゴリズム ····························	*106*
3.3 量子描像ニューラルネットワーク ························	*108*
3.3.1 ニューロンとニューラルネットワーク ··················	*109*
3.3.2 量子計算とニューラルネットワーク ··················	*113*
3.3.3 量子ビットニューラルネットワーク ··················	*115*
3.3.4 量子ビットニューラルネットワークにおける量子効果 ·········	*129*

vi　目　　　　　次

　3.3.5　応用例での性能評価·· 133

3.4　ま と め と 展 望 ·· 138

問　　　　　題·· 139

4.　量子意思決定論と量子ゲーム理論

4.1　量子力学的確率·· 140

　4.1.1　事象の確率的記述と量子力学·································· 140

　4.1.2　ベル不等式の破れと局所的隠れた変数理論の否定·············· 144

4.2　量子意思決定論·· 147

　4.2.1　マクロ世界における量子力学的確率？························· 147

　4.2.2　条件付き確率事象としての人の信念························· 148

　4.2.3　中間的与件の量子的記述·································· 149

　4.2.4　算術平均，幾何平均，量子平均························· 150

　4.2.5　当然原理の破れと連言錯誤································ 152

4.3　ゲーム理論の基礎·· 153

　4.3.1　ゲーム理論の設定，利得行列，効用関数とナッシュ均衡········ 154

　4.3.2　囚人のジレンマとパレート効率性···························· 157

　4.3.3　不完備情報ゲームとハーサニィ理論························· 159

4.4　量子ゲーム理論·· 162

　4.4.1　量 子 戦 略·· 162

　4.4.2　連結確率の非分離性·································· 163

　4.4.3　量子的ナッシュ均衡·································· 166

　4.4.4　量 子 的 利 他 性·································· 168

　4.4.5　相 関 均 衡·································· 170

4.5　量子的不完備情報ゲーム·· 172

　4.5.1　量子的ベイズ-ナッシュ均衡·································· 173

目 次 vii

　4.5.2　純量子的利得とベルの不等式の破れ ·························· 175

4.6　まとめと展望 ·· 178

問　　　　題 ··· 179

5.　量子機械と量子グラフ

5.1　量子アクチュエータ ·· 180

　5.1.1　カシミール力で動くマイクロメカニズム ···················· 180

　5.1.2　光の量子化とカシミール力 ································· 181

　5.1.3　量子アクチュエータの駆動力と制御 ······················· 185

5.2　ナノメカニカル共振器 ·· 189

　5.2.1　機械式共振器の量子ビット ································ 189

　5.2.2　量子ビットの制御 ·· 194

5.3　カシミール効果によるメカニカル共振器の制御 ····················· 197

　5.3.1　グラフェン共振器 ·· 197

　5.3.2　カシミール力によるグラフェンの変形 ······················ 199

5.4　量子グラフ理論とはなにか？ ······································ 202

5.5　特異点のある直線上の量子力学 ···································· 203

　5.5.1　ハミルトニアンの自己共役性と流束の保存 ·················· 203

　5.5.2　接続行列と散乱行列 ······································ 206

　5.5.3　デルタポテンシャルとデルタプライムポテンシャル ··········· 208

　5.5.4　フロップ-筒井型接続 ····································· 209

5.6　半直線と節点の量子力学 ·· 210

　5.6.1　最も一般的なユニタリー接続行列 ·························· 210

　5.6.2　散　乱　行　列 ·· 212

　5.6.3　ユニタリーかつエルミートな散乱行列 ······················ 213

　5.6.4　モジュラ交換対称性とアダマール行列，カンファレンス行列 ··· 215

viii　　目　　　　　次

　　5.6.5　最も一般的な接続条件の実験的実現 ……………………………… 217

　　5.6.6　無反射等透過量子グラフ，等散乱量子グラフの構成例 ……… 218

5.7　量子グラフ理論の応用 …………………………………………… 220

　　5.7.1　外線に外場のある量子グラフ ………………………………… 220

　　5.7.2　無反射端子，無透過端子を持つ量子グラフと平坦量子フィルタ… 221

5.8　まとめと展望 ……………………………………………………… 224

問　　　　　題 ……………………………………………………… 225

引用・参考文献 …………………………………………………… 227

問　題　解　答 …………………………………………………… 234

索　　　　　引 …………………………………………………… 240

1
マクロシステムの「量子」的な解析

1.1 日常の世界になぜあえて「量子」を持ち込むのか？

　量子力学は，大きさが 10^{-10} m（0.1 ナノメートル）程度の「ミクロ」世界の
説明理論である。一方で，読者は「普通の大きさ」の世界に住み，普通の大き
さの機械やプラント，社会や認知システムあるいは人工知能の設計・研究に従
事している。計測の基本となる単位にしても，SI であれば 1 kg，1 m，そして
1 s と，日常的スケールの値である（1 A はいささか大きすぎるが）。そこでは
ミクロをあえて考慮する必要はない。また，ミクロを対象とした研究者にあっ
ても，これを日常的なものとしてイメージするほうが理解の助けになる。例え
ば，分子動力学ユーザにとって，気体とは衝突を繰り返す多くのボールのシス
テムである，といったように。脳の中の神経回路網が非常に小さなエレメント
の集合であるとだれもが思っているが，そこでの信号伝搬は日常的な考えでモ
デル化できる。本書でいう「マクロ（巨視的）」システムとは，この「日常的な
サイズ」の世界のことである。あえてマクロというのは，量子力学の守備範囲
であるミクロ領域と対比するためである。
　では，いったいなぜ，マクロシステムの解析・設計にミクロの量子力学が必
要なのだろうか？
　さまざまな数学的手法やモデリングあるいは法則性の探索において，日常世
界をニュートン力学や熱理論といった，いわば古典的な理論で非常にうまく説
明できた成功体験が，逆にわれわれの考えの自由度を限定しているのかもしれ

2   1. マクロシステムの「量子」的な解析

ない。その考え方の枠組みをより広くするために「量子」の概念が役立ち，か
つ実用上の利益もあるというのが，われわれの主張である。

　20世紀の初め，人類は物理世界の「理解の仕方」そのものの転換を余儀なく
された。そして，結果として得られた量子力学という「考え方」が，いまなお
マクロにも適用されてしかるべき「概念」を，そして方法論あるいはアルゴリ
ズムを，確かに内包しているのである。量子力学はまだ味わい尽くされていな
い！ では，その量子力学とはどのようなものか？ 量子力学の典型的な適用対
象の一つである原子を例にとって説明してみよう。読者の中には，周期律表や
化学の学習を通じて，原子というものが太陽系のようなシステムであり，重た
い核の周りに電子があたかも惑星のごとく回転している，と「絵柄」として理
解している人も多いかもしれない。しかし，20世紀初めの原子は実験的にはミ
ニ太陽系であったにもかかわらず，その描像は認めがたかった。原子とはスイ
カのようなもので，赤身のそこここにある種のように電子が散らばっていたの
である。なぜか？ 電子が惑星のごとく中心（原子核）の周りを回転すると電磁
輻射を続ける。すると，電子はいずれ回転エネルギーを使い尽くして核に墜落
してしまう。原子を，質量の大部分を持つ核の周りに軽い電子が回るシステム
と見るためには

　　　原子の中の電子とは，ドラムヘッドの振動モードのようなもので
　　　ある

と考えざるを得ない。このような発想の口火を切ったのは，製鉄炉内の温度推
定の問題であった。正しくスペクトルを説明するには

　　　電磁輻射のエネルギーは離散値しかとれない

としなければならない。これらを体系的に説明するために量子力学が構築され
る。しかし，そこでは

　　　物理量とは線形演算子（行列）であって，
　　　それが作用するベクトルが物理システムの状態なのである

1.1 日常の世界になぜあえて「量子」を持ち込むのか？ 3

という古典物理とは似ても似つかない理論構成になってしまった。しかも，ルールを追加しなければならない。すなわち，システムを計測すると，連続的に時間変化していたベクトルが一つの固有モードに突然に変化し，対応する固有値が計測値になる。このシステムの連続的な時間変化と状態の突然のジャンプ（波束の収縮）の合体が，量子力学である。いまだに，ジャンプのルールをどう解釈するかの議論は尽きない。量子力学を理解している人間は一人もいない[1]†のである。しかしなお，不思議な波束の収縮の考えを含め，量子力学は確かに自然現象を完全に正しく記述する。そして，古典物理をある極限の形態としてその中に含む。

解釈問題はその道の専門家に任せるとして，ここであえて量子力学をマクロシステムに適用する理由が見えてくる。これは大きく二つがある。

- まず，量子物理が古典物理を包含しているという事実に着目したいわば「拡張性」である。マクロ世界の解析が古典物理の法則性に従ってなされるとしても，古典を含む量子の概念を使ってこれを見直すことで，より豊富な内容が得られる可能性がある。

- もう一つは，量子力学が波の理論であることから「線形性」を持つことである。この特徴は計算の並列化の枠組みの中で，すでに 10〜20 年前から「量子計算」，「量子情報」として活用が試みられている。われわれもその線形性，計算並列化を量子計算，量子情報とは別の観点から活用する。

以上の拡張性・線形性をうまく使えば，量子力学はマクロであれなんであれ，その考え方を適用できるのではあるまいか？ さらに，量子力学を理解している人間は一人もいないというのなら，（その対偶をとるわけにはいかないが）逆にだれ一人理解していない日常世界のさまざまな現象があれば，それを「量子力学的」に分析するという道があってもよいのではないか？

そして，このような観点に基づいて，海外ではすでに量子の概念を例えば認知科学においてまでも導入しようという潮流[2]〜[5] が起こりつつある。そこで，

---

† 肩付き番号は巻末の引用・参考文献を示す。

4　　*1.　マクロシステムの「量子」的な解析*

本書では日本発のアイデアを中心に，この潮流を紹介する。概要は**表1.1**に示すとおりである。

表1.1　量子の対象と潮流

対象	枠組み （基礎理論）	拡張のための 量子的な概念	目的	章
最適フィードバック制御	ハミルトン－ヤコビ理論	状態空間に広がる波	量子力学計算ツールの活用	**2**
人工知能（計算知能）	ニューラルネットワーク	量子的な計算ビット	量子描像による性能向上	**3**
人間行動の科学	確率論	量子的もつれと位相	人間心理，社会性の説明	**4**

なお，学習の便宜のため，参考となる入手しやすい日本語（翻訳含む）の教科書をここで列記しておく。

- 量子力学全般：『岩波基礎物理シリーズ/量子力学』[6]
- 制御関係：『入門現代制御理論』[7]
- ニューラルネットワークなど：『複素ニューラルネットワーク 第2版』[8]
- ゲーム理論：『ゲーム理論新版』[9]
- 量子機械：『現代の量子力学（下）』[10]
- 量子グラフ：『量子力学の基礎』[11]

1.2　量子力学の基本構成

まず，**1.2.1**項では，量子力学の歴史を簡単に振り返りつつシュレディンガー方程式（1926年）に至った背景[12]を示す。これは，物質に随伴した波動とはいったいなにか？を解釈付けていく過程でもある。**1.2.2**項で見るとおり，波動関数の固有モードへの分解を通して，その波動とは固有モード出現の確率を表す量である，とする考え方が出てくる。この確率波の導入により，ミクロ現象をすべて説明できる。ここに，実用の計算アルゴリズム[13]としての量子力学が確立された。**1.2.3**項では，調和振動子を例として〔**1**〕でシュレディンガー

方程式による固有エネルギー計算法を，また〔2〕で固有モードが出現する確率の計算をスピン $\frac{1}{2}$ の系を例にとり説明する。

1.2.1 シュレディンガー方程式と波動の解釈

19世紀末，ドイツ物理学は産業と一体となり，特に製鉄技術の核となる炉内温度の推定のために輻射エネルギーの分析が課題となっていた。炉内輻射を理想化した黒体輻射のエネルギー強度のスペクトルは，振動数 ν の低い領域では電磁場の古典波動描像に基づいた $\sim \nu^2$（レイリー－ジーンズの公式）により，一方，高振動数では現象論的に得られた指数関数的な減衰（ウイーンの公式）により実験結果と合わされていた。この状況でプランクは全振動数にわたるフィッティング式を提出した。振動数 ν の電磁場が定数 $h = 6.6261 \times 10^{-34}$ J·s を単位として

$$E = h\nu \tag{1.1}$$

を塊とする離散的なエネルギーを持つとすれば，フィッティング式を統計力学的に導出できることを，彼は見出した（1900年）。

この量子仮説 (1.1) は，アインシュタインによって光電効果の説明に積極的に利用された（1905年）。同時期に，当時の最先端物理である原子系物理において物理量が離散値をとるという特徴がはっきり見えてきていた。ボーアは孤立系として対処の容易な水素原子に焦点を定め，プランク定数 h を導入することで，その光スペクトルを説明した（1913年）。しかし，それはニュートン力学とも電気力学とも矛盾する完全な現象論であり，しかも内容の理解しにくい代数的なものであった。

この状況の中に，フランス貴族にして物理学の常識に従うなんの理由も知識も持たず，しかし兵役を経て電気通信の実務への感覚を修養してきたド・ブロイが登場した。光が粒子のようなエネルギーの塊であるなら，運動量 p の物質にも波長 λ の波が付随していておかしくはないと，彼は発想した（1924年）。運動量 p の粒子は，次式で決まる波長 λ の波でもある。

6   *1. マクロシステムの「量子」的な解析*

$$\lambda = \frac{h}{p} \tag{1.2}$$

そして，彼は，原子の中で物質波が定常波となるという直観的にわかりやすい条件として，ボーア説を導いた。粒子は霧箱に確かな軌跡を描いて走るため，それまで古典的な描像に疑問は感じられなかった。しかし，ド・ブロイ説 (1.2) の成功に刺激され，結晶による粒子の回折を調べる実験が成功裡に続いた。こうして，1928 年頃までには，ド・ブロイの考える物質波は確立された。

さて，波動において波の広がりを Δx とする。この中に 2π は $\dfrac{\Delta x}{2\pi}$ 個だけあり，波数 k とは 2π の中の波の数であるから，波長 λ なら $k = \dfrac{2\pi}{\lambda}$ である。そして，この Δx の中に波数 k の波は $k \times \dfrac{\Delta x}{2\pi}$ 個ある。波の強さが徐々に消えていくため，波の数のカウントに誤差 Δk は不可避であり，それが最小 ± 1 とすると $\Delta k \times \dfrac{\Delta x}{2\pi} \gtrsim 1$（1 よりやや大きい）である。これはなんの変哲もない，古典的であれなんであれ，波であれば必ず避けられない誤差である。これに h を乗じてみる。すると，物質波であれば式 (1.2) を適用するため，ハイゼンベルグの不確定性原理（1927 年）

$$\Delta x \Delta p \gtrsim h \tag{1.3}$$

が帰結する。すなわち，粒子の位置と運動量の値を同時に正確に知ることは不可能となった。これは，物質粒子をも波動として理解するために払わなければならない代償である。しかし，粒子を波動と見なすというのは一体どういう意味なのだろうか？ また，粒子の位置と運動量を同時に知ることを前提としたニュートン力学は，どう改変されなければならないだろうか？

もはや物質も波であるから，基本方程式を波の運動として表現しようとする考えが起こってきた。ただし，それは線形であって波を重ね合わせ干渉が起きるようなものでなければならない。そこで，実験事実としての式 (1.1) と式 (1.2) を使い，エネルギーと運動量の関係 $E = \dfrac{p^2}{2m}$ を書き直してみる。数式を簡潔にするには $\hbar \equiv \dfrac{h}{2\pi}$ を定義すると便利であり，本書では以降でこの $\hbar$ を使う。

すると $\hbar\omega = \dfrac{\hbar^2}{2m}k^2$ である。ここでフーリエ変換の基底 $e^{i(kx-\omega t)}$ であれば $\omega \times (\omega \text{ の乗算}) = i\dfrac{\partial}{\partial t}$（時間微分），$k \times (k \text{ の乗算}) = -i\dfrac{\partial}{\partial x}$（空間微分）であることを受けて，波動を表すある関数 $\psi(x,t)$ に

$$\hbar \left(i\frac{\partial}{\partial t} \right) \psi(x,t) = \frac{\hbar^2}{2m} \left(-i\hbar\frac{\partial}{\partial x} \right)^2 \psi(x,t) \tag{1.4}$$

という波動方程式を課することになる。式 (1.4) は確かに線形であり，また粒子質量と普遍的な物理定数であるプランク定数のみを含むため，さまざまな物質に適用しうる基礎式と考えてよい。また，ポテンシャル $V(x)$ による力を受ける場合のエネルギーが $E = \dfrac{p^2}{2m} + V(x)$ であることを考えて，式 (1.4) を拡張した

$$i\hbar\frac{\partial \psi(x,t)}{\partial t} = -\frac{\hbar^2}{2m}\frac{\partial^2 \psi(x,t)}{\partial x^2} + V(x)\psi(x,t) \tag{1.5}$$

を，波動のダイナミクスを表現する基礎式としシュレディンガー方程式（1926 年）と呼ぶ。これは時間の常微分方程式であるニュートンの運動方程式 $m\ddot{x} = -\dfrac{\partial}{\partial x}V$ とはまったく違う時間・空間の偏微分方程式であるが，ミクロ現象をよく説明できた。

1.2.2 固有モードの線形重ね合わせと測定の作業仮説

こうして，まず運動量 p, 座標 x の関数として物理系のハミルトニアン $H(p,x)$ $= E$（エネルギー）を探し当てる。そして，$H \to i\hbar\dfrac{\partial}{\partial t}$ と $p \to -i\hbar\dfrac{\partial}{\partial x}$ にそれぞれ置き換えた演算子を波動関数 ψ に作用すれば，式 (1.5) の波動方程式を得る。このような理論的な整備が進んでいき，本来の波である電磁場への適用もこの方向で研究された生成消滅演算子の概念を使う（**5.1.2** 項参照）。また，運動量を演算子で置き換えることで，不確定性原理を（あれやこれやの半定量的な概念を使ってではなく）直接に計算し，式 (1.3) の曖昧な不等号もどきの $\gtrless$ は，確かな不等号 $\geqq$ になった。そして，シュレディンガー方程式は線形であるから，重ね合わせ原理が成り立つのである。これは状態が関数空間のベクトルとして表現され，ベクトルの和もまた状態であるという記述を導く。しかし，

8   *1. マクロシステムの「量子」的な解析*

この段階でも，粒子の「波動」性がいったいなにを意味するのかは，いまだに不明確なままである。

さて，ハミルトニアン演算子

$$\hat{H} = -\frac{\hbar^2}{2m}\frac{\partial^2}{\partial x^2} + V(x) \tag{1.6}$$

は線形であるから，固有値解析により系を固有値モードの和，すなわち線形重ね合わせとして表現できる。すなわち，固有値 E_n とそれに属する固有関数 $\varphi_n(x)$ は

$$\hat{H}\varphi_n(x) = E_n\varphi_n(x) \tag{1.7}$$

を満たす。これを使い，波動関数 $\psi(x,t)$ を

$$\psi(x,t) = \sum_n a_n e^{\frac{1}{i\hbar}E_n t}\varphi_n(x) \tag{1.8}$$

と表現できる。係数 a_n は波動関数の時間境界条件から決まる。

ここまで来て初めて，粒子に随伴する波動が，つぎのように解釈[14]される。

波動関数 (1.8) が規格化 $\left(\int dx|\psi|^2 = 1\right)$ されているとする。また，各モードも規格化しておく：$\int dx|\varphi_n|^2 = 1$（任意の n）。このとき，ψ で表される物理的状態でエネルギーを計測すると，状態は ψ であったものが突然エネルギー計測値が E_n であり $\varphi_n(x)$ で表現される状態に跳び移り，その跳び移り確率は $|a_n|^2$ に等しい。また，計測値が固有値 E_n 以外の値をとることはけっしてない。

エネルギー以外の物理量についても同様にこの解釈を適用する。そして，規格化条件 $\int dx|\psi|^2 = 1$ とは，確率の総和が 1 という意味を持つ。この「解釈」により，さまざまなミクロ現象はすべて説明できたのである。なお，計測値は実数である。ということは，物理量を表す演算子の固有値は実数しか許されない。このことから，物理量はエルミート演算子となる。この跳び移りは波束の収縮と呼ばれ，さまざまな議論・混乱を引き起こしていまに至っているが，こ

れは量子力学が整備されたあかつきに説明されるべき暫定的な仮説と理解するのが妥当である[15]。そこで，上の解釈をあらためて「測定の作業仮説」と呼ぶことにする。なお，計測プロセスを含めたシステムの量子ダイナミクスの解析には，密度行列が必要である。しかし，密度行列は本書では扱わないので，ここでも立ち入らない。

1.2.3 量子力学で記述されるシステム

〔1〕 調和振動子　シュレディンガーの固有値方程式の簡単な適用として調和振動子ポテンシャル

$$V(x) = \frac{m\omega^2}{2}x^2 \tag{1.9}$$

のもとで動く1次元空間の質点を考える。ハミルトニアン演算子は

$$\hat{H} = \frac{p^2}{2m} + V(x) = -\frac{\hbar}{2m}\frac{\partial^2}{\partial x^2} + \frac{m\omega^2 x^2}{2} \tag{1.10}$$

である。このハミルトニアンに対する固有値方程式 (1.7) を具体的に計算する。変数変換

$$\xi = \sqrt{\frac{\hbar}{m\omega}}x \tag{1.11}$$

により，固有値方程式 (1.7) は

$$-\frac{d^2}{d\xi^2}\psi + \xi^2\psi = \frac{E}{\dfrac{\hbar\omega}{2}}\psi \equiv \eta\psi \tag{1.12}$$

となる。固有関数を漸近挙動

$$\psi_0(\xi) = e^{-\frac{1}{2}\xi^2} \tag{1.13}$$

と有限 n 次多項式 $(a_n \neq 0)$

$$H_n(\xi) = a_0 + a_1\xi + \cdots + a_n\xi^n \tag{1.14}$$

の積に設定する。式 (1.13) は式 (1.12) の $\eta = 1 \equiv \eta_0$ の固有関数である。これを固有値方程式で使うと

$$-2\frac{d\psi_0}{d\xi}\frac{dH_n}{d\xi} - \psi_0\frac{d^2H_n}{d\xi^2} = (\eta_n - \eta_0)\psi_0 H_n \equiv \Delta\eta_n\psi_0 H_n \qquad (1.15)$$

となり，この式 (1.15) の両辺を ψ_0 で除した上で，ξ^m の係数を等値する。

$$-2a_2 = \Delta\eta_n a_0 \qquad (1.16)$$

$$2a_1 - 6a_3 = \Delta\eta_n a_1 \qquad (1.17)$$

$$\vdots$$

$$2na_n = \Delta\eta_n a_n \qquad (1.18)$$

式 (1.16) から式 (1.18) は，ベクトル $(a_0, a_1, \cdots, a_n)$ の固有値 $\Delta\eta_n$ に属する固有値方程式をなす。式 (1.18) より，$a_n \neq 0$ を仮定しているから，ただちに $\Delta\eta_n = 2n$ を得る。

〔**2**〕**ス ピ ン**　　電子に関わる実験結果を説明するためには，それがあたかも自転しているかのような角運動量 $\vec{S}$（スピン）の自由度を持つと仮定する必要があった。$s = \dfrac{1}{2}$ として，その大きさ $|\vec{S}|$ は $\sqrt{s(s+1)}\hbar$，空間の任意方向（$\vec{n}$）のスピン成分 $S_{\vec{n}} \equiv \vec{S}\cdot\vec{n}$ は 2 値で $\pm s\hbar$ であった。角運動量であるから，演算子の成分の間に $\vec{L} \equiv \vec{x}\times\vec{p}$ 同様のサイクリックな関係が成り立つ。

$$[S_x, S_y] = i\hbar S_z, \quad [S_y, S_z] = i\hbar S_x, \quad [S_z, S_x] = i\hbar S_y \qquad (1.19)$$

これらの要求は，以下の成分を持つスピン行列

$$\sigma_x = \begin{bmatrix} 0 & 1 \\ 1 & 0 \end{bmatrix}, \quad \sigma_y = \begin{bmatrix} 0 & -i \\ i & 0 \end{bmatrix}, \quad \sigma_z = \begin{bmatrix} 1 & 0 \\ 0 & -1 \end{bmatrix} \qquad (1.20)$$

により

$$\vec{S} = \frac{\hbar}{2}\vec{\sigma} \qquad (1.21)$$

とすることで満足する。式 (1.21) は確かに関係式 (1.19) を満たす。また

$$\vec{S}^2 = S_x{}^2 + S_y{}^2 + S_z{}^2 = \frac{3\hbar^2}{4}\begin{bmatrix} 1 & 0 \\ 0 & 1 \end{bmatrix}$$

1.2 量子力学の基本構成 *11*

も実験と合う。さらに，$\vec{n} = (\sin\theta\cos\phi, \sin\theta\sin\phi, \cos\theta)$ として成分 $S_{\vec{n}}$ を作用すればすぐわかるように，固有値 $+\dfrac{\hbar}{2}$ と $-\dfrac{\hbar}{2}$ の固有ベクトルがそれぞれ

$$\uparrow_{\vec{n}} = \begin{bmatrix} \cos\dfrac{\theta}{2}e^{-i\phi} \\[2mm] \sin\dfrac{\theta}{2} \end{bmatrix}, \qquad \downarrow_{\vec{n}} = \begin{bmatrix} \sin\dfrac{\theta}{2}e^{-i\phi} \\[2mm] -\cos\dfrac{\theta}{2} \end{bmatrix} \tag{1.22}$$

である。すなわち，$\uparrow_{\vec{n}}(\downarrow_{\vec{n}})$ は $\vec{n}$ の方向（反対方向）を向いたスピンである。

さて，つぎにスピンが二つ合体した系を記述する。特に z 方向（$\theta = \phi = 0$）を上方向と考えて，$S_z = +\dfrac{\hbar}{2}$ と $-\dfrac{\hbar}{2}$ の固有関数を $\uparrow$ と $\downarrow$ と書く。そして，ある場所に $\uparrow$ と $\downarrow$ の二つのスピンを合体して，全体として角運動量がゼロになっている系を作り，その波動関数 ψ_0 を計算する。そのために，まず，この系でスピン z 方向を計測するとゼロになるように $\uparrow$ と $\downarrow$ を逆向きに合体する。それは，L と R を二つのスピンを区別する指標として $\uparrow_L\downarrow_R$ と $\downarrow_L\uparrow_R$ の二つの可能性があるので，これらの「重み付き和」をとる。$\uparrow_L\downarrow_R$ もしくは $\downarrow_L\uparrow_R$ それぞれだけでは，計算すればすぐわかるように，全スピンがゼロの固有状態にはならない。全スピンがゼロ，すなわち $|\vec{S}_L + \vec{S}_R| = 0$ の条件も入れると，一方の重みは 1，他方は -1 と結論される。

$$\psi_0 = \frac{\uparrow_L\downarrow_R - \downarrow_L\uparrow_R}{\sqrt{2}} \tag{1.23}$$

ここで，規格化 $\psi_0^\dagger\psi_0 = 1$ のため，全体を $\sqrt{2}$ で除している。

さて，この式 (1.23) の ψ_0 で L が $\vec{n}$ 方向にプラス，すなわち $\uparrow_{L\vec{n}}$，かつ R が $\vec{m}$ 方向にもプラス，すなわち $\uparrow_{R\vec{m}}$ となる確率を計算する。物理量 $S_{\vec{n}}^{(L)}$ と $S_{\vec{m}}^{(R)}$ の固有ベクトルが $\uparrow_{L\vec{n}}$ と $\uparrow_{R\vec{m}}$ であり，複合系はその積

$$\psi_{L\vec{n},R\vec{m}} = \uparrow_{L\vec{n}} \uparrow_{R\vec{m}} \tag{1.24}$$

である。ゆえに，求める確率は **1.2.2**項の測定の作業仮説に基づき，ψ_0 の $\psi_{L\vec{n},R\vec{m}}$ への射影の絶対値平方 $\left|\psi_{L\vec{n},R\vec{m}}^\dagger\psi_0\right|^2$ である。すなわち

$$P_{L\vec{n},R\vec{m}} = \frac{1}{2}\left|\cos\frac{\theta_{\vec{n}}}{2}e^{-i\phi_{\vec{n}}}\sin\frac{\theta_{\vec{m}}}{2} - \sin\frac{\theta_{\vec{n}}}{2}\cos\frac{\theta_{\vec{m}}}{2}e^{-i\phi_{\vec{m}}}\right|^2$$

で，特に $\phi_{\vec{n}} = \phi_{\vec{m}} = 0$ であれば加法公式を使って

$$P_{L\vec{n},R\vec{m}} = \frac{1}{2}\sin^2\frac{\theta_n - \theta_m}{2} \tag{1.25}$$

と与えられる。

1.3 量子力学的な物理世界

　本節では，量子力学的な記述の特徴をあらためて確認する。そのために，**1.3.1**項では，物理システムの「実体論的な知識」の上にシュレディンガー方程式を構築するためのレシピである正準量子化の方法をまとめておく。ここでは，量子力学系にあっても，あくまで古典力学的な運動方程式の論理が支配することが強調される。その上で，**1.3.2**項で古典力学との対応を説明する。ここでは，経路積分による量子力学の再定式化（〔**1**〕）と量子ポテンシャルによる解釈（〔**2**〕）が与えられる。これらには，**2**章のフィードバック制御の量子アルゴリズムにおいて必要となるテクニックが含まれる。なお，古典力学では理解できない現象として，トンネル効果と二重スリットによる干渉がある。これらは量子力学による説明を要するものであり，末尾で簡単に触れる。つぎに，**1.3.3**項で，量子力学の基礎にある重ね合わせ原理が集合論的に自明な不等式を破ること[16]に着目する。ここでは，不等式の自明性に焦点を当てる。これは，量子ゲーム理論（**4.4**節）を学ぶ上で考慮されているべき事項である。また，量子力学と日常世界の興味深い関係については文献17) も参照されたい。

1.3.1　正準量子化

　1次元質点の古典力学を簡単に振り返る。保存力ポテンシャル V のもとで質量 m の質点が運動していると，座標 x と運動量 p_x の時間トレンドは，方程式の組

$$\frac{dx}{dt} = \frac{p_x}{m} \tag{1.26}$$

$$\frac{dp_x}{dt} = -\frac{\partial V}{\partial x} \tag{1.27}$$

で計算される。方程式 (1.26) は運動量 p_x の定義であり，ラグランジアン

$$L(x, \dot{x}) = \frac{m}{2}\dot{x}^2 - V(x) \tag{1.28}$$

から $p_x = \dfrac{\partial L}{\partial \dot{x}}$ として得られる。このように，いったん運動量が計算できれば，ルジャンドル変換 $H(x, p_x) = \dot{x}p_x - L(x, \dot{x})$ によってハミルトニアン

$$H(x, p_x) = \frac{p_x^2}{2m} + V(x) \tag{1.29}$$

が計算される。このハミルトニアンは，運動エネルギー $\dfrac{p_x^2}{2m}$ とポテンシャルエネルギー $V(x)$ の和である。力学変数 ω と σ のポアソン括弧が古典力学の基本量

$$\{\omega, \sigma\} \equiv \frac{\partial \omega}{\partial x}\frac{\partial \sigma}{\partial p_x} - \frac{\partial \omega}{\partial p_x}\frac{\partial \sigma}{\partial x} \tag{1.30}$$

であり，x とその正準運動量 p_x の間でつぎの関係が算出される。

$$\{x, p_x\} = 1 \tag{1.31}$$

さて，量子力学に移行するには，古典力学のハミルトニアンで置き換え，すなわち $p_x \to \hat{p}_x = -i\hbar\dfrac{\partial}{\partial x}$ をすればよいのであった。ところが，任意の関数 f に対して計算

$$(x\hat{p}_x - \hat{p}_x x)f = x\hat{p}_x f - \hat{p}_x(xf)$$
$$= x\hat{p}_x f - ((\hat{p}_x x)f + x\hat{p}_x f) = -(\hat{p}_x x)f = i\hbar f \tag{1.32}$$

ができる。すなわち，交換関係という 2 項演算

$$[\hat{\omega}, \hat{\sigma}] = \hat{\omega}\hat{\sigma} - \hat{\sigma}\hat{\omega} \tag{1.33}$$

を導入しておけば，式 (1.32) は

$$[x, \hat{p}_x] = i\hbar \tag{1.34}$$

14   1. マクロシステムの「量子」的な解析

と書ける。置き換え $p_x \to \hat{p}_x$ が，ポアソン括弧の交換関係への置き換え

$$i\hbar\{\omega, \sigma\} \to [\hat{\omega}, \hat{\sigma}] \tag{1.35}$$

に一般化されたわけである。この置き換えを正準量子化と称する。注意すべき
なのは，式 (1.29) を正準量子化して得られるシュレディンガー方程式は，古典
力学が非線形であっても線形であることである。また，質点の質量が m であ
ることや，そこに保存力ポテンシャル $V(x)$ が作用すること，これらの情報が
古典力学的な考察から得られることにも注意する。あくまでまず古典力学があ
るのであって，あらかじめ「量子」の運動を規定するなにかが存在するのでは
ない。

　後の章の便宜のため，自然界にボーズとフェルミという 2 種類の粒子がある
ことを，正準量子化との関係において紹介する。調和振動子 (1.10) に注目する。
力学変数 x と p_x を $x = \sqrt{\dfrac{\hbar}{2m\omega}}(a^\dagger + a)$, $p_x = i\sqrt{\dfrac{m\hbar\omega}{2}}(a^\dagger - a)$ で a と $a^\dagger$ の
変数に変換すると，式 (1.34) は $[a, a^\dagger] = aa^\dagger - a^\dagger a = 1$ を導く。ハミルトニア
ンは $H = \left(a^\dagger a + \dfrac{1}{2}\right)\hbar\omega$ になり，$a^\dagger a$ は固有値 $n = 0$ と自然数である。そこ
で，固有関数に関わる式 (1.18) のインデックス n は，エネルギー $\hbar\omega$ の量子の
個数（任意の個数が可能）と解釈できる。しかし，自然界にはフェルミ粒子と
いう，この個数が $n = 0$ か 1 しかとれない量子がある。これを導くには，交換
関係を $aa^\dagger + a^\dagger a = 1$ と修正するだけでよいことがわかっている。一方で，も
ともとの交換関係に従う量子はボーズ粒子と呼ばれる。

1.3.2　古典力学との対応

　量子力学は古典力学の拡張である。拡張であるからには，量子力学は古典力
学を包含する必要がある。ミクロ物理を特徴付け，マクロ物理に顔を出さない
パラメータは，プランク定数 $\hbar$ である。すなわち，物理系においてプランク定
数がゼロと見えるのであれば，系はニュートンの法則に従うはずである。これ
を対応原理と称する。以下でこれを示すための二つの方法を示す。

〔**1**〕**経路積分**　波動関数を基本的な波の重ね合わせで表す。シュレディンガー方程式に基づき，時刻 t の波動は $t-\varepsilon$ によりつぎのように構成できる。着目する時刻 t に焦点を当てて，座標を x_t と書くと，$O(\varepsilon^n)$ を n 位の無限小量（$\varepsilon \to 0$ で $O(\varepsilon^n)/\varepsilon^n \to$ 有界）として

$$i\hbar\frac{\psi(x_t,t)-\psi(x_t,t-\varepsilon)}{\varepsilon}=\hat{H}_{x_t}\psi(x_t,t-\varepsilon)+O(\varepsilon) \tag{1.36}$$

すなわち

$$\psi(x_t,t)=\psi(x_t,t-\varepsilon)-\varepsilon\frac{i}{\hbar}\hat{H}_{x_t}\psi(x_t,t-\varepsilon)+O(\varepsilon^2)$$
$$=e^{-\frac{i}{\hbar}\varepsilon\hat{H}_{x_t}}\psi(x_t,t-\varepsilon)+O(\varepsilon^2) \tag{1.37}$$

となる。デルタ関数を使えば，右辺の $\psi(x_t,t-\varepsilon)$ は時刻 $t-\varepsilon$ でのあらゆる地点 $x_{t-\varepsilon}$ での波の重ね合わせで表現できる。

$$\psi(x_t,t-\varepsilon)=\int dx_{t-\varepsilon}\delta(x_t-x_{t-\varepsilon})\psi(x_{t-\varepsilon},t-\varepsilon) \tag{1.38}$$

座標を「重心」$X=\dfrac{x_t+x_{t-\varepsilon}}{2}$ と「相対」$r=x_t-x_{t-\varepsilon}$ に変換し，またデルタ関数のフーリエ成分表現を使うと

$$\hat{H}_{x_t}\delta(x_t-x_{t-\varepsilon})=\left\{-\frac{\hbar^2}{2m}\frac{\partial^2}{\partial r^2}+V\left(X+\frac{r}{2}\right)\right\}\int\frac{dp_{t-\varepsilon}}{2\pi\hbar}e^{i\frac{p_{t-\varepsilon}r}{\hbar}}$$
$$=\int\frac{dp_{t-\varepsilon}}{2\pi\hbar}e^{i\frac{p_{t-\varepsilon}r}{\hbar}}\left\{\frac{p_{t-\varepsilon}^2}{2m}+V(X)\right\}$$
$$=\int\frac{dp_{t-\varepsilon}}{2\pi\hbar}e^{i\frac{p_{t-\varepsilon}(x_t-x_{t-\varepsilon})}{\hbar}}H\left(p_{t-\varepsilon},\frac{x_t+x_{t-\varepsilon}}{2}\right) \tag{1.39}$$

である。ここで，2行目で $\delta(r)$ により V の引数を X とした。また，（演算子ではない普通の数の）ハミルトニアンの定義 $H(p,x)=\dfrac{p^2}{2m}+V(x)$ を3行目で使った。この演算結果を式 (1.37) に使い，$\hat{H}_{x_t}$ の微分演算 $\dfrac{\partial}{\partial x_t}$ が $x_{t-\varepsilon}$ には作用しないことにも注意すると

$$\psi(x_t,t)=\int dx_{t-\varepsilon}e^{-\frac{i}{\hbar}\varepsilon\hat{H}_{x_t}}\delta(x_t-x_{t-\varepsilon})\psi(x_{t-\varepsilon},t-\varepsilon)+O(\varepsilon^2)$$

16   1. マクロシステムの「量子」的な解析

$$
= \int dx_{t-\varepsilon} \int \frac{dp_{t-\varepsilon}}{2\pi\hbar} e^{\frac{i}{\hbar}\left\{ p_{t-\varepsilon}(x_t - x_{t-\varepsilon}) - \varepsilon H\left(p_{t-\varepsilon}, \frac{x_t + x_{t-\varepsilon}}{2}\right)\right\}}
$$
$$
\times \psi(x_{t-\varepsilon}, t - \varepsilon) + O(\varepsilon^2) \quad (1.40)
$$

である。

同様に，$t - \varepsilon$ での波動関数 $\psi(x_{t-\varepsilon}, t - \varepsilon)$ はまた一つ前の時点 $t - 2\varepsilon$ の波動関数 $\psi(x_{t-2\varepsilon}, t - 2\varepsilon)$ の重ね合わせで計算できる。一方で，波動関数には初期条件 $\psi(x_{t_I}, t_I) = \psi_I(x_{t_I})$ が課されるが，$t_I + \varepsilon$ での波動関数が上記と同様に既知の $\psi_I(x_{t_I})$ の重ね合わせで表現できる。以下，結果に影響を与えない $O(\varepsilon^2)$ 項の表記を略す。

$$
\psi(x_{t_I + \varepsilon}, t_I + \varepsilon) = \int dx_{t_I} \int \frac{dp_{t_I}}{2\pi\hbar} e^{\frac{i}{\hbar}\left\{ p_{t_I}(x_{t_I + \varepsilon} - x_{t_I}) - \varepsilon H\left(p_{t_I}, \frac{x_{t_I + \varepsilon} + x_{t_I}}{2}\right)\right\}}
$$
$$
\times \psi_I(x_{t_I}) \quad (1.41)
$$

以上から，任意時点の波動関数を，初期波動関数の重ね合わせとして表現することができる。

$$
\psi(x_t, t) = \int dx_{t-\varepsilon} \frac{dp_{t-\varepsilon}}{2\pi\hbar} \int dx_{t-2\varepsilon} \frac{dp_{t-2\varepsilon}}{2\pi\hbar} \cdots
$$
$$
\cdots \int dx_{t_I} \frac{dp_{t_I}}{2\pi\hbar} e^{\frac{i}{\hbar}\varepsilon \sum_{t'=t_I}^{t-\varepsilon} \left\{ p_{t'} \frac{x_{t'+\varepsilon} - x_{t'}}{\varepsilon} - H\left(p_{t'}, \frac{x_{t'+\varepsilon} + x_{t'}}{2}\right)\right\}} \psi_I(x_{t_I})
$$
$$
(1.42)
$$

この式 (1.42) では，t_I を出発して t において指定された点 x_t に到着するジグザグ経路の通過点 $x_{t_I}, x_{t_I + \varepsilon}, \cdots, x_{t-\varepsilon}$ のあらゆる値にわたって，積分がなされている。また，通過点の間の速度に相当する運動量についても，x_{t_I} から $x_{t_I + \varepsilon}$ における p_{t_I} に始まり $x_{t-\varepsilon}$ から x_t における $p_{t-\varepsilon}$ に至るまで，可能なすべての運動量の値にわたり積分される。そして，指数 $\exp(\cdots)$ の引数の中の総和 $\varepsilon\{\cdots\}$ は，この多重積分される一つの経路 Π に沿ったつぎの時間積分になっている。この積分を作用と呼ぶ。

$$
S_\Pi \equiv \int_{t_I}^{t} dt' \left(p\dot{x} - H(p, x)\right)
$$

ここで大事なのは Π がどんな経路でもよいことである。力学的にあり得ない経路も許されているのである。

したがって，式 (1.42) を

$$\psi(x_t, t) = \int dx_{t_I} \sum_{\Pi: x_{t_I} \text{と } x_t \text{を結ぶ}} e^{i\frac{S_\Pi}{\hbar}} \psi_I(x_{t_I})$$

とシンボリカルに表現できる[18]。この右辺は，大きさ 1 で複素平面の単位円周にある複素数 $z_\Pi \equiv e^{i\frac{S_\Pi}{\hbar}}$ を，重み $\psi_I(x_{t_I})$ を付けて加算した複素数である。ところが，$\hbar$ が小さいと，単位円周の複素数 z_Π は経路 Π が少し変わるだけで，その方向を大きく変える。経路 Π にわたる和は，けっきょく S_π が Π を動かしてもあまり変わらないような経路 Π_{opt}（最適経路）からの寄与で支配される。最適でない経路 Π からの寄与が相殺しているのである。すなわち，$\psi(x_t, t) \sim \int dx_{t_I} \psi_I(x_{t_I}) e^{i\frac{S_{\Pi_{\mathrm{opt}}}}{\hbar}}$ となる。そして，この Π_{opt} では，式 (1.42) の指数の引数がすべての積分変数についてゼロの偏微分を持つが，この偏微分がゼロとなる条件は，古典力学のハミルトン方程式に帰結する。すなわち，Π_{opt} とは古典力学を再現する経路なのである。

以上の論法は，$\hbar$ が小さいほどよく適合する。なお，多くの物理系では，ハミルトニアン H が p の 2 次式なので，式 (1.42) の p についてのガウス積分がただちに実行できる。この処理を経由して，調和振動子のある時空点での波動関数値（複素数）を経路積分で計算する。この計算での注目点は，経路 Π からの寄与がどのように重ね合わされて総和すなわち波動関数値となるかである。ここで，プランク定数 $\hbar$ を仮想的にパラメータとして動かし，$\hbar = 2, 1, 0.1$ の三つをとる。図 1.1 は，これら三つのそれぞれでの波動関数値への各経路の寄与を示す。破線が各経路からの寄与を表し，実線はその総和すなわち波動関数値である。図中 (a)→(b)→(c) の順で見ると，$\hbar \to 0$ に従って最適経路からの寄与が顕著になることがわかる。(a) では要素の複素数がめったに相殺せず，それらは同じ程度の重みで最終の複素数に寄与している。それぞれの要素の複素数は，先述のとおり，いろいろな経路に沿った作用である。すなわち，(a) では

18 1. マクロシステムの「量子」的な解析

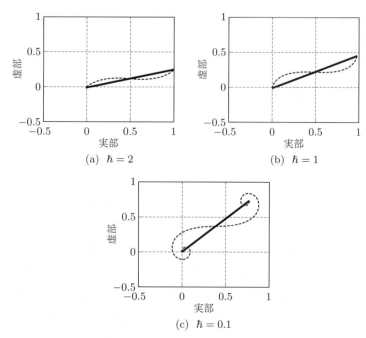

図 1.1 プランク定数 $\hbar = 2, 1, 0.1$ での波動関数値への各経路の寄与

いろいろな経路が，最適であれ非最適であれ同じような重みで加算されて最終の複素数を作る．一方，(c) では，最適から離れた経路は複素数を表すベクトルがくるくる回って元に戻ってしまうことからわかるように，相殺している．そして，相殺しなかった経路が最適経路に近いものであり，その寄与が最終矢印を形成する．

また，**図 1.2** では，このような経路積分を使って，対応原理を調べている．(a)〜(c) の三つのグラフでは，$\hbar$ が小さくなるに従って古典経路だけの寄与を意味する破線の複素数に，波動関数値は近づく．ここでは初期状態を $e^{-\frac{x^2}{\sigma^2}}$ ととり，σ は当然ながら $\hbar$ とは独立である．一方，(d) のグラフは $\sigma^2 = \hbar$ ととったもので，$\hbar$ の値にかかわらず，つまり古典経路とは無関係に，波動関数値が決まってしまっている．

1.3 量子力学的な物理世界

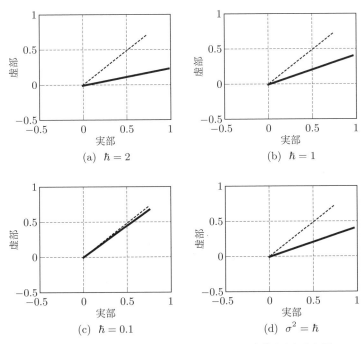

図 1.2 対応原理の成立と不成立。(a), (b), (c) の実線はそれぞれ図 **1.1** の (a), (b), (c) の実線と同じベクトル。(d) は $\sigma^2 = \hbar$ と選び対応原理不成立となる初期条件。

〔**2**〕 **量子ポテンシャル** 対応原理を理解するもう一つの方法を示す。それは,量子力学的粒子といえども普通の質点であって,ただ量子的な揺らぎ力を受けているに過ぎないとする描像[19]である。複素数値関数 ψ は実数部と虚数部という二つの実数値関数に変換できるが,この二つを絶対値 R^q と位相 S^q と選ぶと,その表現は

$$\psi(x,t) = R^q(x,t) \exp\left(i\frac{S^q(x,t)}{\hbar}\right) \tag{1.43}$$

である。このように変換すると,位相関数 S^q がハミルトン-ヤコビ方程式の一般化された形を満たすことがわかる。シュレディンガー方程式は

$$R^q \frac{\partial S^q}{\partial t} - i\hbar \frac{\partial R^q}{\partial t} + R^q \frac{1}{2m}\left(\frac{\partial S^q}{\partial x}\right)^2 - i\hbar R^q \frac{1}{2m}\frac{\partial^2 S^q}{\partial x^2}$$

20   1. マクロシステムの「量子」的な解析

$$-i\hbar \frac{1}{m} \frac{\partial S^q}{\partial x} \frac{\partial R^q}{\partial x} - \frac{\hbar^2}{2m} \frac{\partial^2 R^q}{\partial x^2} + V R^q = 0 \qquad (1.44)$$

と書き直せる。この方程式 (1.44) の実数部分を取って R^q で除すると

$$\frac{\partial S^q}{\partial t} + \frac{1}{2m} \left(\frac{\partial S^q}{\partial x} \right)^2 + V - \frac{\hbar^2}{2m} \frac{1}{R^q} \frac{\partial^2 R^q}{\partial x^2} = 0 \qquad (1.45)$$

というハミルトン–ヤコビ方程式を一般化した式に至る。

この式 (1.45) の第 4 項

$$V^q(x,t) \equiv -\frac{\hbar^2}{2m} \frac{1}{R^q} \frac{\partial^2 R^q}{\partial x^2} \qquad (1.46)$$

を，量子揺らぎを与えるポテンシャルと見れば，量子力学は通常のポテンシャル V と同時に量子揺らぎ V^q を受けて運動するニュートン粒子と見なせることになる。もはや確率解釈は不要なので，$\int dx (R^q)^2 = 1$ の制約はない。その事情は，式 (1.46) の分母子で R^q の大きさが相殺することに表れている。波動関数 ψ は規格化してもよいし，ノルムが 1 でなくてもよい。ここで分母 R^q が気になるが，これはゼロにはならない[20]。量子力学は波動の揺らぎ V^q の影響を受けて動くニュートン粒子によって表現できてしまったわけである。ここで注意すべきなのは，V^q が普通の意味での位置に依存する保存力ポテンシャル V と違って，波動関数 ψ が与えられて初めて計算できる量であるということである。このことは，ψ の空間あるいは時間の境界条件が異なる系であれば，たとえ同じポテンシャル V が作用していても量子的粒子の運動は異なるということを含意する。そして，まったく不思議なことに，粒子から波への反作用は考えないのである。また，この理論は，電磁場の量子力学やあるいは相対論との整合のために，限りなく複雑な形式になっていく。これらの点で，この量子ポテンシャルの発想は，物理理論として健全なものではない。しかし，考え方自身は，他分野で十分に活用可能な能力を秘めている。

さて，量子力学が古典力学を包含するという対応原理の説明に進む。式 (1.46) は $\hbar^2$ に比例する形をとる。したがって，見かけ上は $\hbar$ が十分に小さければ量子揺らぎは消え去るように見える。しかし，波動関数絶対値 $R^q \equiv |\psi|$ も $\hbar$ に

依存するため，必ずしもこの直観は成立しない。この点を調和振動子の系で例示する。波動関数は，初期条件を

$$\psi(x,0) = e^{-\frac{x^2}{\sigma^2}} \tag{1.47}$$

とすれば，手で計算でき

$$\gamma \equiv \frac{2\hbar}{m\omega\sigma^2}$$
$$k^q(t) \equiv \frac{m\omega}{2}\frac{\sin\omega t - i\gamma\cos\omega t}{\cos\omega t + i\gamma\sin\omega t}$$
$$= \frac{m\omega}{2}\frac{\cos^2\omega t - \gamma^2\sin^2\omega t - i\gamma}{\cos^2\omega t + \gamma^2\sin^2\omega t} \tag{1.48}$$

として

$$\psi(x,t) = \frac{1}{\sqrt{\cos\omega t + i\gamma\sin\omega t}}e^{-\frac{i}{\hbar}k^q(t)x^2} \tag{1.49}$$

となる。

波動関数 (1.49) を使って量子ポテンシャル V^q を計算すると，$\Im\cdots$ を虚数部として

$$V^q(x,t) = -\frac{\hbar}{m}\Im k^q(t) - \frac{2}{m}(\Im k^q(t))^2 x^2 \tag{1.50}$$

となる。このポテンシャルが，調和振動子ポテンシャル $\dfrac{m\omega^2}{2}x^2$ とともに質点粒子に力を及ぼす。初期状態のパラメータ σ が $\hbar$ と独立に設定されているなら $\hbar \to 0$ で $\Im k^q(t) \to 0$ がわかる。すなわち，このとき量子ポテンシャルは十分に減衰し，古典的な運動に影響は与えない。しかし，初期状態の広がり σ が $\hbar$ と関連付けられているなら，$\hbar \to 0$ としても，必ずしも $V^q \to 0$ にはならないこともわかる。この事情をシミュレーションで示す。解析的な計算ができないため，V^q が追加されたニュートン方程式を数値積分する。初期波動関数 (1.47) の違いに応じて，つぎの結果を得る。

- 「σ が $\hbar$ と独立」：図 **1.3** に示すとおり，仮想的な $\hbar \to 0$ の極限で量子力学的粒子は古典ニュートン軌道に漸近する。

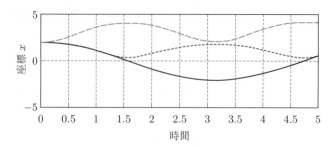

図 1.3 初期条件の σ を $\hbar$ に独立にとったときの量子力学的粒子の運動

- 「σ を $\hbar$ と関連付けてとる」: 特に $\sigma^2 = \hbar$ とすると，$\Im k^q(t)$ が $\hbar$ に依存しなくなる．このため，式 (1.50) の x 偏微分としての力は $\hbar$ に依存せず $\hbar \to 0$ でも残る．すなわち，図 **1.4** に示すとおり，$\hbar \to 0$ としても，量子力学的粒子はニュートン力学に従うものとはまったく違う軌道を描く．

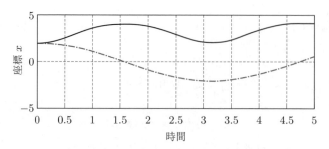

図 1.4 初期条件を $\sigma^2 = \hbar$ ととったときの量子力学的粒子の運動

すなわち，初期波動関数の $\hbar$ への依存性がないこと，あるいは特異性がないことが，量子力学を $\hbar \to 0$ で古典力学に一致させるという意味での対応原理を保証する，という予想を得る．この事実は，後に最適フィードバック制御を量子力学的に展開するときに重要な点となり，また証明される．

ここで，トンネル効果と二重スリットによる干渉を説明する．まず，トンネル効果は，粒子がその有する運動エネルギーより高いポテンシャルエネルギー

障壁を通過できるという現象である。1次元直線の中央 $(x = 0)$ に高さ V_0, 厚さ Δ の壁があり, 壁の左 x_I (< 0) から質量 m の粒子が運動量 p_I (> 0) で壁に向かって進む。運動エネルギーが低い場合, $E = \dfrac{p_I{}^2}{2m} < V_0$ なら, 粒子が壁の右側に顔を出すことはけっしてない。しかし, シュレディンガー方程式を計算すれば, 粒子が壁の左側に跳ね返されること, あるいは右側にしみ出すとのいずれも可能であることがわかる。

これは, 古典的にはあり得ない経路(壁をすり抜ける経路)もすべて考慮しなければならないという経路積分の観点の帰結である。また, ポテンシャル障壁それ自身が量子ポテンシャルの加算によって「崩れ」,「穴の開いた」ところを粒子がすり抜けたと, より直観的に理解することもできる。このトンネル確率は $\hbar \to 0$ でゼロに近づき, 古典力学を再現する。しかし, 一つ上のパラグラフ最後に示したのと同様に, 古典力学を再現するか否かは初期状態 $\psi_I(x)$ の絶対値の $\hbar$ 依存性に関係する。それが $\hbar = 0$ を特異点とするような場合は, このような対応原理は成り立たない。

また, 二重スリットによる干渉とは, S から粒子をスクリーン上に射出するときに見られる現象である。経路途中を障壁で遮り, 粒子が通過できるのは障壁に設けられた二つのスリットのみとする。スクリーン上の点 x に, 粒子は確率 $P_{S \to 1 \to x}$ でスリット 1 を通るか, もしくは確率 $P_{S \to 2 \to x}$ でスリット 2 を通るかの, いずれかを経て到達する。したがって, 和 $P_{S \to 1 \to x} + P_{S \to 2 \to x}$ がスクリーン上 x で粒子を検出する頻度 $P_{S \to x}$ となる。しかし, スクリーンに波が向かうのであれば, ホイヘンスの原理に従ってスリットで発生した波が干渉する。そして, 頻度 $P_{S \to x}$ はこの干渉パターンそのものなのである。すなわち, 量子力学的な粒子は波動である。

経路積分によれば, 可能な経路は絶対値 1 の複素数で表現され, これらの総和が波動関数であった。そこで, この二重スリットの系にあっても複素数 $P_{S \to 1 \to x}$ と $P_{S \to 2 \to x}$ の和をとることになり, その絶対値平方である確率 $P_{S \to x}$ には二つの複素数の干渉が現れるのである。これが実験的な干渉模様を再現する。また, 量子ポテンシャルが作用する描像では, 粒子は確定した軌道をとる

古典的な粒子である。この古典的粒子が不確定性原理に合致するような初期状態の分布を持ち，この分布が結果としてスクリーン上での検出頻度の干渉模様をもたらす。そして，$\hbar \to 0$ で干渉模様は消える。しかし，初期波動関数の絶対値関数が $\hbar$ に特異な依存性を持つならば，$\hbar \to 0$ にあっても干渉模様は残る。

1.3.3　集合論的に自明な不等式とその量子力学における破れ

以上のとおり，量子力学は

- シュレディンガー方程式：系の連続的な時間発展
- 測定の作業仮説：計測時の系の固有状態への不連続ジャンプ

の合体である。これは，測定プロセスも含めた物理を論理的に記述しているとはいいにくいレシピである。しかし，これが現象をよく説明してきたのである。ここでは，測定に関わる上記の仮説が，案の定ほとんどあり得ない結論を導くことを説明する。しかし，この結論は実験で裏づけられているのである。

初めに，ベルの不等式と一般的に称される集合論的に自明な不等式を確認する[21]（より詳細は **4.1.2** 項を参照）。その例として，5人からなる人間のグループ { ケリー, サーシャ, ゲーナ, 健太, クオン } がある飛行機に搭乗していて，着陸時に入国審査を受けるという状況を想定する。彼らが Yes/No で回答できるたがいに独立な属性を三つとり（「女？」「40歳未満？」「合気道の有段者？」），これにより5人を $2^3 = 8$ 個のグループに分類する。5人の中で属性「女？」に Yes を回答するのは { ケリー, サーシャ }，「40歳未満？」に Yes は { ケリー, サーシャ, 健太 }，また「有段？」が Yes となる人間は { ケリー, ゲーナ, 健太 } であったとする。{ クオン } はすべてに No の回答であったとする。彼らの回答から勘定すればすぐわかるが，「女」で「40歳未満」は2人（ケリーとサーシャ）である。「女」で「有段」でないのは1人（サーシャ），「40歳未満」の「有段」者は2人（ケリーと健太）である。すると，つぎの不等式が成立する（$\#X$ は集合 X の要素数）。

$$\#\{\text{「女」で「40歳未満」}\} \leqq \#\{\text{「女」で「有段」でない}\}$$
$$+\#\{\text{「40歳未満」で「有段」}\} \quad (1.51)$$

これはまったく疑う余地のない不等式である。その理由は、左辺の集合の要素が右辺の二つの集合いずれかに必ず属するという事実による。そして、この 5 人グループについてのこれ以上の分析は無駄に思える。

しかし、あとで「多数個の磁石対」という物理系でこの不等式 (1.51) がどうなるかを見ることになる。このため、入国審査が**表 1.2** のようなものであるとする。あらかじめ機内で二つのシールを渡され、左右の肩に貼る。左のシールには、「女?」「40歳未満?」「有段?」の Yes もしくは No を書く。そして、（パスワードを設定するときに普通 2 回の入力を求められるがごとく）念のため右シールには同じ内容のあえて反対を記入する。入国審査では、左右から 3 回にわたってシールの内容が確認される。このとき、各回で左右同じ項目を確認しても得られる情報は少ないため、そうすることはない。1 回目は「女?」（左）と「非 40 歳未満?」（右）、2 回目は「女?」（左）と「有段?」（右）、そして 3 回目は「40 歳未満?」（左）と「非有段?」（右）への Yes/No の回答が読み取られる。左右肩シールへの記載ミスがなければ、式 (1.51) が成立する（対偶：不成立ならだれかが申告ミスをしている）。

表 1.2 入 国 審 査

左肩			名前	番号	名前	右肩		
3 回目	2 回目	1 回目				1 回目	2 回目	3 回目
40 歳未満?	女?	女?				40 歳未満?	有段?	有段?
Yes	Yes	Yes	ケリー	1.	ケリー	Yes	No	Yes
Yes	Yes	Yes	サーシャ	2.	サーシャ	Yes	Yes	No
No	No	No	ゲーナ	3.	ゲーナ	No	No	Yes
Yes	No	No	健太	4.	健太	Yes	No	Yes
No	No	No	クオン	5.	クオン	No	Yes	No

上記のベルの不等式は集合論的に自明な不等式であるから、当然のこととして量子力学で記述される物質に対しても、これは成立するはずである。そこで、つぎにこのベルの不等式の成立性を、念のため、あえてチェックしておこう。物

26   1. マクロシステムの「量子」的な解析

質であっても，このような個数勘定の仕方に差があるはずはない。左肩と右肩に
ちょうど反対の属性を表示した人間に対応付けるため，ある方向を向いた磁石
$\uparrow_L$ と，それと反平行を向いた磁石 $\downarrow_R$ が接着合体したものを多数（N 個）用意
する。磁石 $\uparrow_L$ の方向は左から，また $\downarrow_R$ の方向は右からそれぞれ計測する。多
数の磁石対は，空間ベクトル $\vec{a}, \vec{b}, \vec{c}$ それぞれと鋭角をなすか否かで分類される。
これらのベクトルは同じ平面内（例えば xz 平面）にあるとする。これは，人間
の左肩あるいは右肩の「女？」「40 歳未満？」「有段？」に対する Yes/No の回答
をチェックすることに対応する。磁石は具体的に物理量「$\frac{1}{2}$ スピン」$\vec{\sigma}^{(d)}$ で表
現できる（d は L もしくは R）。成分は式 (1.20) のとおりである。内積 $\vec{\sigma}^{(L)} \cdot \vec{a}$
が正（負）なら，「左磁石が $\vec{a}$ と鋭角をなすか？」の回答は Yes（No）である。
右磁石の方向計測や，他の $\vec{b}, \vec{c}$ についても同様である。式 (1.51) の左辺（**表
1.2** によればケリーとサーシャの 2 人）には，$(\vec{\sigma}^{(L)} \cdot \vec{a})$ と $(\vec{\sigma}^{(R)} \cdot -\vec{b})$ がいず
れも正となる磁石対の個数 $N_{L\vec{a}, R-\vec{b}}$ が対応する。

さて，磁石対が量子力学的対象であるなら，算出されるのは頻度 $P_{L\vec{a}, R-\vec{b}} = \dfrac{N_{L\vec{a}, R-\vec{b}}}{N}$，すなわち母集団の要素数 N を十分に大きくしたときの確率のみで
ある。この確率を計算してみよう。磁石対は式 (1.23) の ψ_0 で表現する。左が
$\vec{a}$，右が $-\vec{b}$ となる磁石対は，式 (1.24) で $\vec{n} = \vec{a}$，$\vec{m} = -\vec{b}$ と置いて $\psi_{L\vec{a}, R-\vec{b}}$
である。これらそれぞれの波動関数による表現を使って測定の作業仮説を使う
と，式 (1.25) で $\vec{n} = \vec{a}$，$\vec{m} = -\vec{b}$ が確率として算出される（$\vec{a}$ と $-\vec{b}$ は同一平
面内なので $\phi_{\vec{a}} = \phi_{-\vec{b}} = 0$ である）。2 回目，3 回目も同様で，磁石対の方向測
定が間違っていない必要条件 (1.51) は

$$\frac{1}{2} \sin^2 \frac{\theta_a + \theta_b}{2} \leqq \frac{1}{2} \sin^2 \frac{\theta_a - \theta_c}{2} + \frac{1}{2} \sin^2 \frac{\theta_b + \theta_c}{2} \qquad (1.52)$$

を意味する。ところが，$\theta_a = 90 \deg$，$\theta_b = 0 \deg$，$\theta_c = 60 \deg$ のような配置
では，式 (1.52) は左辺 $= 0.25$，右辺 $= 0.158 \cdots$ となって不等号が成立せずに
破れる。この不成立性は実験検証もされている。

ところで，不等式 (1.52) は，(a) スピンの量子力学，(b) 測定の作業仮説，
(c) 集合論的な個数（あるいは確率）勘定の三つの仮定から得られたものである。

したがって，方向計測にミスがないにもかかわらず，不等式 (1.52) が破れるということは，(a), (b), (c) の少なくも一つが妥当でないことを意味する。(a) は理論的・実験的に十分検証されており，(c) の推論にも何も問題はない。とすると，まず (b) の妥当性を疑うのが自然である。事実，測定の作業仮説は「実験結果を説明するためだけの，論理的裏づけのまったくない仮説」に過ぎない。しかし，(b) の改変は，左右に遠く離されたスピンの間に瞬時に伝わる遠隔作用という，受け入れがたい代償を要求する。そこで，自明視した個数勘定あるいは確率概念 (c) の再検討が「不等式の破れ」に関わる研究の方向としては妥当であると考えられる[22]。

1.4　まとめと展望

　本章では，量子力学は物理量を線形演算子，物理システムの状態をベクトルとして表現し，古典物理とはまったく異なる構成をとる理論であることを，まず強調した。にもかかわらず，量子力学が古典力学を包含することをつぎに説明した。その上で，巨視的な日常世界のさまざまな現象を解析するときに，量子力学の持つこのような拡張性，線形性を活用できるのではないかと議論を進めた。つぎに，このような量子力学の中身を，シュレディンガー方程式が設定されるに至った経緯に遡って示した。また，物理システムの状態を物理量の固有モードの重ね合わせと位置付け，実際の計測値が測定の作業仮説を介して固有値の一つとして与えられることを確認した。さらに，調和振動子とスピンを量子力学の典型例として，実際の計算に基づき議論した。最後に，量子力学の標準的な理論である正準量子化の方法を与えた。また，経路積分と量子ポテンシャルの二つの方法を経由して，プランク定数がゼロとなる仮想的な極限で量子力学が古典力学を再現することを確認できた。このように，古典力学との親和性を確保できたように見えて，一方で測定の作業仮説が集合論的に自明な不等式を破ること，そして，この破れは実験的な事実であることが強調された。

28   *1. マクロシステムの「量子」的な解析*

続く章で，これらの基礎的な知識が活用される。まず，**2**章で示すように，正準量子化は最適フィードバック制御に対する線形のアルゴリズムを与える。また，**3**章では，線形重ね合わせが人工知能の核となるニューラルネットワークの量子描像をもたらし，計算知能の性能向上に資することがわかる。さらに，**4**章に示すように，集合論的に自明な不等式が破れる事態は逆に確率概念の拡張をもたらし，人間心理や社会性を説明する新しい枠組みとなりうる。

問　　題

(1) 式 (1.8) がシュレディンガー方程式 (1.5) を満足することを示せ。

(2) 波動関数 (1.8) の規格化条件が $\sum_n |a_n|^2 = 1$ と同値であることを示せ。

(3) 式 (1.13) の ψ_0 が固有値 $\eta_0 = 1$ の固有関数であることを示せ。

(4) $n = 2$ の固有関数を計算し，規格化せよ。

(5) 質量 m の質点（その座標は $\vec{x}$）は，その位置が 2 次元平面内の径 r の円周上に拘束され，ポテンシャル $V(\vec{x})$ 下で運動している。このシステムの量子力学はどのようなものになるかを考えよ。

(6) 式 (1.49) がシュレディンガー方程式

$$i\hbar\frac{\partial\psi}{\partial t} = -\frac{\hbar^2}{2m}\frac{\partial^2\psi}{\partial x^2} + \frac{m\omega^2}{2}x^2\psi \tag{1.53}$$

を満たすことを示せ。

(7) 式 (1.23) の波動関数 ψ_0 は $(\sigma_z^{(L)} + \sigma_z^{(R)})\psi_0 = 0$ と $(\vec{\sigma}^{(L)} + \vec{\sigma}^{(R)})^2\psi_0 = 0$ を満たすことを確認せよ。

(8) 式 (1.25) を示せ。

(9) 「5 人のグループ」を集合のベン図に書き直し，式 (1.51) を示せ。同様の例（なにかの集団の三つの属性による分類）を考案し，式 (1.51) が必ず成立することと，その理由（式 (1.51) 直下に記載）を自分の目/頭で再確認せよ。

2

最適フィードバック制御の量子力学

2.1 非線形フィードバックの「重ね合わせ原理」による最適化

2.1.1 最適フィードバックへの揺らぎの導入

状態変数 x も操作入力 u もスカラであるようなシステムについて，つぎの状態方程式を考える。

$$\dot{x} = g(x)u + F(x) \tag{2.1}$$

制御仕様は終端コスト $\Phi(x_F)$ と，初期 t_I から終端 t_F までの時間積分 PI の和

$$PI = \Phi(x_F) + \int_{t_I}^{t_F} dt \left(\frac{m}{2} u^2 + V_{\text{cost}}(x) \right) \tag{2.2}$$

の最小化として与える。ここで $x_F = x(t_F)$ であり，関数 g, F, Φ, V_{cost} は x の任意の非線形関数，また m は定数である。

値関数 $S(x,t)$ に対するハミルトン–ヤコビによる非線形の偏微分方程式は

$$\frac{\partial S}{\partial t} + \frac{g^2}{2m} \left(\frac{\partial S}{\partial x} \right)^2 + F \frac{\partial S}{\partial x} - V_{\text{cost}} = 0 \tag{2.3}$$

である。値関数 S を使って，フィードバック

$$u = \frac{g}{m} \frac{\partial S}{\partial x} \tag{2.4}$$

による制御をすれば，このシステムを最適化できる。式 (2.3) の第 2 項は非線形である。対象システムを解析する際には，この項が困難を引き起こす。しかし，もし解析を簡単にするためにこの項を落としてしまうなら，同時に式 (2.1)，式 (2.2) における操作入力 u についてのすべての情報が抜け落ちる。

30   2. 最適フィードバック制御の量子力学

この非線形偏微分方程式 (2.3) を異なる観点から考えてみる。変数変換をしてみよう。虚数単位を $i \equiv \sqrt{-1}$ として，ある新しい関数 $R(x,t)$ を

$$\frac{\partial R}{\partial t} = -F\frac{\partial R}{\partial x} - \frac{g^2}{2m}\left(2\frac{\partial R}{\partial x}\frac{\partial S}{\partial x} + R\frac{\partial^2 S}{\partial x^2}\right) - \frac{1}{2m}g\frac{dg}{dx}R\frac{\partial S}{\partial x} \quad (2.5)$$

を満たすものとして導入する。この関数 R を，値関数 S を a で無次元化した量と結合して，複素値をとる関数

$$Z(x,t) = R(x,t)\exp\left(\frac{i}{a}S(x,t)\right) \quad (2.6)$$

を作ってみる。この複素数値関数 Z は

$$ia\frac{\partial Z}{\partial t} = -\frac{a^2}{2m}g\frac{\partial}{\partial x}\left(g\frac{\partial Z}{\partial x}\right) - V_{\text{cost}}Z - iaF\frac{\partial Z}{\partial x}$$
$$+ \frac{a^2}{2m}\left(g\frac{dg}{dx}\frac{\partial |Z|}{\partial x} + g^2\frac{\partial^2 |Z|}{\partial x^2}\right)\frac{Z}{|Z|} \quad (2.7)$$

を満たす。この非線形方程式 (2.7) で右辺第 4 項さえなければ，これは線形方程式になる。そこで，これらの非線形項を削除すれば，新しい関数 $Z^q(x,t)$ に対して線形方程式を得る。

$$ia\frac{\partial Z^q}{\partial t} = -\frac{a^2}{2m}g\frac{\partial}{\partial x}\left(g\frac{\partial Z^q}{\partial x}\right) - V_{\text{cost}}Z^q - iaF\frac{\partial Z^q}{\partial x} \quad (2.8)$$

線形方程式の計算が非線形方程式に対するものより容易であることは，疑うところではない。線形性を活用したこれまでに開発されてきているさまざまな手法を適用できる。これらの中で，本章では固有値解析と確率的手法を使う。補償のため，従来の方程式 (2.3) への追加コストとして，線形方程式を得るために取り去った項を追加しなければならない。式 (2.6) に適用したのと同じように，複素数 Z^q を

$$Z^q(x,t) = R^q(x,t)e^{\frac{i}{a}S^q(x,t)} \quad (2.9)$$

と分解すると，追加コストは

$$V^q(x,t) = \frac{a^2}{2m}\left(g\frac{dg}{dx}\frac{\partial |Z^q|}{\partial x} + g^2\frac{\partial^2 |Z^q|}{\partial x^2}\right) \quad (2.10)$$

2.1 非線形フィードバックの「重ね合わせ原理」による最適化

となる。ハミルトン-ヤコビ方程式 (2.3) は，いまやつぎのように修正される。

$$\frac{\partial S^q}{\partial t} + \frac{g^2}{2m}\left(\frac{\partial S^q}{\partial x}\right)^2 + F\frac{\partial S^q}{\partial x} - V_{\text{cost}} - V^q = 0 \qquad (2.11)$$

しかし，この追加されたコスト項 $V^q(x,t)$ は無次元化のための定数 a の平方に比例する。つまり，$a \to 0$ とすれば，見かけ上で式 (2.11) は式 (2.3) を近似する。

つぎに，$a \to 0$ のとき $V^q \to 0$ となるという直観が正しいかどうかの吟味が必要である。その吟味のために，さらに制御システムを簡単化してみる。最適フィードバックが解析式で表現できるシステムをとろう。この解析式に対応して，式 (2.8) で決まる複素数値関数 Z^q を計算する。この複素数値関数によるフィードバックが $a \to 0$ で，通常の解析式による結果に一致することを調べるのである。状態方程式 (2.1) で $g = 1$, $F = 0$ とおき，制御仕様 (2.2) で $\Phi \sim x_F^2$, $V_{\text{cost}} \sim x^2$ とおく。この条件で時間間隔 $t \in [0,5]$ での積分を含めた指標

$$PI = \frac{x_F^2}{2} + \int_0^5 dt \left(\frac{u^2}{2} + \frac{x^2}{10}\right) \qquad (2.12)$$

を最小化する。よく知られたリッカチ方程式を使えば，解析式を得ることができる。図 **2.1** は，無次元化の定数 a を $a = 0.2, 2$ として得た複素関数による制御結果の時間トレンドを状態変数 x と制御入力 u について示し，これらを解析

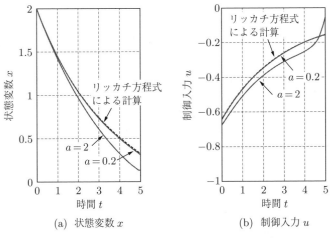

(a) 状態変数 x (b) 制御入力 u

図 **2.1** 状態変数 x と制御入力 u の時間トレンド

32   2. 最適フィードバック制御の量子力学

式で計算したもの（破線）と比較している．定数 $a = 0.2$ による結果は解析式によるトレンドと線がほぼ重なっている．終端 $t = 5$ では，これらの $a = 0.2$ あるいはリッカチ式による状態変数値と，$a = 2$ によるものとが大きく異なる．この差は式 (2.11) 中の追加コスト項の影響である．

そこで，図 **2.2** は，この V^q の状態変数 x と時間 t にわたるプロファイルを $a = 0.2, 2$ それぞれに対して描いている．定数 $a = 2$ では，状態変数 x の原点への引力が t_F では強化されている．

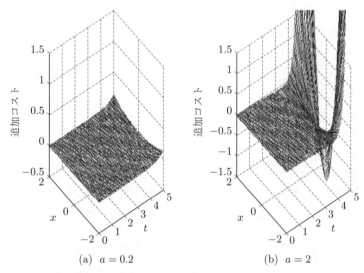

(a) $a = 0.2$ (b) $a = 2$

図 **2.2** 追加コスト：状態変数 x と時間 t にわたるプロファイル

図 **2.3** が示すのは，終端値 x_F と評価指標 PI の定数 a への依存性である．すなわち，この図から，定数 $a \to 0$ とすれば x_F と PI が解析値に近づくことがわかる．また，定数 a を大きくすると，追加コスト V^q が x_F を原点に近づけ，解析値から遠ざけることも容易にわかる．

気をつけるべきなのは，式 (2.8) の複素数値関数 Z^q の計算には，時間 t_F 境界での終端条件が必要とされることである．終端条件が $S(x, t_F) = -\Phi(x)$ なので

$$Z^q(x, t_F) = |Z^q(x, t_F)| e^{i \frac{-\Phi_F(x)}{a}} \qquad (2.13)$$

2.1 非線形フィードバックの「重ね合わせ原理」による最適化

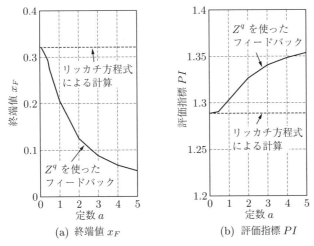

図 2.3 終端値と評価指標の無次元化定数 a への依存性

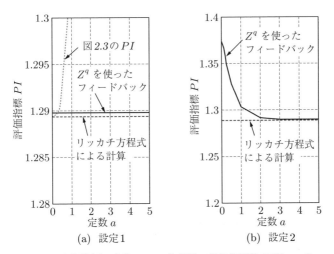

図 2.4 評価指標の定数 a への依存性：絶対値関数 $|Z^q(x,t_F)|$ の設定との関係

である．これらの方程式も制御仕様も，いずれも式 (2.13) の絶対値 $|Z^q|$ を決めてはくれない．だからといって，制御設計者がこの絶対値を勝手に決めてよいかというと，そうではない．実際，**図 2.4** (a) では，$a \to 0$ としたのにもかかわらず評価指標 PI は定数のままである．さらに，図 (b) に至っては，a が

小さくなるにつれて PI が大きくなる。

図 **2.3** のような結果にする基準とは，式 (2.13) の $|Z^q(x,t_F)|$ が定数 a に依存しないか，あるいは依存したとしても $a=0$ で連続性を保つような仕方で依存する，ということである。いい方を変えれば，わざわざ $a=0$ で不連続になるように絶対値を選ぶ必要がないということである。ところが，微視的物理にあっては，この絶対値関数値が図 **2.4** (a) のようになるように選ばなければならないのである。その理由は「不確定性原理」を満たす必要があるからであって，この原理は古典力学の結果からのオフセットを持つような評価指標値を導くのである。これはすなわち「ゼロ点振動」効果にほかならない。被積分関数として式 (2.12) の被積分関数と終端コストをそれぞれ

$$\frac{m}{2}u^2 + \frac{m\omega^2}{2}x^2 \tag{2.14}$$

$$\Phi(x) = \frac{Q_F}{2}x^2 \tag{2.15}$$

とパラメトライズしてみる。また，終端絶対値を

$$|Z^q(x,t_F)| = \exp\left(-\frac{x^2}{\sigma^2}\right) \tag{2.16}$$

とする。このとき，具体的に複素数値関数 $Z^q(x,t)$ を書き下すことができる。

$$Sh(t) \equiv \sinh(\omega(t_F - t)) \tag{2.17}$$

$$Ch(t) \equiv \cosh(\omega(t_F - t)) \tag{2.18}$$

$$g(t) \equiv \frac{-Ch(t)^2 + 1 + 2Ch(t)Sh(t)A}{-Ch(t) + 2Sh(t)A} \tag{2.19}$$

さらに，定数 $A \equiv \dfrac{1}{m\omega}\left(\dfrac{Q_F}{2} - i\dfrac{a}{\sigma^2}\right)$ として，以下のとおり書き下すことができる。

$$Z^q(x,t) = \sqrt{\frac{1}{\pi i a}\frac{m\omega}{2Sh(t)}}\exp\left(\frac{i}{a}\frac{m\omega}{2Sh(t)}g(t)x^2\right) \tag{2.20}$$

ここで，レシピをまとめてみよう。最初にシステムの方程式 (2.1), (2.2) に従って，複素数値関数 Z^q に対する線形方程式 (2.8) を立てる。この線形方程式

を時間境界条件 (2.16) を課して計算する。ただし，絶対値 $|Z^q(x, t_F)|$ が $a = 0$ で不連続にならないように注意する。例えば，$|Z^q(x, t_F)|$ が a に依存しないとすれば，この条件は簡単に満足される。十分に小さい a をとれば，複素関数 $Z^q(x, t)$ の位相関数 $S^q(x, t)$ は，式 (2.3) と境界条件を満たす $S(x, t)$ を近似する。以上であるが，そこでいかにして式 (2.8) を設定するか，また，もっと一般的な n 状態変数で m 入力のシステムを扱えるかを明確にする必要がある。さらに，どのような条件下で，この線形スキームが確かに $a \to 0$ で非線形最適制御を近似するかを示す必要がある。これらのテーマが以降に示される。

　線形方程式 (2.8) をどうやって設定すべきかを吟味するため，状態方程式 (2.1) でまず再び $g = 1$，$F = 0$ としよう。評価指標 PI の最小化とは，初期あるいは終端条件を脇に置くならば，質量 m の粒子がポテンシャル $-V_{\mathrm{cost}}$ のもとで運動するときのハミルトン原理にほかならない。状態方程式 (2.1) は単に速度の定義である。ここで $a \to \hbar$，$Z \to \psi$ と書けば，線形方程式 (2.8) は

$$i\hbar \frac{\partial \psi}{\partial t} = -\frac{\hbar^2}{2m} \frac{\partial \psi}{\partial x^2} - V_{\mathrm{cost}}\psi \tag{2.21}$$

という形をとることになる。これは量子力学のシュレディンガー方程式であって，$\hbar$ はプランク定数である。古典ニュートン力学を量子力学に変換するレシピは，**1.3.1** 項で示したとおり，すでに確立している。この正準量子化を模倣してみよう。そうすると，状態方程式 (2.1) と評価指標 PI (2.2) の定義の組が $g \neq 1$，$F \neq 0$ の場合でさえも線形方程式 (2.8) に導かれることは，容易に期待できる。

2.1.2　非線形制御を包含する線形理論の可能性

　ミクロなシステムの量子力学とはなんであったか？　ミクロなシステムの大きさとは，$\sim 1\,\text{Å}$（$\sim 10^{-10}\,\text{m}$）以下のサイズを指す。このサイズに対応して量子力学を特徴付けるのは，プランク定数（を 2π で除した）$\hbar = 1.0546 \times 10^{-34}\,\text{J·s}$ である。座標 x，運動量 p_x で 1 次元空間を運動する質点の量子力学は

$$[x, \hat{p}_x] = i\hbar \tag{2.22}$$

を満たす演算子 $\hat{p}_x = -i\hbar \dfrac{\partial}{\partial x}$ で記述できることは，**1.3.1**項で述べた．この演算子 $\hat{p}_x$ が線形であることは

$$\hat{p}_x(\psi_1(x) + \psi_2(x)) = \hat{p}_x \psi_1(x) + \hat{p}_x \psi_2(x) \tag{2.23}$$

が成立することからわかる．そして，物理量の測定値とは，**1.2.2**項で示したようにその線形演算子が作用して得られる固有値の一つであると理解される．このことから，量子力学の本質がその線形性にあることが理解できる．量子力学ではこの線形性を「重ね合わせ原理」と呼ぶが，それはこの力学が粒子に「随伴する」波動を解析するという点を強調しているのである．その波の波長は $\hbar$ に比例する．そうすると，**図 2.5** に示すように，プランク定数 $\hbar$ あるいは波長が仮想的にゼロになる極限では量子力学が古典力学を再現すると信じることになる．これはよく知られた「対応原理」であって，量子力学をマクロシステムの古典力学に関係付けていると信じられている．

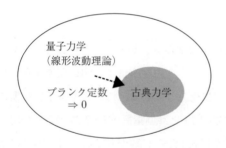

図 **2.5** 対応原理：仮想的にプランク定数 $\hbar$ をゼロにすれば古典力学が再現すると信じられている．

そこで，量子力学は，解析力学[23]の重要概念の一つであるポアソン括弧を利用することで展開してきたのである．ハミルトン-ヤコビ方程式とハミルトニアン関数は最適制御のキーとなる考えであるが，この両者もまた古典力学において十分に活用されているのである．そこで，古典力学とわれわれの最適非線形制御は同じ立脚点を持つと見なされる．ということは，古典力学の拡張としての量子力学と，最適制御との間に密接な関係があると自然に期待できる．いままでにも，最適制御と量子力学の間の関係はさまざまに研究されている．相対性理論も含めた古典力学の最適制御システムとしての解釈[24]はインスパイ

アリングである。ここではさらに，なぜ量子力学なのかの直観的な説明も試みられている。確率的最適制御理論は量子力学システムから導出されるという研究[25]もある。また，量子力学的なハミルトン原理を前面に押し出した研究[26]がある。ここでは，ホワイトノイズ揺らぎの利用が実現されている。一方，本章では量子力学の線形性が注目すべき点と見なす[27]。図 **2.6** に示すように，システムを量子力学的に扱えば非線形最適制御の線形波動理論が同様に得られると期待できる。また，対応原理に従うならば，ある制御定数 H_R をゼロに近づけることで非線形最適制御が再び現れると考えられる。このような期待を実現するには，対応原理が確かに成り立つ条件を見出す必要がある。

図 **2.6** 制御定数をゼロにすれば最適フィードバックが再現する，というような量子力学的な最適制御があるのではないか？

2.1.3 最適制御としての力学，力学としての最適制御

さて，非線形最適フィードバック制御の量子力学理論を展開するために，質点の古典力学的な運動を制御の観点から見直してみよう。質量 m の質点がポテンシャル $V(x)$ のもとで運動しているとすると，これはハミルトン原理

$$\delta \int_{t_I}^{t_F} \left(\frac{m}{2} \dot{x}^2 - V(x) \right) = 0 \tag{2.24}$$

で支配される。粒子の速度を

$$u = \dot{x} \tag{2.25}$$

と定義すると，被積分関数のラグランジアンは

$$L = \frac{m}{2} u^2 - V(x) \tag{2.26}$$

と書き直せる。速度の定義式 (2.25) を状態方程式

$$\dot{x} = u \tag{2.27}$$

と見なし，またハミルトン原理を制御仕様と見なせば，速度 u を制御入力と見なすことができる。だれが粒子の運動を制御するのか，また，だれがシステムを設計するのかという点を脇に置けば，質点の古典力学が最適フィードバック制御の枠内に収まる。

　しかし，最適制御の状態方程式はそんなに簡単なものではない。その一般形は

$$\dot{x} = f(x, u) \tag{2.28}$$

である。つまり，状態方程式を量子力学と調和させるにはどうすればよいかという問題に直面する。「速度」u をどう解釈できるかが問題になる。速度はもはや位置 x が変化する率ではないのである。もし式 (2.28) を解いて

$$u = f^{-1}(x, \dot{x}) \tag{2.29}$$

とすれば，制御ラグランジアンを

$$L(x, u) = L(x, f^{-1}(x, \dot{x})) \tag{2.30}$$

と計算できるであろう。このラグランジアンから出発して正準運動量を

$$p_x = \frac{\partial L(x, f^{-1}(x, \dot{x}))}{\partial \dot{x}} \tag{2.31}$$

と計算できるであろう。さらに，これにより量子化

$$[x, \hat{p}_x] = i\hbar \tag{2.32}$$

もできるだろう。こういう処方でも，スカラ系ならなんとかなるかもしれない。しかし，制御システムは一般に m 個の制御入力でそれより多い n 個の状態変数を制御することが多い。つまり $m < n$ である。ということは，制御入力変数 u_α が常態変数 x_i とその時間微分 $\dot{x}_i$ で一意的に表現できるとは限らないのである。それでは，システムを正準力学として扱うにはどうすればよいか？

2.2 ディラック括弧と波動方程式

2.2.1 ディラック括弧

そこで，このような状態方程式を量子力学で扱うにはどうすればよいかという問題が生じる。このため，状態方程式を拘束条件と見てみる。これは普通の最適制御理論と同様に補助変数を導入することで行われる[28]。評価指標に出てくる被積分関数 L を，つぎのように拡張するのである。

$$L'(x, u, \lambda; \dot{x}) = L(x, u) + \lambda\left(f(x, u) - \dot{x}\right) \tag{2.33}$$

よく知られているように，補助変数 λ に対するオイラー-ラグランジュ方程式

$$\frac{d}{dt}\left(\frac{L'(x, u, \lambda; \dot{x})}{\partial \dot{\lambda}}\right) = \frac{\partial L'(x, u, \lambda; \dot{x})}{\partial \lambda} \tag{2.34}$$

が状態方程式 (2.28) を導く。関数 L' は $\dot{\lambda}$ に依存しないから，式 (2.34) 左辺はゼロになる。右辺が拘束としての状態方程式を表現することがゼロに等値されることでわかる。こういうわけで状態方程式 (2.28) を得る。この章では，L' が $\dot{\lambda}$ に依存しないということを真面目に受け取る。通常の正準力学によれば，対応する正準運動量 p_λ をつぎで定義できる。

$$p_\lambda = \frac{\partial L'}{\partial \dot{\lambda}} \tag{2.35}$$

式 (2.34) の左辺がゼロということは，正準運動量が恒等的にゼロということを意味する。

$$p_\lambda = 0 \tag{2.36}$$

正準理論ではシステムの力学がポアソン括弧で決まる。そうだとすると，この p_λ と任意の正準変数 ω の間のポアソン括弧とはなにか？ 必然的に

$$\{p_\lambda, \omega\} = 0 \tag{2.37}$$

とならないか？ どうやってハミルトニアン関数を作ることができるだろうか？

40   2. 最適フィードバック制御の量子力学

こういった問題は拘束力学[29] の枠内で考えなければならない。そういうわけ
で，ディラックが開発したレシピを適用する。彼は拘束力学系の量子力学を作
ろうと試みた。われわれの研究によれば，正準交換関係を満たすような力学変
数を設定する方法を，ある条件下で作ることができる。これらの交換関係によ
り，補助変数や制御入力が対応する線形演算子表現を持つことがわかる。入力
についての 2 乗コストを持つようなアフィン系であれば，これらの線形演算子
から線形のハミルトニアン演算子を作ることができ，それは一般化されたシュ
レディンガー方程式をもたらす。この一般化されたシュレディンガー方程式の
実数部分が，ハミルトン-ヤコビ方程式を一般化したものになることがわかる。
いまや，一般化シュレディンガー方程式を満たす複素数値関数を使って，非線
形最適フィードバック則を計算するツールとするのである。

$\vec{x} \equiv (x_i) \in R^n$ を状態変数，$\vec{u} \equiv (u_\alpha) \in R^m$ を入力とする。状態方程式

$$\dot{\vec{x}} = \vec{f}(\vec{x}, \vec{u}) \tag{2.38}$$

で記述される非線形制御システムを考察対象とする。このシステムがフィード
バック則

$$\vec{u} = \vec{k}(\vec{x}, t) \tag{2.39}$$

で最適化される。それは終端コスト $\Phi(\vec{x}_F)$ と関数 L の時間 t_I から t_F の時間
積分の和

$$PI \equiv \Phi(\vec{x}_F) + \int_{t_I}^{t_F} dt L(\vec{x}, \vec{u}) \tag{2.40}$$

の最小化で決まる。ここで，補助変数 $\vec{\lambda} \equiv (\lambda_i) \in R^n$ を導入し，ラグランジア
ンを

$$L'(\vec{x}, \vec{u}, \vec{\lambda}; \dot{\vec{x}}) \equiv L(\vec{x}, \vec{u}) + \overleftarrow{\vec{\lambda}} \cdot \left(\vec{f}(\vec{x}, \vec{u}) - \dot{\vec{x}} \right) \tag{2.41}$$

と拡張しよう。そうすると，式 (2.38) と式 (2.40) はまとまって最小化

$$\delta PI' \equiv \delta \left\{ \Phi(\vec{x}_F) + \int_{t_I}^{t_F} dt L'(\vec{x}, \vec{u}, \vec{\lambda}; \dot{\vec{x}}) \right\} = 0 \tag{2.42}$$

の方程式になる。ラグランジアン L，関数 $\vec{f}$, $\vec{\Phi}$ は一般に非線形である。初期条件と終期条件は，それぞれ以下のとおりである。

$$\vec{x}(t_I) = \vec{x}_I \tag{2.43}$$

$$\vec{\lambda}(t_F) = \frac{\partial \Phi(\vec{x})}{\partial \vec{x}}\bigg|_{t=t_F} \tag{2.44}$$

正準運動量をつぎで定義できる。

$$\vec{p}_z = \frac{\partial L'}{\partial \dot{z}} \quad (z = x, u, \lambda) \tag{2.45}$$

ここで，「～」で，運動が実現している多様体という部分空間内でのみ成立する弱い等式を表現させてみる。すると，以下の拘束条件が導入されることになる。

$$\vec{\phi}_x \equiv \vec{p}_x + \lambda \sim 0 \tag{2.46}$$

$$\vec{\phi}_u \equiv \vec{p}_u \sim 0 \tag{2.47}$$

$$\vec{\phi}_\lambda \equiv \vec{p}_\lambda \sim 0 \tag{2.48}$$

ラグランジュ未定乗数 μ_z を使えば，システムの時間発展は，ハミルトニアン

$$H \equiv \sum_{z=x,u,\lambda} \overleftarrow{\dot{z}} \cdot \vec{p}_z - L' + \sum_{z=x,u,\lambda} \overleftarrow{\mu}_z \cdot \vec{\phi}_z \tag{2.49}$$

により決まる。これを具体的に計算するには，式 (2.45) を使い

$$H = -L - \overleftarrow{\lambda} \cdot \vec{f} + \sum_{z=x,u,\lambda} \overleftarrow{\mu}_z \cdot \vec{\phi}_z \tag{2.50}$$

を得る。このハミルトニアンのもとで，$z = x, u, \lambda$ と p_z の正準方程式を

$$\dot{z} = \frac{\partial H}{\partial \vec{p}_z} \tag{2.51}$$

$$\dot{p}_z = -\frac{\partial H}{\partial z} \tag{2.52}$$

と書き下せる。方程式 (2.46), (2.47), (2.48) は，任意時点で成立していなければならない。つまり，これらの拘束条件の時間微分は，弱い意味でゼロになっ

42　2. 最適フィードバック制御の量子力学

ている。この $\dot{\vec{\phi}} \sim 0$ という要請によって，ラグランジュ未定乗数のすべてを計算できる。これは，つぎの $m \times m$ 行列

$$\mathbf{b}_{\alpha,\beta} \equiv \frac{\partial^2 (L + \overleftarrow{\lambda} \cdot \vec{f})}{\partial u_\alpha \partial u_\beta} \tag{2.53}$$

が正則であるときに限られる。ポアソン括弧は

$$\{\omega, \sigma\} \equiv \sum_{z=x,u,\lambda} \left(\frac{\partial \omega}{\partial \overleftarrow{z}} \cdot \frac{\partial \sigma}{\partial \vec{p_z}} - \frac{\partial \sigma}{\partial \overleftarrow{z}} \cdot \frac{\partial \omega}{\partial \vec{p_z}} \right) \tag{2.54}$$

と定義されるが，これと正準方程式 (2.51), (2.52) を使って，どのような力学変数 ω であってもその時間微分を

$$
\begin{aligned}
\dot{\omega} &= \frac{\partial \omega}{\partial \overleftarrow{z}} \dot{\vec{z}} + \frac{\partial \omega}{\partial \overleftarrow{p}_z} \dot{\vec{p}}_z + \frac{\partial \omega}{\partial t} \\
&= \{\omega, \sigma\} + \frac{\partial \omega}{\partial t} \tag{2.55}
\end{aligned}
$$

で計算できる。拘束条件 (2.46) の時間微分は

$$
\begin{aligned}
\dot{\phi}_{x_i} &= \{\phi_{x_i}, H\} \\
&\sim \{\phi_{x_i}, -L - \overleftarrow{\lambda} \cdot \vec{f}\} + \sum_{z=x,u,\lambda} \overleftarrow{\mu}_z \cdot \{\phi_{x_i}, \vec{phi}_z\} \\
&= \frac{\partial (L + \overleftarrow{\lambda} \cdot \vec{f})}{\partial x_i} + \mu_i \sim 0 \tag{2.56}
\end{aligned}
$$

となる。これからただちに

$$\mu_{\lambda_i} \sim -\frac{\partial (L + \overleftarrow{\lambda} \cdot \vec{f})}{\partial x_i} \tag{2.57}$$

を得る。また，式 (2.47) の時間微分は

$$
\begin{aligned}
\dot{\phi}_{u_\alpha} &= \{\phi_{u_\alpha}, H\} \\
&\sim \{\phi_{u_\alpha}, -L - \overleftarrow{\lambda} \cdot \vec{f}\} + \sum_{z=x,u,\lambda} \overleftarrow{\mu}_z \{\phi_{u_\alpha}, \vec{\phi}_z\} \tag{2.58}
\end{aligned}
$$

であり，ここからは新たに

$$\vec{\phi}_H \equiv \frac{\partial (L + \overleftarrow{\lambda} \cdot \vec{f})}{\partial \vec{u}} \sim 0 \tag{2.59}$$

2.2 ディラック括弧と波動方程式　　43

という拘束条件が出てくる。この条件は，入力の最適性条件になっている。最後の拘束条件 (2.48) からは

$$
\begin{aligned}
\dot{\phi}_{\lambda_i} &= \{\phi_{\lambda_i}, H\} \\
&= \{\phi_{\lambda_i}, -L - \overleftarrow{\lambda} \cdot \vec{f}\} + \sum_{z=x,u,\lambda} {}^t\mu_z \{\phi_{\lambda_i}, \vec{\phi}_z\} \\
&= f_i - \mu_i \sim 0
\end{aligned}
\tag{2.60}
$$

が出てきて，ここからラグランジュ未定乗数が

$$
\mu_{x_i} \sim f_i(\vec{x}, \vec{u})
\tag{2.61}
$$

と得られる。新しい拘束条件 (2.59) についても，その時間微分はゼロであって

$$
\begin{aligned}
\dot{\phi}_{H_\alpha} &= \{\phi_{H_\alpha}, H\} \\
&\sim \{\phi_{H_\alpha}, -L - \overleftarrow{\lambda} \cdot \vec{f}\} + \sum_{z=x,u,\lambda} {}^t\mu_z \{\phi_{H_\alpha}, \vec{\phi}_z\} \\
&= \sum_{i=1}^{n} \mu_{x_i} \frac{\partial^2 (L + \overleftarrow{\lambda} \cdot \vec{f})}{\partial x_i \partial u_\alpha} + \sum_{\beta=1}^{m} \mu_{u_\beta} \frac{\partial^2 (L + \overleftarrow{\lambda} \cdot \vec{f})}{\partial u_\alpha \partial u_\beta} \\
&\quad + \sum_{i=1}^{n} \mu_{\lambda_i} \frac{\partial f_i}{\partial u_\alpha} \sim 0
\end{aligned}
\tag{2.62}
$$

でなければならない。したがって，式 (2.53) の行列 $\mathbf{b}$ が正則であれば，式 (2.57) と式 (2.61) を使って，つぎの答を得る。

$$
\mu_{u_\alpha} \sim -\sum_{\beta=1}^{m} \sum_{i=1}^{n} (\mathbf{b}^{-1})_{\alpha,\beta} \left[f_i \frac{\partial^2 (L + \overleftarrow{\lambda} \cdot \vec{f})}{\partial x_i \partial u_\beta} - \frac{L + \overleftarrow{\lambda} \cdot \vec{f}}{\partial x_i} \frac{\partial f}{\partial u_\beta} \right]
\tag{2.63}
$$

　これら4種類の拘束条件に従ってポアソン括弧の拡張であるところのディラック括弧を定義することができて，それを使えば拘束力学系を量子化できるのである。初めに二つの $n \times m$ 行列

$$
\mathbf{a}_{i,\beta} \equiv \frac{\partial^2 (L + \overleftarrow{\lambda} \cdot \vec{f})}{\partial x_i \partial u_\beta}
\tag{2.64}
$$

と

$$\mathbf{c}_{i,\beta} \equiv \frac{\partial f_i}{\partial u_\beta} \tag{2.65}$$

を作る。$\mathbf{I}_n$ を n 次元の単位行列として，つぎの $2(n+m)$ 次元の行列を計算する。

$$\mathbf{K} \equiv (\{\phi_I, \phi_J\}) = \begin{bmatrix} \mathbf{0} & \mathbf{0} & \mathbf{I}_n & -\mathbf{a} \\ \mathbf{0} & \mathbf{0} & \mathbf{0} & -\mathbf{b} \\ -\mathbf{I}_n & \mathbf{0} & \mathbf{0} & -\mathbf{c} \\ {}^t\mathbf{a} & {}^t\mathbf{b} & {}^t\mathbf{c} & \mathbf{0} \end{bmatrix} \tag{2.66}$$

これを使って，ディラック括弧の定義を以下とする。

$$\{\omega, \sigma\}_{DB} \equiv \{\omega, \sigma\} - \sum_{I,J=1}^{2(n+m)} \{\omega, \phi_I\}(\mathbf{K}^{-1})_{I,J}\{\phi_J, \sigma\} \tag{2.67}$$

そうすると，適当な力学変数 ω の任意の拘束条件とのディラック括弧は

$$\begin{aligned} \{\omega, \phi_K\}_{DB} &= \{\omega, \phi_K\} - \sum_{I,J=1}^{2(n+m)} \{\omega, \phi_I\}(\mathbf{K}^{-1})_{I,J}\{\phi_J, \phi_K\} \\ &= \{\omega, \phi_K\} - \sum_{I,J=1}^{2(n+m)} \{\omega, \phi_I\}(\mathbf{K}^{-1})_{I,J}\mathbf{K}_{J,K} \\ &= \{\omega, \phi_K\} - \sum_{I=1}^{2(n+m)} \{\omega, \phi_I\}\mathbf{I}_{I,K} = 0 \end{aligned} \tag{2.68}$$

と計算され，いつもゼロになる。さて，ここで具体的に逆行列 $\mathbf{K}^{-1}$ を計算すると

$$\mathbf{K}^{-1} = \begin{bmatrix} \mathbf{0} & \mathbf{c}\mathbf{b}^{-1} & -\mathbf{I}_n & \mathbf{0} \\ -({}^t\mathbf{b})^{-1}{}^t\mathbf{c} & ({}^t\mathbf{b})^{-1}({}^t\mathbf{c}\mathbf{a} - {}^t\mathbf{a}\mathbf{c})\mathbf{b}^{-1} & {}^t\mathbf{b}^{-1}{}^{\mathbf{a}} & {}^t\mathbf{b}^{-1} \\ \mathbf{I}_n & -\mathbf{a}\mathbf{b}^{-1} & \mathbf{0} & \mathbf{0} \\ \mathbf{0} & -\mathbf{b}^{-1} & \mathbf{0} & \mathbf{0} \end{bmatrix} \tag{2.69}$$

である。これを使い，ゼロにならないディラック括弧はつぎのようになる。

$$\{x_i, u_\beta\}_{DB} = (\mathbf{cb}^{-1})_{i,\beta} \tag{2.70}$$

$$\{x_i, \lambda_j\}_{DB} = -\delta_{i,j} \tag{2.71}$$

$$\{u_\alpha, u_\beta\}_{DB} = \left(\mathbf{b}^{-1}({}^t\mathbf{ca} - {}^t\mathbf{ac})\mathbf{b}^{-1}\right)_{\alpha,\beta} \tag{2.72}$$

$$\{u_\alpha, \lambda_j\}_{DB} = (\mathbf{b}^{-1t}\mathbf{a})_{\alpha,j} \tag{2.73}$$

拘束力学系の具体的な計算例

振り子の量子力学をディラック括弧の方法で展開し，本方法の有効性を確認する。2次元平面内で質量 m の質点がポテンシャル $V(\vec{x})$ 下で径が r であるとする拘束

$$f_0(\vec{x}) = x_1{}^2 + x_2{}^2 - r^2 = 0 \tag{2.74}$$

を受けて運動する。システムは未定乗数 λ_0 を使ったラグランジアン

$$L'(\vec{x}, \dot{\vec{x}}, \lambda_0) = \frac{m}{2}\left(\dot{x}_1^2 + \dot{x}_2^2\right) - V(\vec{x}) + \lambda_0 f_0(\vec{x}) \tag{2.75}$$

で記述できる。まず，λ_0 も力学変数とした上で，これらの正準運動量は $p_{x_1} = m\dot{x}_1$，$p_{x_2} = m\dot{x}_2$，$p_{\lambda_0} = 0$ である。式 (2.46)，(2.47)，(2.48) に従い，$p_{\lambda_0} = 0$ を拘束

$$\phi_1 \equiv p_{\lambda_0} \sim 0 \tag{2.76}$$

として扱う。式 (2.50) に至るのと同様な計算をして，ハミルトニアンをもう一つのラグランジュ未定乗数 μ_1 を使って計算する。

$$H \equiv \dot{\vec{x}} \cdot \vec{p}_x + \dot{\lambda}_0 p_{\lambda_0} - L' + \mu_1 \phi_1 = \frac{\vec{p}_x^2}{2m} + V - \lambda_0 f_0 + \mu_1 \phi_1 \quad (2.77)$$

この H を使えば，ϕ_1 の時間微分を計算できて

$$\dot{\phi}_1 = \{\phi_1, H\} = f_0 \equiv \phi_2 \tag{2.78}$$

となる。この ϕ_2 も新たに拘束条件としてカウントするが，それはその時間微分がラグランジュ未定乗数 μ_1 を含まないからである。拘束 $\phi_2 \sim 0$ とは，要するに質点が径 r の円周上に拘束されることを意味する。この ϕ_2 の時間微分も

46   2. 最適フィードバック制御の量子力学

$$\dot{\phi}_2 = \{H, \phi_2\} = \frac{2(x_1 p_{x_1} + x_2 p_{x_2})}{m} \equiv \frac{2}{m}\phi_3 \tag{2.79}$$

と計算できる。この ϕ_3 も未定乗数 μ_1 に独立だとわかったからには、新たな拘束 $\phi_3 \sim 0$ としてカウントしなければならない。ゆえに、さらにこの時間微分

$$\dot{\phi}_3 = \{H, \phi_3\} = \frac{\vec{p}_x^2}{m} - \vec{x} \cdot \vec{\nabla}V + 2\lambda_0 r^2 \equiv \phi_4 \tag{2.80}$$

が 4 番目の拘束 $\phi_4 \sim 0$ を導く。そして、ϕ_4 の時間微分 $\dot{\phi}_4 \sim 0$ からようやく

$$\mu_1 = \frac{1}{mr^2}\left(\vec{p}_x \cdot \vec{\nabla}V + \frac{\vec{p}_x}{2} \cdot \vec{\nabla}(\vec{x} \cdot \vec{\nabla}V)\right) \tag{2.81}$$

と決まる。新しく出てきた拘束条件の時間微分からラグランジュ未定乗数 μ_1、μ_{u_α} を計算したという意味において、式 (2.81) は式 (2.63) に対応する。行列 (2.53) の正則性が μ_{u_α} の計算を可能にしており、ここでは正則性は $r^2 \neq 0$ が保証する。

さて、これで式 (2.66) で計算したような行列 $\mathbf{K}$ が拘束条件 ϕ_1, ϕ_2, ϕ_3, ϕ_4 の間のポアソン括弧により得られる。$k(\vec{x}, \vec{p}_x) \equiv \frac{2}{m}\vec{p}_x^2 + \vec{x} \cdot \vec{\nabla}(\vec{x} \cdot \vec{\nabla}V)$ として

$$\mathbf{K} \equiv (\{\phi_I, \phi_J\}) = \begin{bmatrix} 0 & 0 & 0 & -2r^2 \\ 0 & 0 & 2r^2 & 0 \\ 0 & -2r^2 & 0 & k(\vec{x}, \vec{p}_x) \\ 2r^2 & 0 & -k(\vec{x}, \vec{p}_x) & 0 \end{bmatrix} \tag{2.82}$$

を得る。以上からディラック括弧が計算できる。

$$\{x_i, p_{x_i}\}_{DB} = 1 - \frac{x_i^2}{r^2} \tag{2.83}$$

$$\{x_i, p_{x_j}\}_{DB} = (1 - \delta_{i,j})g(\vec{x}) \equiv (1 - \delta_{i,j})\left(-\frac{x_1 x_2}{r^2}\right) \tag{2.84}$$

$$\{p_{x_i}, p_{x_j}\}_{DB} = (1 - \delta_{i,j})\left(\frac{\partial g}{\partial x_j}p_{x_j} - \frac{\partial g}{\partial x_i}p_{x_i}\right) \tag{2.85}$$

極座標表示したラグランジアンに対して、これらが θ とその正準運動量 p_θ に対する直観的に妥当と考えうる $\{\theta, p_\theta\} = 1$ を導く。

2.2.2 最適フィードバック制御のシュレディンガー方程式

量子力学の要求するところによれば，ディラック括弧が交換関係で置き替えられる。ということは，システムの力学変数に対応する線形演算子は，そのような交換関係を満たすように定義することになる。ハミルトニアン演算子を計算することで，ある線形波動方程式を設定することになる。ここで，実の正定数を一つとって H_R とし，これに通常の量子力学でのプランク定数 $\hbar$ の役目をさせる。すなわち，交換関係を

$$iH_R\{\omega,\sigma\}_{DB} \to [\hat{\omega},\hat{\sigma}] \equiv \hat{\omega}\hat{\sigma} - \hat{\sigma}\hat{\omega} \tag{2.86}$$

と設定する。この置き替えでよいかどうかは，この置き替えルールにより計算した結果が妥当かどうかで判断する。この新しい制御定数 H_R は，制御設計者が都合が良いように選べばよいものとする。すると，2項演算すなわちディラック括弧は，交換関係で置き換えられることになる。

$$iH_R\{\omega,\sigma\}_{DB} \to [\hat{\omega},\hat{\sigma}] \tag{2.87}$$

これらの交換関係によって非線形最適制御理論に随伴する線形波動理論が得られることがわかる。どのような条件があれば，H_R を十分に小さくしたときにこの線形理論が非線形最適制御に帰着するのかを調べなければならない。この条件は終端条件に関連した形で得られることがわかる。そして，この条件とは設計者がじつに容易に設定できる条件なのである。

さて，このルール (2.86) をディラック括弧の計算結果である式 $(2.70)\sim(2.73)$ に適用してみよう。ここで，積 $\hat{\omega}\hat{\sigma}$ は逆順の積 $\hat{\sigma}\hat{\omega}$ と必ずしも等しくないので，対称化の演算 $\overline{\hat{\omega}\hat{\sigma}} \equiv \dfrac{\hat{\omega}\hat{\sigma} + \hat{\sigma}\hat{\omega}}{2}$ が必要になる。これを使えば，置き替え結果はつぎのとおりである。

$$[x_i,\hat{u}_\beta] = iH_R\overline{(\mathbf{cb}^{-1})_{i,\beta}} \tag{2.88}$$

$$[x_i,\hat{\lambda}_j] = -iH_R\delta i,j \tag{2.89}$$

$$[\hat{u}_\alpha,\hat{u}_\beta] = iH_R\overline{(\mathbf{b}^{-1}({}^t\mathbf{ca} - {}^t\mathbf{ac})\mathbf{b}^{-1})_{\alpha,\beta}} \tag{2.90}$$

$$[\hat{u}_\alpha,\hat{\lambda}_j] = iH_R\overline{(\mathbf{b}^{-1t}\mathbf{a})_{\alpha,j}} \tag{2.91}$$

48   2. 最適フィードバック制御の量子力学

この交換関係 (2.88)〜(2.91) により力学変数に対応する線形演算子は完全に決定される。式 (2.89) から，ただちに

$$\hat{\lambda}_i = i\frac{\partial}{\partial x_i} \tag{2.92}$$

である。操作入力の線形演算子 $\hat{u}_\alpha$ については，式 $(2.88), (2.90), (2.91)$ を同時に満足するように作らなければならない。アフィンシステムに限定すればこれが具体的に計算できて，それは **2.2.3** 項の最後に与える。それができたとして，対称化を使って式 (2.50) からハミルトニアン演算子を

$$\hat{H} = \overline{-L(\vec{x}, \hat{\vec{u}}) -{}^t\hat{\vec{\lambda}}\cdot\vec{f}(\vec{x}, \hat{\vec{u}})} \tag{2.93}$$

と計算できる。そして，ある複素関数 $\psi(\vec{x}, t)$（波動関数と呼ぶことにする）にシュレディンガー方程式を一般化した形を満たすような要請を置く。

$$iH_R\frac{\partial\psi(\vec{x},t)}{\partial t} = \hat{H}\psi(\vec{x}, t) \tag{2.94}$$

さて，式 (2.42) の終端コスト $\Phi(\vec{x})$ のもとでは，終期条件が

$$\psi(\vec{x}, t_F) = R_F(\vec{x})e^{i\frac{-\Phi(\vec{x})}{H_R}} \tag{2.95}$$

となる。この複素関数は絶対値と位相という二つの実関数に分解できて

$$\psi(\vec{x}, t) = R^q(\vec{x}, t)e^{i\frac{S^q(\vec{x},t)}{H_R}} \tag{2.96}$$

の形に書くことができる。つぎの **2.2.3** 項ではアフィンシステムに限定する。このアフィンシステムとは，状態方程式のソース項が操作入力に線形であり，かつ制御仕様の操作入力に関する部分が入力の 2 次形式になっているようなシステムである。そうすると，この分解の位相関数 S^q は値関数 S に課されるハミルトン-ヤコビ方程式を一般化した方程式を満たす。

2.2.3 アフィンシステム

ここまでは，非線形最適制御の線形理論の可能性を考えてきた。この線形理論は，線形システムを計算するための確立されたツールを適用することを可能

とする。具体的には，本書では固有値解析，分散方程式のランダムウォーク，モンテカルロ法をアルゴリズムとして使う。しかし，先に進む前に検証すべきことは，交換関係 (2.88), (2.90), (2.91) を同時に満足するような操作入力演算子 $\hat{u}$ が存在するかどうかである。そこで，状態変数の時間変化が操作量に線形に依存することとする。かつ，評価指標は操作量の 2 次形式と状態変数の関数の和の形に限定する。このような系をアフィン系と称することにし，以下で演算子 $\hat{u}$ を実際に計算する。これらの $\hat{u}$ と $\hat{\lambda}$ をハミルトニアン演算子 (2.93) に代入すれば，その具体的な形 $\hat{H}$ を得る。波動方程式 (2.94) の実数部分がハミルトン-ヤコビ方程式を一般化した形をとることが明らかになる。

　先立ってハミルトン-ヤコビ方程式を導いておく。m 入力 $(\alpha = 1, 2, \cdots, m)$, n 状態 $(i = 1, 2, \cdots, n)$ のシステムを考える。状態方程式と制御仕様は以下である。なお，下付き添字についてアルファベットの繰り返しは $i = 1, 2, \cdots, n$ の和 $\left(A_i B_i = \sum_{i=1}^{n} A_i B_i \right)$，ギリシア文字の繰り返しは $\alpha = 1, 2, \cdots, m$ の和 $\left(A_\alpha B_\alpha = \sum_{\alpha=1}^{m} A_\alpha B_\alpha \right)$ を意味する。

$$\dot{x}_i = g_{i\alpha}(\vec{x}) u_\alpha + F_i(\vec{x}) \tag{2.97}$$

$$PI = \Phi(\vec{x}_{t_F}) + \int_{t_I}^{t_F} dt \, (u_\alpha R_{\alpha\beta} u_\beta + V_{\mathrm{cost}}(\vec{x})) \tag{2.98}$$

ここで，R は対称 $(R = {}^tR)$ として一般性を失わない $({}^tA$ は行列 A の転置を示す)。つぎの関数 x, u, λ の汎関数

$$\begin{aligned} S = {} & -\Phi(\vec{x}_{t_F}) - \int_t^{t_F} dt' \, (u_\alpha R_{\alpha\beta} u_\beta + V_{\mathrm{cost}}) \\ & - \int_t^{t_F} dt' \lambda_i \left(g_{i\alpha} u_\alpha + F_i - \frac{d}{dt'} x_i \right) \end{aligned} \tag{2.99}$$

を考える。ここで，被積分関数はすべて $t' \in [t, t_F]$ の関数であり，その変分 $\delta u_\alpha(t')$, $\delta \lambda_i(t')$, $\delta x_i(t')$ および $\delta x_i(t_F)$ をとる。ここで，式 (2.99) 右辺の最終項は，変分 $\delta x(t')$ の結果，つぎのように部分積分で表現される。

50   2. 最適フィードバック制御の量子力学

$$\int_t^{t_F} dt' \lambda_i(t') \delta \frac{d}{dt'} x_i(t')$$

$$= \int_t^{t_F} dt' \lambda_i(t') \frac{d}{dt'} \delta x_i(t')$$

$$= \lambda_i(t_F)\delta x_i(t_F) - \lambda_i(t)\delta x_i(t) - \int_t^{t_F} dt' \left(\frac{d}{dt'}\lambda_i(t')\right)\delta x_i(t') \tag{2.100}$$

これに注意して S の変分をとる。そのために，つぎの量を定義しておく。

$$A_\alpha \equiv 2R_{\alpha\beta}u_\beta(t') + \lambda_i(t')g_{i\alpha}(\vec{x}(t')) \tag{2.101}$$

$$B_i \equiv g_{i\alpha}(\vec{x}(t'))u_\alpha(t') + F_i(\vec{x}(t')) - \frac{d}{dt'}x_i(t') \tag{2.102}$$

$$C_i \equiv \frac{\partial V_{\text{cost}}(\vec{x}(t'))}{\partial x_i(t')} + \lambda_j(t')\left(\frac{\partial g_{j\alpha}(\vec{x}(t'))}{\partial x_i(t')}u_\alpha(t') + \frac{\partial F_j(\vec{x}(t'))}{\partial x_i(t')}\right)$$
$$+ \frac{d}{dt'}\lambda_i(t') \tag{2.103}$$

ゆえに，S の変分は

$$\delta S = -\frac{\partial \Phi(\vec{x}_{t_F})}{\partial x_i(t_F)}\delta x_i(t_F) + \lambda_i(t_F)\delta x_i(t_F) - \lambda_i(t)\delta x_i(t)$$
$$- \int_t^{t_F} dt' \{A_\alpha \delta u_\alpha(t') + B_i \delta\lambda_i(t') + C_i \delta x_i(t')\} \tag{2.104}$$

となる。式 (2.101) から $A_\alpha = 0$ は

$$u_\alpha(t') = -\frac{1}{2}(R)^{-1}_{\alpha\beta}\lambda_i(t')g_{i\beta}(\vec{x}(t')) \tag{2.105}$$

を与え，これを制御の最適条件と呼ぶ。また，式 (2.102) の $B_i = 0$ と式 (2.103) の $C_i = 0$ は，それぞれ $\vec{x}(t')$ と $\vec{\lambda}(t')$ の運動方程式である。さらに，式 (2.104) の $\delta x_i(t_F)$ の係数から

$$\lambda_i(t_F) = \frac{\partial \Phi(\vec{x}_{t_F})}{\partial x_i(t_F)} \tag{2.106}$$

は λ_i の終期条件を与える。そこで，制御の最適性 (2.105) と，$\vec{x}(t')$ と $\vec{\lambda}(t')$ の運動方程式，および終期条件 (2.106) が成立するなら，式 (2.104) から以下を得る。

$$\lambda_i(t) = -\frac{\partial S}{\partial x_i(t)} \tag{2.107}$$

以上の結果に基づき，量 S の時間 t についての全微分を計算することで，S の偏微分方程式を導く。全微分 $\dfrac{dS}{dt}$ は，式 (2.99) 右辺の被積分関数の t での値である。その一方で

$$\frac{dS}{dt} = \frac{\partial S}{\partial x_i(t)}\frac{d}{dt}x_i(t) + \frac{\partial S}{\partial t} \tag{2.108}$$

となる。ゆえに，すべての変数の引数は t であるとして

$$u_\alpha R_{\alpha\beta} u_\beta + V_{\text{cost}}(\vec{x}) + \lambda_i \left\{ g_{i\alpha} u_\alpha + F_i(\vec{x}) - \frac{d}{dt}x_i \right\} = \frac{\partial S}{\partial x_i}\frac{d}{dt}x_i + \frac{\partial S}{\partial t} \tag{2.109}$$

を得る。式 (2.107) により，左右辺の $\dfrac{d}{dt}x_i$ 項は相殺し，再び式 (2.107) と制御の最適性条件 (2.105) を併用して λ_i と u_α を S で表すことによって，以下のハミルトン‐ヤコビ方程式を得る。

$$\frac{\partial S}{\partial t} + F_i \frac{\partial S}{\partial x_i} + \frac{(R^{-1})_{\alpha\beta}}{4} g_{i\alpha} g_{j\beta} \frac{\partial S}{\partial x_i}\frac{\partial S}{\partial x_j} - V_{\text{cost}} = 0 \tag{2.110}$$

つぎに，操作量演算子 $\hat{u}_\alpha$ の計算に移る。初めに 1 入力 1 状態のアフィン制御系をとると，交換関係は以下である。

$$[x, \hat{u}] = \frac{iH_R}{2r} g(x) \tag{2.111}$$

$$[x, \hat{\lambda}] = -iH_R \tag{2.112}$$

$$[\hat{u}, \hat{\lambda}] = \frac{iH_R}{2r} \hat{\lambda} \overline{\frac{dg(x)}{dx}} \tag{2.113}$$

まず，式 (2.112) からただちに

$$\hat{\lambda} = iH_R \frac{\partial}{\partial x} \tag{2.114}$$

が得られる。つぎに，$\hat{u}$ も x による微分演算子を $iH_R\dfrac{\partial}{\partial x}$ の形で含むと考え

$$\hat{u} = u_1(x) iH_R \frac{\partial}{\partial x} + u_2(x) \tag{2.115}$$

52   2. 最適フィードバック制御の量子力学

として式 (2.111) に代入し，$u_1(x) = -\dfrac{g(x)}{2r}$ を得る。この u_1 を式 (2.113) に代入し，$u_2(x)$ も計算できる。結果は次式となる。

$$\hat{u} = -\frac{iH_R}{2r}\left(g(x)\frac{\partial}{\partial x} + \frac{1}{2}\frac{dg(x)}{dx}\right) + 定数 \tag{2.116}$$

次元が増えても考え方は同じであり，章末の問題 (2) に例を示す。この形を参考に，つぎの形の演算子

$$\hat{u}_\alpha = -\frac{iH_R}{2}(R^{-1})_{\alpha\beta}\left(g_{j\beta}\frac{\partial}{\partial x_j} + \frac{1}{2}\frac{\partial g_j}{\partial x_j}\right) \tag{2.117}$$

を作ると，これにより交換関係 (2.88), (2.90), (2.91) を同時に満足することが示せる。

記号

$$\nabla_i^h \equiv h\frac{\partial}{\partial x_i} + \frac{1}{2}\frac{\partial h}{\partial x_i} \tag{2.118}$$

を使い，操作入力演算子を

$$\hat{u}_\alpha = -\frac{iH_R}{2}(R^{-1})_{\alpha\beta}\nabla_j^{g_{j\beta}} \tag{2.119}$$

と書くことになる。ハミルトニアン演算子は

$$\begin{aligned}
\hat{H} &= \overline{-L(\vec{x}, \hat{\vec{u}}) - \overset{\leftarrow}{\vec{\lambda}}\cdot\vec{f}} \\
&= -\overline{\hat{u}_\alpha R_{\alpha\beta}\hat{u}_\beta} - V_{\text{cost}} - \overline{\hat{\lambda}_i\hat{u}_\alpha g_{i\alpha}} - \overline{\hat{\lambda}_j F_j} \\
&= -\frac{H_R^2}{4}(R^{-1})_{\alpha\beta}\overline{\nabla_i^{g_{i\alpha}}\nabla_j^{g_{j\beta}}} - V_{\text{cost}} - iH_R\nabla_j^{F_j}
\end{aligned} \tag{2.120}$$

と計算される。このハミルトニアン演算子と波動関数を式 (2.96) のように極座標表示したものを線形波動方程式 (2.94) に代入し，その実数部分をとると，位相関数 S^q がハミルトン-ヤコビ方程式を一般化した式を満たすことが容易にわかる。

これを以下で詳細に示す。まず

$$\overline{\nabla_i^f\nabla_j^g}\psi = \frac{\nabla_i^f\nabla_j^g\psi + \nabla_j^g\nabla_i^f\psi}{2}$$

$$
= fg\frac{\partial^2 \psi}{\partial x_i \partial x_j} + \frac{1}{2}\left\{\left(f\frac{\partial g}{\partial x_i} + g\frac{\partial f}{\partial x_i}\right)\frac{\partial \psi}{\partial x_j} + \left(f\frac{\partial g}{\partial x_j} + g\frac{\partial f}{\partial x_j}\right)\frac{\partial \psi}{\partial x_i}\right\}
$$

$$
+ \frac{1}{4}\left(f\frac{\partial^2 g}{\partial x_i \partial x_j} + \frac{\partial f}{\partial x_i}\frac{\partial g}{\partial x_j} + g\frac{\partial^2 f}{\partial x_i \partial x_j}\right)\psi \tag{2.121}
$$

が成立することに注意しよう。これを使えばハミルトニアン演算子 (2.120) の「運動エネルギー部分」が

$$
G^{(1)}_{j\alpha\beta} \equiv g_{i\alpha}\frac{\partial g_{j\beta}}{\partial x_i} + g_{j\beta}\frac{\partial g_{i\alpha}}{\partial x_i} \tag{2.122}
$$

$$
G^{(2)}_{\alpha\beta} \equiv g_{i\alpha}\frac{\partial^2 g_{j\beta}}{\partial x_i \partial x_j} + \frac{\partial g_{i\alpha}}{\partial x_i}\frac{\partial g_{j\beta}}{\partial x_j} + g_{j\beta}\frac{\partial^2 g_{i\alpha}}{\partial x_i \partial x_j} \tag{2.123}
$$

として

$$
\begin{aligned}
K &\equiv -\frac{H_R^2}{4}(R^{-1})_{\alpha\beta}\overline{\nabla_i^{g_{i\alpha}}\nabla_j^{g_{j\alpha}}}\psi \\
&= -\frac{H_R^2}{4}(R^{-1})_{\alpha\beta}\left\{g_{i\alpha}g_{j\beta}\frac{\partial^2 \psi}{\partial x_i \partial_j} + \frac{1}{2}\left(G^{(1)}_{j\alpha\beta}\frac{\partial \psi}{\partial x_j} + G^{(1)}_{i\beta\alpha}\frac{\partial \psi}{\partial x_i}\right) + \frac{1}{4}G^{(2)}_{\alpha\beta}\psi\right\}
\end{aligned} \tag{2.124}
$$

と書けることがわかる。

「対流」項は次式のとおりである。

$$
C \equiv -iH_R\nabla_j^{F_j}\psi = -iH_R\left(F_j\frac{\partial \psi}{\partial x_j} + \frac{1}{2}\frac{\partial F_j}{\partial x_j}\psi\right) \tag{2.125}
$$

ψ の偏微分結果を運動エネルギー項 (2.124) に代入し，$e^{-i\frac{S^q}{H_R}}$ を乗じたあとでその実数部を計算する。複雑な表式をまとめるために，つぎの量を導入しておく。

$$
w_{\alpha\beta} = \left\{g_{i\alpha}g_{j\beta}\frac{\partial^2 R^q}{\partial x_i \partial x_j} + \frac{1}{2}G^{(1)}_{j\alpha\beta}\frac{\partial R^q}{\partial x_j} + \frac{1}{2}G^{(1)}_{i\beta\alpha}\frac{\partial R^q}{\partial x_i} + \frac{1}{4}G^{(2)}_{\alpha\beta}R^q\right\} \tag{2.126}
$$

そうすると，運動エネルギー項の実数部は

$$
\Re K = -\frac{H_R^2}{4}(R^{-1})_{\alpha\beta}w_{\alpha\beta} + \frac{R^q}{4}(R^{-1})_{\alpha\beta}g_{i\alpha}g_{j\beta}\frac{\partial S^q}{\partial x_i}\frac{\partial S^q}{\partial x_j} \tag{2.127}
$$

と書ける。さらに，対流項と時間微分項の実数部は，それぞれ

$$\Re C = F_j R^q \frac{\partial S^q}{\partial x_j} \tag{2.128}$$

$$\Re \left[i H_R \frac{\partial \psi}{\partial t} \cdot e^{-\frac{i}{H_R} S^q} \right] = -R^q \frac{\partial S^q}{\partial t} \tag{2.129}$$

になる。

以上から，波動方程式 (2.94) に $e^{-i\frac{S^q}{H_R}}$ を掛けたあとの実数部を R^q で除することで，ハミルトン−ヤコビ方程式の一般化

$$\frac{\partial S^q}{\partial t} + \frac{(R^{-1})_{\alpha\beta}}{4} g_{i\alpha} g_{j\beta} \frac{\partial S^q}{\partial x_i} \frac{\partial S^q}{\partial x_j} - V_{\text{cost}}$$
$$+ F_j \frac{\partial S^q}{\partial x_j} - \frac{H_R^2}{4} \frac{1}{R^q} (R^{-1})_{\alpha\beta} w_{\alpha\beta} = 0 \tag{2.130}$$

を得る。この式 (2.130) は，左辺の最後の項

$$V^q = \frac{H_R^2}{4} \frac{1}{R^q} (R^{-1})_{\alpha\beta} w_{\alpha\beta} \tag{2.131}$$

が評価関数 V_{cost} に加算されていると考えれば，ハミルトン−ヤコビ方程式 (2.110) そのものである。しかも，設計パラメータ $H_R \to 0$ で少なくも見かけ上 $V^q \to 0$ であるから，式 (2.130) は従来のハミルトン−ヤコビ方程式 (2.110) で記述される非線形最適制御に帰着する。この事情は量子力学でも同じで，対応原理が成立するならば，プランク定数 $\hbar$ の仮想的なゼロの極限では量子力学が古典力学になる。しかし，この付加的な項は R^q で除しているため発散の恐れがあり，また H_R に複雑な形で依存する。そうではあるが，**2.3** 節で非線形最適制御の「対応原理」が成り立つことを見る。付加項 (2.131) は H_R に H_R^2 でゼロに近づくのである。これは適切な終期条件，すなわち，R_F が H_R に特異な依存性を持たないことにより，保証されることがわかる。強調すべきなのは，この特異性がないという条件は設計者の一存で決まり，顧客から与えられる設計仕様にはいっさい関わりがないことである。

状態フィードバックは制御の最適性条件で与えられ，小さい H_R での

$$u_\alpha = \frac{1}{2} (R^{-1})_{\alpha\beta} \sum_{j=1}^{n} \frac{\partial S^q}{\partial x_i} g_{i\beta} \tag{2.132}$$

で近似される。この計算式を波動関数 ψ を使った形で表すと

$$
\frac{\partial S^q}{\partial x_i} = H_R \frac{\Re\psi \dfrac{\partial \Im\psi}{\partial x_i} - \Im\psi \dfrac{\partial \Re\psi}{\partial x_i}}{(\Re\psi)^2 + (\Im\psi)^2}
\tag{2.133}
$$

である。右辺で全体に H_R がかかっている理由は，位相関数 S^q は次元を持っており，波動関数には無次元化した $\dfrac{S^q}{H_R}$ の形で現れることによる。

2.3 最適フィードバックの近似

　操作量について2次のコスト関数を持つアフィン系に対して，複素波動関数に対する線形方程式を使うことで，通常のハミルトン‐ヤコビ方程式を拡張してきた。波の作用の強さを決めるために，新しい制御定数 H_R を導入した。しかし，波の作用が弱くなるとして，この波動方程式がどういう条件下であれば非線形最適アフィン制御を再現するかは定かでない。また，この線形波のどこに通常の最適経路が隠されているかも不明である。そこで，ここでは，線形の波から，波の作用が小さい極限において最適フィードバック制御を抽出できる条件を明確にする。

　波動関数 ψ を，初期点と終期点を結ぶありとあらゆる経路の集まりとして，ここで表現する。これらの経路の中には最適経路も含まれている。このような波動関数の表現は，経路積分として知られる。おのおのの経路 π は重み $e^{i\frac{S^q_\pi}{H_R}}$ を持つ。量 S^q_π は系が経路 π を通過したときの制御コストである。この量を調べれば，通常のハミルトニアンを使ったコストにおける波の作用に起因する揺らぎが計算できる。また，この指数関数の肩の分母に制御定数 H_R があることにも注意すべきである。つまり，このパラメータ H_R が小さくなれば，指数関数つまり三角関数の振動性が強くなり，さまざまな経路からの寄与が相殺すると考えられる。位相 $\dfrac{S^q_\pi}{H_R}$ を停留する経路 π^0 だけが波動関数に寄与すると考えられる。この停留条件 δS^q_π は定常位相条件と呼ばれ，量子物理における古典極限を考えるときによく使う概念である。

56   2. 最適フィードバック制御の量子力学

初めに，複素波動が経路に及ぼす揺らぎの計算方法を示す．操作量の2次の
コストを持つアフィン系での計算をすると，揺らぎは通常のハミルトニアン H
に対する H_R と H_R^2 に比例する付加項として表現できる．つぎに，この制御シ
ステムに付随する波動関数を経路積分で与える．引き続き波動関数の位相の停
留条件が成立する条件を詳しく調べる．この結果として，停留条件の組が，ある
条件下での最適制御の必要条件に等価であることがわかる．この条件とは，終
期 $t = t_F$ での波動関数の絶対値 $R_F(\vec{x}; H_R) \equiv |\psi(\vec{x}, t_F; H_R)|$ に課される条件
である．これが，H_R について $H_R = 0$ で特異でない，というものである．こ
の条件下であれば，一般化されたシュレディンガー方程式が $H_R \to 0$ で通常の
ハミルトン-ヤコビ理論を再現することを，最後に明確にする[30]．

ところで，この条件，すなわち R_F が H_R について $H_R = 0$ で特異でないこ
とは，なんの困難もなく得られる条件である．それは，終期波動関数の持つ情
報とは，その位相が終期コストである $(S^q(\vec{x}, t_F; H_R) = -\Phi(\vec{x}))$ というもの
だからである．この終期コストは，「顧客」が要求する仕様であり設計者が勝手
に変えることはできない．しかし，対応する絶対値 R_F は設計者の一存で選べ
る．さて，波動関数の経路積分表示とその定常位相を，波動関数 ψ の計算に直
接使うことができる．それは，この経路積分表現がボルツマン分布下での統計
力学のある表現とよく似ているからである．この事実を使えば，モンテカルロ
計算を使って波動関数を計算し，最適制御の開ループを計算することができる．
この点は，あらためて **2.4.5** 項で議論する．

2.3.1 波動関数の経路積分表示

1.3.2 項では，シュレディンガー方程式（の時間差分表現）(*1.36*) により，
式 (*1.37*) を導いた．同様にして，シュレディンガー方程式の時間差分を，未来
$t + \varepsilon$ が現在 t を決める形で書くと

$$iH_R \frac{\psi(x_t, t + \varepsilon) - \psi(x_t, t)}{\varepsilon} = \hat{H}_{x_t} \psi(x_t, t + \varepsilon) + O(\varepsilon) \qquad (2.134)$$

である．これにより式 (*1.37*) で $\varepsilon \to -\varepsilon$, $\hbar \to H_R$ とすることで，以下を得る．

$$\psi(x_t, t) = \psi(x_t, t+\varepsilon) + \varepsilon \frac{i}{H_R} \hat{H}_{x_t} \psi(x_t, t+\varepsilon) + O(\varepsilon^2)$$

$$= e^{\frac{i}{H_R} \varepsilon \hat{H}_{x_t}} \psi(x_t, t+\varepsilon) + O(\varepsilon^2) \tag{2.135}$$

右辺は，つぎに示すとおり，時刻 $t+\varepsilon$ におけるあらゆる地点 $x_{t+\varepsilon}$ での波の重ね合わせとして表現される。式 (1.38) と同様にデルタ関数 $\delta(x_t - x_{t+\varepsilon})$ を使うので，これに $\hat{H}_{x_t}$ を作用させる必要がある。ハミルトニアン演算子が単純な質点力学タイプではないので，この作用は若干複雑なものになる。これを先に計算しておく。

任意の 2 次元関数は，デルタ関数のフーリエ成分による表現を使い

$$g(X, r) = \int dr' \int \frac{dp}{2\pi H_R} e^{\frac{i}{H_R} p(r-r')} g(X, r') \tag{2.136}$$

と書ける。関数 $k(r)$ の r による n 階微分を $k^{(n)}(r)$ あるいは $\{k(r)\}^{(n)}$ と書くものとして

$$g(X, r) = h\left(X + \frac{r}{2}\right) (-iH_R)^n \delta^{(n)}(r) \tag{2.137}$$

の形の関数を式 (2.136) に代入する。デルタ関数の微分公式 $f(r')\delta^{(n)}(r') = \delta(r')(-)^n f^{(n)}(r')$ を使う。

$$h\left(X + \frac{r}{2}\right) (-iH_R)^n \delta^{(n)}(r)$$

$$= \int dr' \int \frac{dp}{2\pi H_R} e^{i\frac{pr}{H_R}} \delta(r')(iH_R)^n \left\{ h\left(X + \frac{r'}{2}\right) e^{-i\frac{pr'}{H_R}} \right\}^{(n)}$$

$$= \int \frac{dp}{2\pi H_R} e^{i\frac{pr}{H_R}} \left(p + \frac{iH_R}{2} \frac{d}{dX}\right)^n h(X) \tag{2.138}$$

2 行目から 3 行目への変形で，積の微分公式 $(fg)^{(n)} = \sum_{m=0}^{n} {}_nC_m f^{(m)} g^{(n-m)}$ （引数は r'），および $\delta(r')$ により $r' = 0$ を使った。

以上を使って，ハミルトニアン演算子が

$$\hat{H}_x = \sum_{n=1}^{N} h_n(x) \left(-iH_R \frac{\partial}{\partial x}\right)^n \tag{2.139}$$

の形であるとして，デルタ関数への作用を計算する。重心 $X = \dfrac{x_t + x_{t+\varepsilon}}{2}$ と相対 $r = x_t - x_{t+\varepsilon}$ を導入し，「c 数ハミルトニアン」を

$$H^q(p, X) \equiv \sum_{n=1}^{N} \left(p + \frac{iH_R}{2} \frac{d}{dX} \right)^n h_n(X) \tag{2.140}$$

と定義する。アフィン系であってエルミート化されたハミルトニアン演算子であれば，これはつぎの形になる。

$$H^q(p, x) = H(p, x) + \frac{H_R^2}{8m} g'(x)^2 \tag{2.141}$$

なお，非エルミートのハミルトニアン演算子であっても，後の **2.3.2** 項の結論は変わらない。式 (1.39) に対応し，また $\varepsilon \to -\varepsilon$ に注意して，ハミルトニアン演算子のデルタ関数への演算結果を得る。

$$\hat{H}_{x_t} \delta(x_t - x_{t+\varepsilon}) = \sum h_n \left(X + \frac{r}{2} \right) \left(-iH_R \frac{\partial}{\partial r} \right)^n \delta(r)$$

$$= \int \frac{dp_{t+\varepsilon}}{2\pi H_R} e^{i\frac{p_{t+\varepsilon} r}{H_R}} H^q(p_{t+\varepsilon}, X) \tag{2.142}$$

この c 数ハミルトニアンを使い，また $k = 1, \cdots, N$ で $\bar{x}_k \equiv \dfrac{x_{t+k\varepsilon} + x_{t+(k-1)\varepsilon}}{2}$ に対して

$$H^q{}_k \equiv H^q(p_{t+k\varepsilon}, \bar{x}_k) \tag{2.143}$$

と定義しておけば，式 (1.40) と同様に

$$\psi(x_t, t) = \int dx_{t+\varepsilon} e^{\frac{i}{H_R} \varepsilon \hat{H}_{x_t}} \delta(x_t - x_{t+\varepsilon}) \psi(x_{t+\varepsilon}, t+\varepsilon) + O(\varepsilon^2)$$

$$= \int dx_{t+\varepsilon} \int \frac{dp_{t+\varepsilon}}{2\pi H_R} e^{\frac{i}{H_R} \{ p_{t+\varepsilon}(x_t - x_{t+\varepsilon}) + \varepsilon H^q{}_1 \}}$$

$$\times \psi(x_{t+\varepsilon}, t+\varepsilon) + O(\varepsilon^2) \tag{2.144}$$

を得る。同様に，$t + \varepsilon$ での波動関数 $\psi(x_{t+\varepsilon}, t+\varepsilon)$ はまた，1 時点だけ未来 $t + 2\varepsilon$ の波動関数 $\psi(x_{t+2\varepsilon}, t+2\varepsilon)$ の重ね合わせで計算できる。一方で，波動関数には終期条件 $\psi(x_{t_F}, t_F) = \psi_F(x_{t_F})$ が課されるが，終期より 1 時点だけ

過去の $t_F - \varepsilon$ での波動関数が，上記と同様に既知の $\psi_F(x_{t_F})$ の重ね合わせで表現できる[31),32)]。

$$\psi(x_{t_F - \varepsilon}, t_F - \varepsilon) = \int dx_{t_F} \int \frac{dp_{t_F}}{2\pi H_R} e^{\frac{i}{H_R} \{p_{t_F}(x_{t_F - \varepsilon} - x_{t_F}) + \varepsilon H^q{}_N\}}$$
$$\times \psi_F(x_{t_F}) \tag{2.145}$$

以上から，任意時点の波動関数が，終期波動関数の重ね合わせとして表現できる。

$$\psi(x_t, t) = \int dx_{t+\varepsilon} \frac{dp_{t+\varepsilon}}{2\pi H_R} \int dx_{t+2\varepsilon} \frac{dp_{t+2\varepsilon}}{2\pi H_R} \cdots$$
$$\int dx_{t_F} \frac{dp_{t_F}}{2\pi H_R} e^{\frac{i}{H_R} \{p_{t+\varepsilon}(x_t - x_{t+\varepsilon}) + \varepsilon H^q{}_1 + \cdots + p_{t_F}(x_{t_F - \varepsilon} - x_{t_F}) + \varepsilon H^q{}_N\}}$$
$$\times \psi_F(x_{t_F}) \tag{2.146}$$

われわれは終期波動関数の絶対値 $|\psi_F(x_{t_F})|$ をどう決めるかに注目するので，具体的に $\psi_F(x_{t_F})$ を

$$\psi_F(x_{t_F}) = R_F(x_{t_F}; H_R) e^{-i\frac{\Phi(x_{t_F})}{H_R}} \tag{2.147}$$

と表しておく。すなわち，絶対値の H_R 依存性を $|\psi_F(x_{t_F})| = R_F(x_{t_F}; H_R)$ と明記する。一方で，$\psi_F(x_{t_F})$ の位相は終端コストとして制御設計の外から与えられる量であり，制御設計者が勝手には設定できない。すると，$2N$ 重積分の記号

$$\int \mathcal{D}\Pi \equiv \int dx_{t+\varepsilon} \frac{dp_{t+\varepsilon}}{2\pi H_R} \int dx_{t+2\varepsilon} \frac{dp_{t+2\varepsilon}}{2\pi H_R} \cdots \int dx_{t_F} \frac{dp_{t_F}}{2\pi H_R} \tag{2.148}$$

により

$$\psi(x_t, t) = \int \mathcal{D}\Pi e^{\frac{i}{H_R} [\sum_{k=1}^{N} \{p_{t+k\varepsilon}(x_{t+(k-1)\varepsilon} - x_{t+k\varepsilon}) + \varepsilon H^q{}_k\} - \Phi(x_{t_F})]}$$
$$\times R_F(x_{t_F}; H_R) \tag{2.149}$$

となる。ここで，式 (2.141) のように，$H^q{}_k$ が古典 $H_k \equiv H(p_{t+k\varepsilon}, \bar{x}_k)$ と量子揺らぎ項に分解できている。すなわち，N 個の小さな直線の集合であるところの x_t に始まり x_{t_F} で終わる「経路」

$$\Pi \equiv \{x_t; p_{t+\varepsilon}, x_{t+\varepsilon}; \cdots; p_{t_F-\varepsilon}, x_{t_F-\varepsilon}; p_{t_F}, x_{t_F}\} \tag{2.150}$$

の関数として，指数関数の引数の古典部分を

$$\mathcal{G}(\Pi) \equiv \sum_{k=1}^{N} \left\{ -p_{t+k\varepsilon}(x_{t+k\varepsilon} - x_{t+(k-1)\varepsilon}) + \varepsilon H_k \right\} - \Phi(x_{t_F}) \tag{2.151}$$

とする。また，量子揺らぎから来る部分をまとめると

$$\mathcal{F}(\Pi; H_R) \equiv R(x_{t_F}; H_R) e^{\frac{i}{H_R}\varepsilon \sum_{k=1}^{N} H_R^2 \frac{g'(\bar{x}_k)^2}{8m}} \tag{2.152}$$

の形となる。そこで，波動関数 (2.149) はけっきょく

$$\psi(x,t) = \int \mathcal{D}\Pi \mathcal{F}(\Pi; H_R) e^{\frac{i}{H_R}\mathcal{G}(\Pi)} \tag{2.153}$$

と書ける。ここで，式 (2.152) に現れる $H^q{}_k$ 由来の項から来る指数関数の引数は，$\dfrac{i}{H_R}\varepsilon H_R^2 \cdots = i H_R \varepsilon \cdots$ と計算されるため，$H_R = 0$ での特異性を持たない。すなわち，$H_R = 0$ が特異点になるとすれば，それは $R_F(x_{t_F}; H_R)$ においてのみである。

2.3.2 定 常 位 相

ここで，$\mathcal{G}(\Pi)$ がパラメータ H_R を含まない形で分離できていることを考えれば，積分 (2.153) が

$$\int_{-\infty}^{+\infty} dx \mathcal{F}(x; a) e^{\frac{i}{a}\mathcal{G}(x)} \tag{2.154}$$

の形で評価できることがわかる。積分 (2.154) は

$$\mathcal{G}'(x^o) = 0 \tag{2.155}$$

を満たす点 x^o を使って

$$\int_{-\infty}^{+\infty} dx \{ \mathcal{F}(x^o; a) + \mathcal{F}'(x^o; a)(x - x^o) + \cdots \}$$

$$\times \exp\left(\frac{i}{a} \left\{ \mathcal{G}(x^o) + \frac{1}{2}\mathcal{G}''(x^o)(x - x^o)^2 + \cdots \right\} \right) \tag{2.156}$$

2.3 最適フィードバックの近似   61

およびガウス積分

$$\int_{-\infty}^{+\infty} dx e^{\frac{i}{a}\frac{1}{2}\mathcal{G}''(x^o)(x-x^o)^2} = \sqrt{\frac{2\pi i a}{\mathcal{G}''(x^o)}} \tag{2.157}$$

により

$$\int_{-\infty}^{+\infty} dx \mathcal{F}(x;a) e^{\frac{i}{a}\mathcal{G}(x)} = \mathcal{F}(x^o;a) e^{\frac{i}{a}\mathcal{G}(x^o)}\sqrt{\frac{2\pi i a}{\mathcal{G}''(x^o)}}\left[1 + O(a)\right] \tag{2.158}$$

と評価できる。積分 (2.153) について式 (2.155) に対応するものは，$k = 1, \cdots,$ $N-1$ について $\dfrac{\partial \mathcal{G}(\Pi)}{\partial x_{t+k\varepsilon}} = 0$ から

$$\frac{p_{t+(k+1)\varepsilon} - p_{t+k\varepsilon}}{\varepsilon} = -\frac{1}{2}\frac{\partial H_k}{\partial \bar{x}_k} - \frac{1}{2}\frac{\partial H_{k+1}}{\partial \bar{x}_{k+1}} \tag{2.159}$$

となり，$k = N$ の $\dfrac{\partial \mathcal{G}(\Pi)}{\partial x_{t_F}} = 0$ からは

$$p_{t_F} = -\Phi'(x_{t_F}) + \varepsilon\frac{1}{2}\frac{\partial H_N}{\partial \bar{x}_N} \tag{2.160}$$

また $k = 1, \cdots, N$ で $\dfrac{\partial \mathcal{G}(\Pi)}{\partial p_{t+k\varepsilon}} = 0$ から

$$\frac{x_{t+k\varepsilon} - x_{t+(k-1)\varepsilon}}{\varepsilon} = \frac{\partial H_k}{\partial p_{t+k\varepsilon}} \tag{2.161}$$

となる。そこで，つぎに式 (2.156) に対応して，つぎの展開が必要である。

$$\mathcal{G}(\Pi) = \mathcal{G}(\Pi^o) + \mathcal{G}_2(\delta\Pi) + \cdots \tag{2.162}$$

$$\mathcal{G}_2(\delta\Pi) = \frac{1}{2}\left\{\sum_{k=1}^{N}\left(\delta x_{t+k\varepsilon}\frac{\partial}{\partial x_{t+k\varepsilon}} + \delta p_{t+k\varepsilon}\frac{\partial}{\partial p_{t+k\varepsilon}}\right)\right\}^2 \mathcal{G}(\Pi) \tag{2.163}$$

$$\mu_k = \frac{\partial^2 H_k}{\partial p_{t+k\varepsilon}^2} \tag{2.164}$$

$$\nu_k = \frac{\partial^2 H_k}{\partial p_{t+k\varepsilon}\partial \bar{x}_k} \tag{2.165}$$

62   2. 最適フィードバック制御の量子力学

$$c_k = \frac{\partial^2 H_k}{\partial \bar{x}_k^2} \tag{2.166}$$

を定義する。そして，変数変換

$$\delta p_1' = \delta p_{t+\varepsilon} + \frac{1}{\varepsilon \mu_1}\left(-1 + \varepsilon \frac{\nu_1}{2}\right)\delta x_{t+\varepsilon} \tag{2.167}$$

$$\delta p_k' = \delta p_{t+k\varepsilon} + \frac{1}{\varepsilon \mu_k}\left\{\left(-1 + \varepsilon \frac{\nu_k}{2}\right)\delta x_{t+k\varepsilon} + \left(1 + \varepsilon \frac{\nu_k}{2}\right)\delta x_{t+(k-1)\varepsilon}\right\}$$
$$(k = 2, \cdots, N) \tag{2.168}$$

$$\delta x_1' = \delta x_{t+\varepsilon} \tag{2.169}$$

$$\delta x_k' = \delta x_{t+k\varepsilon} - Q_k \delta x_{t+(k-1)\varepsilon} \qquad (k = 2, \cdots, N) \tag{2.170}$$

により

$$\mathcal{G}_2(\delta\Pi) = \sum_{k=1}^{N}\left(\frac{\mu_k \varepsilon}{2}\delta p_k'^2 - \frac{1}{2\varepsilon}A_k \delta x_k'^2\right) \tag{2.171}$$

となったとする。このとき，積分値はガウス積分[33]

$$\int_{-\infty}^{+\infty} dx e^{ax^2} = \sqrt{-\frac{\pi}{a}} \tag{2.172}$$

により

$$\int \mathcal{D}\delta\Pi e^{\frac{i}{H_R}\mathcal{G}_2(\delta\Pi)} = \sqrt{(A_N \mu_N A_{N-1}\mu_{N-1}\cdots A_2\mu_2 A_1\mu_1)^{-1}}$$
$$\equiv \sqrt{D_1^{-1}} \tag{2.173}$$

である。ここで，D_k を含むパラメータとして，$k = 1, 2, \cdots, N$ に対して

$$D_k \equiv A_N \mu_N A_{N-1}\mu_{N-1}\cdots A_k \mu_k \tag{2.174}$$

と定義しておく。この D_k に対してつぎに2階差分方程式を導き，これに終期値 D_N と D_{N-1} を用いて，ガウス積分値に使う D_1 を算出できる。

パラメータ Q_k と A_k は，2次形式の係数が合うためには，つぎを満たさなければならない。

$$A_k + A_{k+1}Q_{k+1}{}^2 = \frac{\left(-1 + \dfrac{\varepsilon}{2}\nu_k\right)^2}{\mu_k} + \frac{\left(1 + \dfrac{\varepsilon}{2}\nu_{k+1}\right)^2}{\mu_{k+1}} - \frac{\varepsilon^2}{4}(c_k + c_{k+1})$$
$$(k = 1, 2, \cdots, N-1) \qquad (2.175)$$

$$A_N = \frac{\left(-1 + \dfrac{\varepsilon}{2}\nu_N\right)^2}{\mu_N} - \frac{\varepsilon^2}{4}c_N + \varepsilon\frac{d^2}{dx^2}\Phi(x)\bigg|_{x=x_{t_F}} \qquad (2.176)$$

$$A_kQ_k = -\frac{-1 + \dfrac{\varepsilon^2}{4}\nu_k{}^2}{\mu_k} + \frac{\varepsilon^2}{4}c_k \qquad (k = 1, 2, \cdots, N) \qquad (2.177)$$

式 (2.174) の D_k に対して，隣り合う二つの差分 $(D_k - D_{k-1})\mu_{k-1}{}^{-1}$ と $(D_{k+1} - D_k)\mu_k{}^{-1}$ の差，すなわち 2 階差分を計算する．式 (2.175) で $k \to k-1$ として，ε あるいは ε^2 の係数を簡略に表示し，$A_{k-1} + A_kQ_k{}^2 = \mu_{k-1}{}^{-1} + \mu_k{}^{-1} + \varepsilon\alpha_k + \varepsilon^2\beta_k$ を得る．定義式 (2.174) による $D_{k-1}\mu_{k-1}{}^{-1} = D_kA_{k-1}$ を使えば，$D_{k-1}\mu_{k-1}{}^{-1} = D_k(-A_kQ_k{}^2 + \mu_{k-1}{}^{-1} + \mu_k{}^{-1} + \varepsilon\alpha_k + \varepsilon^2\beta_k)$ となる．右辺第 2 項は左辺とまとまって，$(D_k - D_{k-1})\mu_{k-1}{}^{-1}$ の差分形になる．右辺第 1 項は $D_kA_kQ_k{}^2 = D_k(A_kQ_k)^2A_k{}^{-1}$ と計算し，式 (2.177) から $A_kQ_k = \mu_k{}^{-1} + \varepsilon^2\gamma_k$，また式 (2.174) から $A_k{}^{-1} = \mu_kD_k{}^{-1}D_{k+1}$ である．すなわち，上記の $D_kA_kQ_k{}^2 = D_k(\mu_k{}^{-1} + \varepsilon^2\gamma_k)^2\mu_kD_k{}^{-1}D_{k+1}$ であり，これが右辺第 3 項 $D_k\mu_k{}^{-1}$ とまとまって，差分 $(D_{k+1} - D_k)\mu_k{}^{-1}$ が抽出できる．$\alpha_k, \beta_k, \gamma_k$ の具体形を入れて 2 階差分方程式を示すと，つぎのとおりである．

$$(D_{k+1} - D_k)\mu_k{}^{-1} - (D_k - D_{k-1})\mu_{k-1}{}^{-1}$$
$$= D_k\frac{\varepsilon^2}{4}(-c_{k-1} - c_k + \mu_{k-1}{}^{-1}\nu_{k-1}{}^2 + \mu_k{}^{-1}\nu_k{}^2)$$
$$- \varepsilon D_k(-\mu_k{}^{-1}\nu_k + \mu_{k-1}{}^{-1}\nu_{k-1}) - \frac{\varepsilon^2}{2}D_{k+1}(-\mu_k{}^{-1}\nu_k{}^2 + c_k)$$
$$(2.178)$$

つぎに，終期条件に関しては，まず値については式 (2.174), (2.176) を使い

$$D_N = A_N\mu_N$$

$$= 1 + \left(-\varepsilon \nu_N + \varepsilon \mu_N \frac{d^2}{dx^2} \Phi(x_{t_F}) \right) + O(\varepsilon^2) \tag{2.179}$$

と計算される。また，差分値 $D_N - D_{N-1}$ については，$D_{N-1} = A_N \mu_N A_{N-1} \mu_{N-1}$ を，2階差分式を導いたのと同様の変形を繰り返して計算する。すなわち，$A_{N-1} + A_N Q_N{}^2 = \mu_{N-1}{}^{-1} + \mu_N{}^{-1} + \varepsilon \alpha_N + \varepsilon^2 \beta_N$ と $A_N Q_N = \mu_N{}^{-1} + \varepsilon^2 \gamma_N$，また $A_N{}^{-1} = D_N{}^{-1} \mu_N$ を利用する。差分の終期条件は，$O(\varepsilon)$ まで明記すればつぎのように得られる。

$$D_N - D_{N-1} = \varepsilon \left(\nu_{N-1} - \mu_{N-1} \frac{d^2}{dx^2} \Phi(x_{t_F}) \right) + O(\varepsilon^2) \tag{2.180}$$

以上のとおり，式 (2.179)，(2.180) の2条件を終期に課して2階の差分方程式 (2.178) を計算し，得られた初期値 D_1 が，つぎのとおり必要な積分値を与える。

$$\int \mathcal{D}\delta\Pi e^{\frac{i}{H_R} \mathcal{G}_2(\delta\Pi)} = \sqrt{D_1{}^{-1}} \tag{2.181}$$

さて，$\varepsilon \to 0$ にあっては

$$\mathcal{F}(\Pi^o; H_R) \to R(x^o{}_F t_F; H_T) e^{i H_R \int_t^{t_F} ds H_2(x^o(x))} \tag{2.182}$$

$$\mathcal{G}(\Pi^o) \to S(x, t) \tag{2.183}$$

であり，t とその終期時点 t_F に依存してこの時間間隔で動く $D(s; \Pi^o, t)$ は，式 (2.178) で $\varepsilon \to 0$ とすることでわかるように，つぎの微分方程式に従う。

$$\frac{d}{ds}\left(\frac{dD}{ds} \mu^{-1} \right) = -cD + D \frac{d}{ds}(\mu^{-1}\nu) + \mu^{-1}\nu^2 D \tag{2.184}$$

つぎに，終期条件は式 (2.179) から

$$D(t_F; \Pi^o, t) = 1 \tag{2.185}$$

また式 (2.180) から

$$\dot{D}(t_F; \Pi^o, t) = \nu - \Phi''(x^o{}_F)\mu \tag{2.186}$$

であり，波動関数は

$$\psi(x, t) = \int \mathcal{D}\Pi \mathcal{F}(\Pi; H_R) e^{\frac{i}{H_R} \mathcal{G}(\Pi)}$$

$$= \mathcal{F}(\Pi^o; H_R) e^{\frac{i}{H_R} \mathcal{G}(\Pi^o)} \sqrt{D(t; \Pi^o, t)^{-1}} \times [1 + O(H_R)]$$

$$(2.187)$$

そして，その絶対値はつぎのように計算される．

$$|\psi(x,t)| = R(x^o{}_F, t_F; H_R) \sqrt{D(t; \Pi^o, t)^{-1}} \times [1 + O(H_R)] \quad (2.188)$$

これで，波動関数絶対値が，その終期 $t = t_F$ での値 $R(x^o{}_F, t_F; H_R)$ で表現された．すなわち，この終期値を $H_R = 0$ で特異性を持たないように選んでおけば，$H_R \to 0$ で追加コスト $\to 0$ である．そして，波動関数絶対値の終期値が H_R に依存しないようにしておけば，またこれが特異でもないことは自明である．以上の議論は，アフィン系である限り，次元が高い系（m 入力，n 状態）でも成立する[34]．

2.4 アルゴリズム

2.4.1 制御定数 H_R の置き換え

「量子ポテンシャル」を使った対応原理の成立有無を **1.3.2** 項で調べた．そこでは，あくまでシミュレーション結果の観察からであるが，つぎのことがわかった．初期波動関数がプランク定数を含むか否かにより，量子力学の対応原理が成立するかどうかが決まる．この点を最適フィードバック制御に即して再考する．対象はつぎに示す状態方程式，制御仕様（時間積分），終端コストの三つで決まる．

$$\dot{x} = u \tag{2.189}$$

$$L(x,u) = \frac{m}{2}u^2 + \frac{m\omega^2}{2}x^2 \tag{2.190}$$

$$\Phi(x) = fx^2 \tag{2.191}$$

後の便宜のため，初めにリッカチ方程式[28]とその終期条件を示す．

66   2. 最適フィードバック制御の量子力学

$$-\dot{k}(t) = \frac{m\omega^2}{2} - \frac{2}{m}k^2(t), \qquad k(t_F) = f \tag{2.192}$$

この式 (2.192) は，式 (2.190) の u^2 に由来する $k^2(t)$ のため，非線形である。一方，波動方程式は線形であり，その終期条件とともに示すと，以下のとおりである。

$$iH_R\frac{\partial\psi}{\partial t} = -\frac{H_R^2}{2m}\frac{\partial^2\psi}{\partial x^2} - \frac{m\omega x^2}{2}\psi \tag{2.193}$$

$$\psi(x, t_F) = R_F(x)e^{-\frac{i}{H_R}fx^2} \tag{2.194}$$

絶対値 $R_F(x)$ への H_R の依存性の有無により，量子力学的な最適制御が最適フィードバックを近似するかどうかを確認する。この系の最適フィードバックは，解析式を使って容易に計算できる。まず，$\mathcal{F}(\theta) \equiv \sinh\theta - \dfrac{2f}{m\omega}\cosh\theta$，$\mathcal{G}(\theta) \equiv \cosh\theta - \dfrac{2f}{m\omega}\sinh\theta$，$h_R \equiv \dfrac{H_R}{m\omega\sigma^2}$ として，複素数係数を用意し，波動関数を以下のように計算する。

$$k^q(t) = -\frac{m\omega}{2}\frac{\mathcal{F}(\omega(t-t_F)) + ih_R\cosh\omega(t-t_F)}{\mathcal{G}(\omega(t-t_F)) + ih_R\sinh\omega(t-t_F)} \tag{2.195}$$

$$\psi(x, t) = \{\mathcal{G}(\omega(t-t_F)) + ih_R\sinh\omega(t-t_F)\}^{-\frac{1}{2}} e^{-\frac{i}{H_R}k^q(t)x^2} \tag{2.196}$$

さて，波動関数 (2.196) を極座標表示すると，その位相は，式 (2.196) の $\{\cdots\}$ の位相を $\alpha(t)$ として

$$S^q(x, t) = -\Re k^q(t)x^2 + H_R\alpha(t) \tag{2.197}$$

と計算される。フィードバックは

$$u^q = \frac{1}{2m}\frac{\partial S^q}{\partial x} = -\Re k^q(t)x \tag{2.198}$$

である。ここで，σ が H_R に依存しない定数であれば，$H_R \to 0$ で式 (2.198) が

$$\Re k^q(t) \to k(t) \equiv -\frac{m\omega}{2}\frac{\mathcal{F}(\theta)}{\mathcal{G}(\theta)} \tag{2.199}$$

であり，この $k(t)$ はリッカチ方程式から得られるフィードバック係数である．

つぎに，σ が H_R に依存するとして，特に $\sigma^2 = H_R$ であったとする．このとき h_R の項が残り，フィードバック係数 $\Re k^q(t)$ はリッカチ方程式 (2.192) を満たさない．これはすなわち，設計者のみの判断に委ねられた終期波動関数の絶対値が H_R に特異性を持つときには，われわれの量子力学的手法は最適フィードバックを再現しないことを意味する．数値例は図 **2.7**，図 **2.8** に示すとおりである．いずれの図でも，$H_R = 50$（実線），5（点線），0.5（破線），および古典（一点鎖線）である．図 **2.7** では，H_R を 0 に近づけると量子力学的な制御結果が古典すなわちリッカチ方程式による制御に漸近している．一方，図 **2.8** では，量子力学的制御の結果が H_R に依存せず，古典の結果と乖離したままで

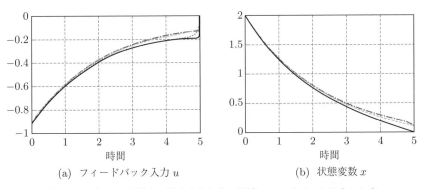

図 **2.7** σ を H_R と独立に設定するときの最適フィードバックのトレンド

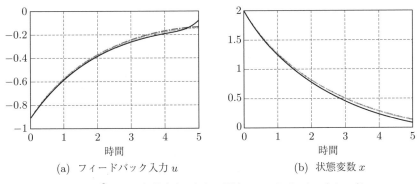

図 **2.8** $\sigma^2 = H_R$ と設定するときの最適フィードバックのトレンド

ある。

ここで，波動関数を数値的に計算できるかどうかについて考える。そのため，波動関数 (2.196) を図示する。$H_R = 0.1$ のとき，図 **2.9** のとおりである。

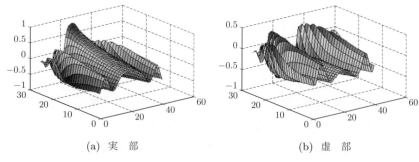

(a) 実 部　　　　　　　　　　(b) 虚 部

図 **2.9** $H_R = 0.1$ の波動関数の空間プロファイル

このプロファイルの問題は，空間境界条件として通常課される

$$\psi|_{\partial\Omega} = 0 \tag{2.200}$$

をとれないことである。波動関数は，波動方程式が時間 1 階であることから，終期あるいは初期プロファイルを与え，同時に各時点での空間境界を与えて初めて計算できる。したがって，通常は各時点での式 (2.200) を与え，数値的な計算がなされる。われわれの特別な LQ 系では，陽に波動関数の解析式表現を得たが，通常の非線形システムでは波動関数は数値的に計算するほかはない。

そこで，特異な終期波動関数をとらない限りにおいて式 (2.197) の $S^q(x,t)$ が $H_R \to 0$ でリッカチ方程式の結果に収束したことを思い起こす。それはリッカチ方程式の結果である負定値の k を係数とする 2 次関数である。すなわち，ある正の実定数 a を使って波動関数が

$$\psi(x,t) = f(x,t) e^{\frac{1}{a} S^q(x,t)} \tag{2.201}$$

の形になったとする。このとき，$H_R \to 0$ において指数関数は，空間を十分広くとっておけば，その境界でマイナスの十分に大きな値をとり，したがって $\partial\Omega$ での空間境界条件 $\psi|_{\partial\Omega} = 0$ が満たされる。そして，以下に示すとおり，この

式 (2.201) のような指数関数の抽出は簡単にできるのである。初めに制御定数 H_R を

$$H_R = i\tilde{H}_R \tag{2.202}$$

と置き換えてみる。すると，$a = \tilde{H}_R$ として分解 (2.96) $\left(\psi = Re^{i\frac{S}{H_R}}\right)$ がちょうど式 (2.201) の形になる。

ところが，式 (2.201), (2.202) を観察すると，$H_R \in R$（実数）であればこそ R^q と S^q の二つの実数関数に分解できたのであり，$\tilde{H}_R \in R$ となると，もはやこれら二つの関数は実数ではない。そこで，この二つの関数を使って偏微分 $\dfrac{\partial S(x,t)}{\partial x}$ を近似する方法を考えなければならない。そのため，ここでは，終期波動関数の絶対値を適切に設定すれば，R^q も S^q も $H_R = 0$ において特異ではないという分析結果を活用する。

これにより，置き換え $H_R = i\tilde{H}_R$ を適用したフィードバック近似式を具体的に与える。初めに置き換えによって複素関数になる R^q と S^q それぞれを実部・虚部に分解する。

$$R^q = R^q{}_R + iR^q{}_I \tag{2.203}$$

$$S^q = S^q{}_R + iS^q{}_I \tag{2.204}$$

つぎに，終期波動関数の絶対値を $H_R = 0$ での特異性を持たない関数に設定する。このとき，分解における絶対値 R^q，位相 S^q は，いずれも $H_R = 0$ で特異性を持たない。そこで，S^q は，最適性の必要条件を満たす値関数 S を用いて，つぎのとおりテイラー展開ができる。

$$
\begin{aligned}
S^q &= S + O(H_R) \\
&= S + H_R S_1 + H_R^2 S_2 + \cdots
\end{aligned}
\tag{2.205}
$$

これに $H_R = i\tilde{H}_R$ を代入すると

$$S^q{}_R = S - \tilde{H}_R^2 S_2 \tag{2.206}$$

$$S = S^q{}_R + O(\tilde{H}_R^2) \tag{2.207}$$

70   2. 最適フィードバック制御の量子力学

となる。一方で，上記の式 (2.203), (2.204) を代入して，波動関数 ψ の実部と虚部を以下で計算できることがわかる。

$$\psi_R = \left(R^q{}_R \cos \frac{S^q{}_I}{\tilde{H}_R} - R^q{}_I \sin \frac{S^q{}_I}{\tilde{H}_R} \right) \times e^{\frac{S^q{}_R}{\tilde{H}_R}} \tag{2.208}$$

$$\psi_I = \left(R^q{}_R \sin \frac{S^q{}_I}{\tilde{H}_R} + R^q{}_I \cos \frac{S^q{}_I}{\tilde{H}_R} \right) \times e^{\frac{S^q{}_R}{\tilde{H}_R}} \tag{2.209}$$

これらの計算結果を使い，偏微分計算式

$$\frac{\partial S^q{}_R}{\partial x} = \tilde{H}_R \frac{\psi_R \frac{\partial \psi_R}{\partial x} + \psi_I \frac{\partial \psi_I}{\partial x}}{\psi_R{}^2 + \psi_I{}^2} - \tilde{H}_R \frac{R^q{}_R \frac{\partial R^q{}_R}{\partial x} + R^q{}_I \frac{\partial R^q{}_I}{\partial x}}{R^q{}_R{}^2 + R^q{}_I{}^2} \tag{2.210}$$

を得る。絶対値 R^q は $H_R = 0$ での特異性を持たない。したがって，式 (2.210) 右辺の第 2 項は $O(\tilde{H}_R)$ であり，式 (2.207) を考慮して，値関数偏微分を以下で近似できることになる。

$$\frac{\partial S}{\partial x} = \tilde{H}_R \frac{\psi_R \frac{\partial \psi_R}{\partial x} + \psi_I \frac{\partial \psi_I}{\partial x}}{\psi_R{}^2 + \psi_I{}^2} + O(\tilde{H}_R) \tag{2.211}$$

この計算式 (2.211) は，多次元ベクトル変数 $\vec{x}$ の各成分 x_i に対する式と理解すれば，一般の多次元制御系に適用できる。なお，R_F がそもそも H_R を含まないように設定されているならば，置き換え $H_R = i\tilde{H}_R$ により終期条件が実関数になる。したがって，任意時点の波動関数 $\psi(\vec{x}, t)$ も実関数であって，このときは式 (2.211) で $\psi_I = 0$ とすればよい。

2.4.2 LQ 制御系の適用

1 入力 1 状態の LQ 制御系として，つぎの状態方程式と制御仕様を考える。パラメータ A, m, ω はすべて時間的に変化しない定数とする。

$$\dot{x} = Ax + u \tag{2.212}$$

$$L = \frac{m}{2} u^2 + \frac{m\omega^2}{2} x^2 \tag{2.213}$$

このLQ系の定常最適制御は，リッカチ方程式

$$2AK + \frac{m\omega^2}{2} - \frac{2}{m}K^2 = 0 \tag{2.214}$$

を計算することで得られる。ハミルトニアン演算子は

$$\hat{\tilde{H}} = -\frac{\tilde{H}_R^2}{2m}\frac{\partial^2}{\partial x^2} + \frac{m\omega^2}{2}x^2 - \tilde{H}_R\left(Ax\frac{\partial}{\partial x} + \frac{A}{2}\right) \tag{2.215}$$

である。

$$\psi_0(x) = e^{-\frac{Kx^2}{\tilde{H}_R}} \tag{2.216}$$

がハミルトニアン演算子 (2.215) の固有関数であり，固有値は $\omega' \equiv \sqrt{\omega^2 + A^2}$ として $E_0 = \frac{\omega'}{2}\tilde{H}_R$ であることがわかる。高次の固有値・固有関数は，漸近挙動 (2.216) に多項式を掛けた

$$\psi_n(x) = \psi_0(x)H_n(x) \tag{2.217}$$

にハミルトニアン演算子 (2.215) を作用し，ψ_0 で除して

$$-\frac{\tilde{H}_R^2}{2m}\frac{d^2H_n}{dx^2} + \tilde{H}_R\omega'x\frac{dH_n}{dx} = \left(\tilde{E}_n - \frac{\omega'}{2}\tilde{H}_R\right)H_n \tag{2.218}$$

となる。これは $\xi \equiv \sqrt{\frac{m\omega'}{\tilde{H}_R}}$，また $\Delta e \equiv \frac{\tilde{E} - \tilde{E}_0}{\tilde{H}_R}$ として

$$\Delta e H_n - \omega'\xi\frac{dH_n}{d\xi} + \frac{\omega'}{2}\frac{d^2H_n}{d\xi^2} = 0 \tag{2.219}$$

からわかるようにエルミート多項式の定義[13]にほかならず

$$H_n = H_n(\xi) \tag{2.220}$$

であり，固有値は $\tilde{E}_n = \left(n + \frac{1}{2}\right)\tilde{H}_R\omega'$ である。

LQ制御系として，つぎの状態方程式と制御仕様を考える。パラメータ A_{ij}，m，ω_i は，すべて時間的に変化しない定数とする。

$$\dot{x}_1 = A_{11}x_1 + A_{12}x_2 \tag{2.221}$$

$$\dot{x}_2 = A_{21}x_1 + A_{22}x_2 + u \tag{2.222}$$

$$L = \frac{m}{2}u^2 + \frac{m\omega_1{}^2}{2}x_1{}^2 + \frac{m\omega_2{}^2}{2}x_2{}^2 \tag{2.223}$$

このLQ系の定常最適制御は，リッカチ方程式

$$^tAP + PA + Q - PBR^{-1t}BP = 0 \tag{2.224}$$

を計算する[7]ことで得られる。これを K_{11}, K_{12}, K_{22} とする。ハミルトニアン演算子は

$$\begin{aligned}
\hat{\tilde{H}} = &-\frac{\tilde{H}_R^2}{2m}\frac{\partial^2}{\partial x_2{}^2} + \frac{m\omega_1{}^2}{2}x_1{}^2 + \frac{m\omega_2{}^2}{2}x_2{}^2 \\
&-\tilde{H}_R\left((A_{11}x_1 + A_{12}x_2)\frac{\partial}{\partial x_1} + (A_{21}x_1 + A_{22}x_2)\frac{\partial}{\partial x_2}\right) \\
&-\tilde{H}_R\frac{A_{11} + A_{22}}{2}
\end{aligned} \tag{2.225}$$

である。ここで，K_{ij} の2次形式を指数に持つ

$$\psi_0(\vec{x}) = e^{-\frac{K_{11}x_1{}^2 + 2K_{12}x_1x_2 + K_{22}x_2{}^2}{\tilde{H}_R}} \tag{2.226}$$

が，ハミルトニアン演算子 (2.225) の固有関数であることがわかる。式 (2.225) の一般の固有関数は，調和振動子での扱いと同様に，式 (2.226) に $\vec{x}$ の有限多項式を乗じた形として計算できる。例えば，最低エネルギーのつぎは，1次の有限多項式を $H_1(x_1, x_2) = a_{10}x_1 + a_{01}x_2$ として具体的な計算ができる。式 (2.226) と H_1 の積に式 (2.225) を演算し，$\hat{\tilde{H}}\psi_0 = E_0\psi_0$ を固有値方程式の両辺から差し引く。これを ψ_0 で除した結果で x_1, x_2 の等ベキ項の係数を等値すれば，a_{10} と a_{01} の計算式が固有値とともに計算される。なお，このようにして得られる固有関数は，正規でも直交でもない。それは，ハミルトニアンが非エルミートだからである。したがって，最適フィードバック計算では，基底関数の間の重なり積分が単位行列でないときのアルゴリズムを適用する必要がある。

2.4.3 固有値解析

〔1〕 アルゴリズム 一般には正規でも直交でもない関数の組をとって,これを基底関数とする。

$$\chi_n(\vec{x}) \tag{2.227}$$

波動関数を χ_{na} の重ね合わせで書く。

$$\psi(\vec{x}, t) = \sum_{nb=1}^{N_{\max}} a_{nb}(t) \chi_{nb}(\vec{x}) \tag{2.228}$$

基底関数 (2.227) により,以下のとおり,重なり積分とハミルトニアン演算子 $\hat{\tilde{H}}$ の行列要素を計算する。

$$O_{na,nb} = \int \cdots \int d\vec{x} \chi_{na}^*(\vec{x}) \chi_{nb}(\vec{x}) \tag{2.229}$$

$$\tilde{H}_{na,nb} = \int \cdots \int d\vec{x} \chi_{na}^*(\vec{x}) \left(\hat{\tilde{H}} \chi_{nb}(\vec{x}) \right) \tag{2.230}$$

ここで,$\hat{\tilde{H}} \chi_{nb}(\vec{x})$ とはハミルトニアン演算子 $\hat{\tilde{H}}$ を基底関数 $\chi_{nb}(\vec{x})$ に作用して得られる関数である。シュレディンガー方程式 $\tilde{H}_R \dfrac{\partial \psi}{\partial t} = \hat{\tilde{H}} \psi$ の左辺に $\int \cdots \int d\vec{x} \chi_{na}(\vec{x})$ を作用することで,係数 $a_{nb}(t)$ の時間常微分方程式を得る。

$$\sum_{nb=1}^{N_{\max}} \tilde{H}_R \frac{da_{nb}(t)}{dt} \chi_{nb}(\vec{x}) = \sum_{nb=1}^{N_{\max}} a_{nb}(t) \hat{\tilde{H}} \chi_{nb}(\vec{x}) \tag{2.231}$$

$$\sum_{nb=1}^{N_{\max}} \frac{da_{nb}(t)}{dt} O_{na,nb} = \sum_{nb=1}^{N_{\max}} a_{nb}(t) \tilde{H}_{na,nb} \tag{2.232}$$

すなわち

$$\tilde{H}_R \mathbf{O} \frac{d\vec{a}(t)}{dt} = \tilde{\mathbf{H}} \vec{a}(t) \tag{2.233}$$

$$\tilde{H}_R \frac{d\vec{a}(t)}{dt} = \mathbf{O}^{-1} \tilde{\mathbf{H}} \vec{a}(t) \tag{2.234}$$

である。通常の常微分方程式は,特別な場合以外は数値積分するしかないが,こ

こでは右辺が線形であるため，固有値解析により，より簡単な方法で時間積分ができる。行列の固有値解析により，$\mathbf{O}^{-1}\tilde{\mathbf{H}}$ を対角行列 $\tilde{\mathbf{E}}$ に変換する。

$$\mathbf{V}^{-1}\mathbf{O}^{-1}\tilde{\mathbf{H}}\mathbf{V} = \tilde{\mathbf{E}} \tag{2.235}$$

このとき，新しいベクトル

$$\vec{c}(t) = \mathbf{V}^{-1}\vec{a}(t) \tag{2.236}$$

は

$$\tilde{H}_R \frac{d\vec{c}(t)}{dt} = \tilde{\mathbf{E}}\vec{c}(t) \tag{2.237}$$

を満たし，ただちに積分できて

$$c_{na}(t) = c_{na}(t_F)e^{\frac{t-t_F}{\tilde{H}_R}\tilde{E}_{na}} \tag{2.238}$$

となる。エネルギー固有値は実数とは限らないから，式 (2.238) は固有値 $\tilde{E}_{na}$ の虚数部から振動性，また実数部から発散あるいは減衰性を持つ。実際の計算では，発散性を避けるため，$t - t_F$ が正でないことから最低固有値 $\tilde{E}_0$ を差し引いて $(\tilde{E}_{na} \to \tilde{E}_{na} - \tilde{E}_0)$，計算を進める。ここの時間境界値 $c_{na}(t_F)$ は，つぎのとおり決まる。式 (2.228) で $t = t_F$ としたものに χ_{na}^* を作用して積分すれば

$$(\vec{c}_f)_{na} \equiv \int \cdots \int d\vec{x}\,\chi_{na}^*(\vec{x})\psi(\vec{x}, t_F) = (\mathbf{O}\vec{a}(t_F))_{na} \tag{2.239}$$

となり，ゆえに

$$\vec{c}(t_F) = \mathbf{V}^{-1}\mathbf{O}^{-1}\vec{c}_f \tag{2.240}$$

と求められる。これを使えば，式 (2.238) により $\vec{c}(t)$ が，さらに式 (2.236) により $\vec{a}(t)$ が，それぞれ解析式で算出される。$\vec{a}(t)$ の各成分の時間トレンドを見ることで，どの基底関数が最適フィードバックに寄与しているかを確認できる。さらに，$\vec{c}(t)$ の時間変化は，どの固有モードが最適フィードバックに寄与して

いるかを示している。また，式 (2.238) の $\vec{c}(t)$ を使って式 (2.228) から，波動関数が

$$\psi(\vec{x},t) = \sum_{nb,na=1}^{N_{\max}} c_{na}(t_F)\mathbf{V}_{nb,na}\chi_{nb}(\vec{x})e^{\frac{t-t_F}{H_R}\tilde{E}_{na}} \qquad (2.241)$$

と，時間 t と空間 $\vec{x}$ が分離した量の和の形で表現できる。この式 (2.241) からわかるのは，$t_F \to \infty$ なら $\tilde{E}_{na}$ の実部が最小となるモード na で $\psi(\vec{x},t)$ が決まることである。この性質は，定常最適フィードバックを計算するときに活用される。

〔**2**〕 **シミュレーション**　位置 x に依存し，速度 $\dot{x}$ に比例する摩擦と復元力 $-x$ が作用する質量 1 の質点の，外力 u による制御を考える。運動方程式は

$$\ddot{x} = \varepsilon(1-x^2)\dot{x} - x + u \qquad (2.242)$$

である。$|x|$ の 1 との大小および ε の正負に応じて摩擦力が正のフィードバックとなり，位置 x の発振・発散に至る恐れがある。そこで，$x, \dot{x}$ をフィードバックした力 u を作用し，軌道を収束させる。ここでは，正負の ε のシステム（$\varepsilon = \pm 1$）を対象とし，フィードバックを量子力学的な方法で最適化する。このため，$x_1 \equiv x$ として，1 入力 2 状態の形式 $\dot{x}_1 = x_2$, $\dot{x}_2 = u - x_1 + \varepsilon(1-x_1{}^2)x_2$ にする。仕様を $Q_F = 10$, $m = \omega = 1$, $t_F = 5$ として

$$PI = Q_F\vec{x}(t_F)^2 + \int_0^{t_F} dt\left(\frac{m}{2}u^2 + \frac{m\omega^2}{2}\vec{x}^2\right) \qquad (2.243)$$

とする。以下で量子化とハミルトニアン演算子を示し，基底関数 $\chi_n(\vec{x})$ を与える。

　章末の問題（2）に示すとおりシステムを量子化すると，入力 u の演算子表現は，入力の係数 $g = 1$ に注意して

$$\hat{u} = -i\frac{H_R}{m}\frac{\partial}{\partial x_2} \qquad (2.244)$$

である。ハミルトニアン演算子は，$g = 1$ により単に $\nabla^g{}_i = \dfrac{\partial}{\partial x_i}$ となることに注意して，式 (2.120) を適用し

76   2. 最適フィードバック制御の量子力学

$$\hat{H} = -\frac{H_R^2}{2m}\frac{\partial^2}{\partial x_2{}^2} + \frac{m\omega^2}{2}\vec{x}^2$$

$$-iH_R\left\{x_2\frac{\partial}{\partial x_1} + (x_1 + \varepsilon(1-x_1{}^2)x_2)\frac{\partial}{\partial x_2} + \frac{\varepsilon(1-x_1{}^2)}{2}\right\}$$

$$(2.245)$$

である。実際の計算では $H_R = i\tilde{H}_R$ と変換したハミルトニアン演算子を使うことは，先述のとおりである。さて，2次元調和振動子の物理系であれば，式 (2.245) 右辺の第1項は運動エネルギーで，$-\dfrac{\hbar^2}{2m}\dfrac{\partial^2}{\partial \vec{x}^2}$ と x_1 方向の偏微分も含まれる。それは，物理では x_1 と x_2 の両座標変数がそれぞれの（二つの）速度 u_1 と u_2 で制御されているためである。一方，式 (2.242) では，外力 u が制御するのは $x_2 = \dot{x}$ の時間トレンドだけである。$x_1 = x$ の時間トレンドは x_2 が決める。ゆえに，式 (2.245) の運動エネルギー項は x_2 しか含まない。また，右辺 $\{\cdots\}$ は量子物理にはなく，それは制御では $\vec{x}$ の時間変化が $\vec{x}$ 自身に依存するという当たり前の事実を意味する。物理では，$\vec{x}$ の時間変化は，速度 $\vec{u}$ のみで決まる。$\vec{x}$ が決めるのはその加速度（$\vec{u}$ の時間変化）であって，直接に $\vec{x}$ の時間変化（速度 $\vec{u}$）ではない。

つぎに，基底関数 (2.227) をここでは単純に三角関数にとる。状態変数 x_i が X_i $(i=1,2)$ の範囲内（$|x_i| < X_i$）となるような X_i をとり，I が自然数として

$$\frac{\cos\left(\dfrac{(2I-1)\pi}{2X_i}x\right)}{\sqrt{X_i}}, \qquad \frac{\sin\left(\dfrac{I\pi}{X_i}x\right)}{\sqrt{X_i}} \qquad (2.246)$$

の積を $\chi_n(\vec{x})$ と設定する。この式 (2.246) には新しく領域パラメータ X_i が登場し，これを適切に決めるという作業が発生する。**2.4.2** 項で記したとおり，式 (2.226) の ψ_0 を持つ関数を χ_n にとれば，これは十分に大きな空間域で自動的にゼロになるから，X_i の設定は不要である。また，ハミルトニアン演算子の固有値計算の収束性も良い。したがって，この ψ_0 を使う方法が推奨される。そのためには，あらかじめ計算機上で，ψ_0 と多項式 $H_n(\vec{x})$ を十分に速い参照が望める仕方で構築しておく必要がある。しかし，本書の執筆では，計算機に備

え付けの関数機能を使った．このため，単純な三角関数 (2.246) を採用している．制御の入出力構造を積極的には使わないため，展開項数が多くなりがちであるが，以下に示す計算では，ハミルトニアン演算子はたかだか 1 000 次元程度の行列である．また，状態変数の動く範囲が $|\vec{x}| \sim 3$ となるような条件を扱うので，領域パラメータを $X_1 = X_2 = 5$ ととる．

初めに，線形フィードバックでの収束が期待できる $\varepsilon = 1$ のシステムを対象とする．目的は，LQ 理論の結果と比較した最適化性能の向上の確認と，新しい制御定数 $\tilde{H}_R$ にどんな値を与えるべきかの調査である．図 2.10 は，初期値 $\vec{x}^{IC} = (1.5, -1.5)$ の最適フィードバックによるトレンドを計算した結果である．

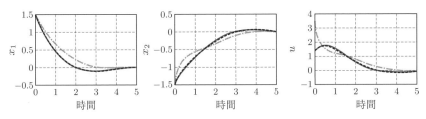

図 2.10　$\varepsilon = 1$, $\vec{x}^{IC} = (1.5, -1.5)$ のトレンド（実線：$\tilde{H}_R = 0.5$, 破線：開ループ計算，一点鎖線：LQ）

開ループの評価値は $PI_{\text{open loop}} = 3.2563$ である．また，$\tilde{H}_R$ と PI は同次元（単位が同じ）である．そこで，量子力学的な揺らぎは $\tilde{H}_R^2$ のオーダであることから，真値としての開ループとの誤差を例えば 1% とするなら，$PI_{\text{open loop}}$ の 10% 程度 ($= 0.3256$) を $\tilde{H}_R$ としてとればよいと考えてみる ($0.1^2 = 0.01$)．切りの良い値として $\tilde{H}_R = 0.5$ を選び，量子力学的なフィードバック計算をしてみる．評価値の開ループ計算との誤差は $\left(\dfrac{0.5}{3.2563}\right)^2 \sim 2.4\%$ 程度と予想されるが，このシステムでは $P_{QM} = 3.2538$ ($PI_{\text{open loop}}$ の -0.0% 誤差）と十分に良い結果を得る．展開項数は，この計算では，一つの次元当り 18 で $2 \times 18^2 = 648$ 個の χ_n を要する．ここで 2 倍しているのは，式 (2.246) で cos と sin の 2 種類があるからである．すなわち，システムが $\vec{x} \to -\vec{x}$ 下で特定の変換性を示すなら，この 2 は不要となる．じつは，式 (2.242), (2.243) のシステムはこの変換で不変という性質を持つので，2 が不要で，$18^2 = 324$ 次元のハミルトニ

アンの固有値計算で済む。なお，LQ計算は $P_{LQ} = 3.560\,4$（誤差+9.3％）を与える。固有値解析アルゴリズムにあっては，H_R を小さくとるほど展開項数 N を大きく設定して，ハミルトニアン行列を計算する必要がある。ここで，N を低減しつつ許容される誤差とするにはどうするか？ 定数 $\tilde{H}_R$ はどの程度に設定すればよいか？ これを図 **2.11** に示す。図中で比 $\dfrac{\tilde{H}_R}{PI_{\text{open loop}}}$ を横軸とした。縦軸は当該の $\tilde{H}_R$ の揺らぎを入れて計算した PI の開ループ値に対する誤差である。この計算条件であれば，$PI_{\text{open loop}}$ より大きく $\tilde{H}_R = 5$ と選んでも $\left(\dfrac{\tilde{H}_R}{PI_{\text{open loop}}} = \dfrac{5}{3.256\,3} \sim 1.5 \right)$，$PI$ 値は 0.03 つまり 3％ 程度の誤差であることがわかる。そして，この $\tilde{H}_R$ 値では $N = 16$（ハミルトニアン行列は 512 次元）となった。

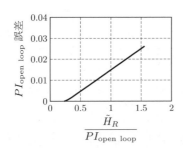

図 **2.11** $\tilde{H}_R$ と開ループ PI に対する誤差の関係

それでは，LQ では収束するものの最適値から大きく外れるような条件ではどうか？ これを図 **2.12** と図 **2.13** に示す。この条件では，開ループ $PI_{\text{open loop}} = 6.537\,1$ に対し，$PI_{LQ} = 8.132\,2$ と +24％ も最適から外れている。一方量

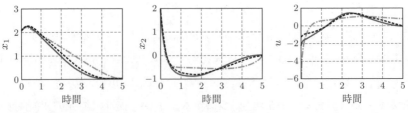

図 **2.12** $\varepsilon = 1$, $\vec{x}^{IC} = (2, 2)$ のトレンド（実線：$\tilde{H}_R = 1$, 破線：開ループ計算，一点鎖線：LQ）

2.4 アルゴリズム　79

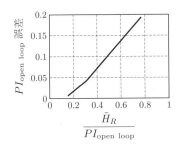

図 2.13　$\tilde{H}_R$ と開ループ PI に
対する誤差の関係

子力学的方法では図示のトレンドとなり誤差を開ループの 5% 程度に抑えるには，$\tilde{H}_R \sim 2$ 程度とする必要があることがわかる．ここでも見積もり：$\tilde{H}_R \sim PI_{\text{open loop}} \times \sqrt{希望誤差}\,(= 6.5371 \times \sqrt{5\%} \sim 1.5)$ が役に立っている．

つぎに，$\varepsilon = -1$ と負のシステムでは，線形フィードバックは発散しやすい．その例を図 2.14 と図 2.15 に示す．評価指標は $PI_{QM} = 5.8297$ ($\tilde{H}_R = 1.5$) と 5.8951 (2.5) である．展開項数はいずれも $N = 12$ である．この計算でわかるのは，$\tilde{H}_R$ が 0.1 変化すると PI_{QM} が 0.01 程度変化することである．こ

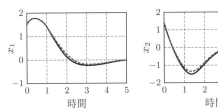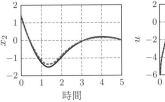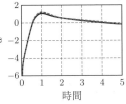

図 2.14　$\varepsilon = -1$, $\vec{x}^{IC} = (1.5, 1.5)$ のトレンド（実線：$\tilde{H}_R = 1.5$,
　　　　　破線：$\tilde{H}_R = 2.5$）

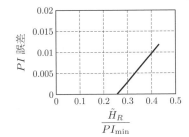

図 2.15　$\tilde{H}_R$ と開ループ PI に
対する誤差の関係

のケースでは，$\tilde{H}_R \sim 1$ で最適に十分近い計算になっていることが，これからわかる．

以上は，式 (2.243) で $Q_F \neq 0$ と $t_F \neq \infty$ とした時変のフィードバック制御である．そこで，つぎに $Q_F = 0$, $t_F = \infty$ の定常フィードバック制御を調べてみる．波動関数は，式 (2.241) からわかるように，$t_F = \infty$ なら固有エネルギー $\tilde{E}_{na}$ のうちその実数部分が最小となるモードで支配される．定常リッカチ方程式の係数を使う LQ 制御が発散するような，$\varepsilon = -1$ で $\vec{x}^{IC} = (2, -3.7)$ で計算した結果が，**図 2.16** と**図 2.17** である．評価指標は，$\tilde{H}_R = 1$ (展開項数 $N = 22$), $\tilde{H}_R = 2$ ($N = 10$), $\tilde{H}_R = 5$ ($N = 10$) に対して，それぞれ $PI_{QM} = 11.7413, 11.9407, 13.3501$ と算出される．$\tilde{H}_R \sim 1$ で最適に十分近い計算になっていることがわかる．

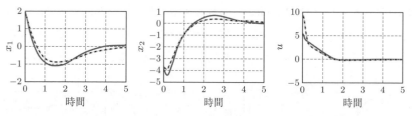

図 2.16 $\varepsilon = -1$, $\vec{x}^{IC} = (2, -3.7)$ の定常最適フィードバックによるトレンド（実線：$\tilde{H}_R = 1$，破線：$\tilde{H}_R = 2$，点線：$\tilde{H}_R = 5$）

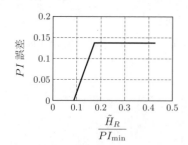

図 2.17 $\tilde{H}_R$ と開ループ PI に対する誤差の関係

2.4.4 ランダムウォーク

状態方程式

$$\dot{x}_1 = F_1(x_1, x_2) \tag{2.247}$$

$$\dot{x}_2 = g(x_1, x_2)u + F_2(x_1, x_2) \tag{2.248}$$

で支配される系を，つぎの仕様のもとで最適フィードバック制御する。

$$\delta \int_0^\infty dt \left(\frac{m}{2} u^2 + V_{\text{cost}}(x_1, x_2) \right) = 0 \tag{2.249}$$

状態方程式 $(2.247), (2.248)$ が 1 入力 2 状態であり，入力は x_2 のみを操作することが特徴である。入力の係数 g が状態変数の関数であっても，また一般の m 入力 n 状態であっても，以下の方法が使える。ただ，仕様 (2.249) において，入力の重みは 2 次，すなわち $\frac{m}{2}u^2$ の形に限定される。シミュレートすべき対象は，つぎの一般化されたシュレディンガー方程式である。

$$\tilde{H}_R \frac{\partial \psi}{\partial t} = -\frac{\tilde{H}_R^2}{2m} \left(g \frac{\partial}{\partial x_2} + \frac{1}{2} \frac{\partial g}{\partial x_2} \right)^2 \psi + V_{\text{cost}} \psi$$

$$- \tilde{H}_R \left(F_1 \frac{\partial}{\partial x_1} + F_2 \frac{\partial}{\partial x_2} + \frac{1}{2} \left(\frac{\partial F_1}{\partial x_1} + \frac{\partial F_2}{\partial x_2} \right) \right) \psi \quad (2.250)$$

ここで，係数 g の x_2 微分しか現れないのは，状態方程式 (2.248) の x_2 の動特性にのみ入力 u が入ることによる。また，$\frac{1}{2} \frac{\partial F_i}{\partial x_i}$ と $\frac{1}{2} \frac{\partial g}{\partial x_2}$ は，ハミルトニアン演算子の形式的エルミート化に由来する。これらの項があるために，あとで示すとおり，モンテカルロ計算が簡単になる。さて，$t' \equiv -\dfrac{t}{\tilde{H}_R}$ とすると，式 (2.250) が

$$\frac{\partial \psi}{\partial t'} = D \frac{\partial^2 \psi}{\partial x_2{}^2} + \vec{C} \cdot \frac{\partial \psi}{\partial \vec{x}} - V \psi \tag{2.251}$$

となり，拡散 (D)，対流 $(\vec{C})$，分岐 $(-V)$ を結合した偏微分方程式になる。通常のシュレディンガー方程式は，仮想的な粒子（ psips と称する）の拡散・分岐の支配式と見なして，ランダムウォークでシミュレートできる[35),36)]。一方，最適フィードバック制御の式 $(2.250), (2.251)$ は，量子物理とつぎの 3 点で異なる。

- $\vec{x}$ の各方向に拡散があるわけではない。
- 拡散係数は $\vec{x}$ の関数である。
- 対流項がある。

ただ，psips 間に相互作用がない点は，シュレディンガー方程式の線形性を踏襲している。そして，以上の相違点はつぎのように処理できる。

- psips のステップ幅を，拡散方向では $\sim \sqrt{dt'}$，拡散がない方向では $\sim dt'$ とする。
- ステップ幅を $\vec{x}$ の関数とし，拡散係数の $\vec{x}$ 依存性を表現する。
- psips が，ある方向とその逆方向とでジャンプする確率を異なるものとする。この確率の差で対流項を表現する。

このことを以下で示す。

psips のジャンプの確率と消滅率を，式 (2.251) が式 (2.250) と一致するように決めてみよう。時点 $t' - dt'$ で点 A に堆積している psips の個数を $\psi(\mathrm{A})$ とする。図 2.18 のとおり，点 Q の周囲 4 点から psips が点 Q にジャンプしてくる。同時に，点 Q では psips をある割合 $\tilde{\tilde{V}}$ で消滅させるような力が作用している。すると，時点 t' の psips 数は，次式で与えられる。

$$\psi(\mathrm{Q}, t') = P_R(\mathrm{L})\psi(\mathrm{L}) + P_L(\mathrm{R})\psi(\mathrm{R}) + P_U(\mathrm{D})\psi(\mathrm{D})$$
$$+ P_D(\mathrm{U})\psi(\mathrm{U}) - \tilde{\tilde{V}} dt' \psi(\mathrm{Q}, t' - dt') \qquad (2.252)$$

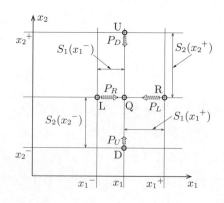

図 2.18 モンテカルロ計算の配位：点 Q の周囲の点 L, R, D, U にある psips が，それぞれ P_R, P_L, P_U, P_D の確率で点 Q に移動する。

右辺はすべて，t' より 1 時点前の $t' - dt'$ の量である。もともと $t' - dt'$ で Q にあった psips もどこかにジャンプするため，右辺では消滅項以外に $\psi(Q, t' - dt')$ の項は現れない。点 L にあった psips は確率 $P_R(L)$ で右にジャンプし，Q に寄与する。他の三つも同様である。点 L, R, D, U の座標をそれぞれ (x_1^-, x_2), (x_1^+, x_2), (x_1, x_2^-), (x_1, x_2^+) と記する。ランダムウォークのステップ幅 S_1 と S_2 が (x_1, x_2) の関数でないと，式 (2.250) は再現できない。これらの関数形をつぎのように決める。ランダムウォークでは，ステップ幅のたかだか 2 乗オーダまでしか考慮しない。これを踏襲して，つぎのように展開する。初めに，点 L の位置は**図 2.18** を参照して

$$x_1^- = x_1 - S_1(x_1^-) \tag{2.253}$$

である。ところが

$$S_1(x_1^-) = S_1(x_1 - S_1(x_1^-)) = S_1(x_1) - \frac{\partial S_1(x_1)}{\partial x_1} S_1(x_1^-) + \cdots \tag{2.254}$$

であって，$(S_1)^3$ オーダの "$\cdots$" 部分を無視すると，$S_1(x_1^-)$ について

$$S_1(x_1^-) = \left(1 + \frac{\partial S_1}{\partial x_1}\right)^{-1} S_1(x_1) = \left(1 - \frac{\partial S_1}{\partial x_1}\right) S_1(x_1) + \cdots \tag{2.255}$$

で，再び "$\cdots$" が $(S_1)^3$ オーダで無視される。他の R, D, U も同様であり，$i = 1, 2$ として，けっきょく $(S_i)^2$ オーダまでの近似で

$$S_i(x_i^\mp) = \left(1 \pm \frac{\partial S_i}{\partial x_i}\right) S_i(x_i) \tag{2.256}$$

と計算される。これらを式 (2.252) に代入して，やはり S^3 を無視する。確率に課される自明な条件は，任意の $\vec{x}$ で $P_L + P_R + P_D + P_U = 1$ である。以上から，$P_{LR} \equiv P_L + P_R$, $P_{DU} \equiv P_D + P_U$ として

$$\psi(Q, t') = \psi(Q, t' - dt') + \frac{\partial(P_D - P_U)}{\partial x_2} S_2 \psi + P_{DU} \frac{\partial \psi}{\partial x_2} S_2 \frac{\partial S_2}{\partial x_2}$$

$$+ (P_D - P_U)\frac{\partial \psi}{\partial x_2}S_2 + \frac{S_2{}^2}{2}P_{DU}\frac{\partial^2 \psi}{\partial x_2{}^2} + \frac{\partial(P_L - P_R)}{\partial x_1}S_1\psi$$

$$+ P_{LR}\frac{\partial \psi}{\partial x_1}S_1\frac{\partial S_1}{\partial x_1} + (P_L - P_R)\frac{\partial \psi}{\partial x_1}S_1 + \frac{S_1{}^2}{2}P_{LR}\frac{\partial^2 \psi}{\partial x_1{}^2}$$

$$- \tilde{V}dt'\psi(Q, t' - dt') \tag{2.257}$$

となる。これを一般化されたシュレディンガー方程式 (2.250) と比較すると，波動関数の 2 階と 1 階の微分を等値して，以下でなければならないことがわかる。

$$\frac{S_1{}^2}{2}P_{LR}\frac{\partial^2 \psi}{\partial x_1{}^2} = 0 \tag{2.258}$$

$$\frac{S_2{}^2}{2}P_{DU}\frac{\partial^2 \psi}{\partial x_2{}^2} = \frac{\tilde{H}_R^2 dt'}{2m}g^2\frac{\partial^2 \psi}{\partial x_2{}^2} \tag{2.259}$$

$$P_{LR}S_1\frac{\partial S_1}{\partial x_1}\frac{\partial \psi}{\partial x_1} + (P_L - P_R)S_1\frac{\partial \psi}{\partial x_1} = \tilde{H}_R F_1 dt'\frac{\partial \psi}{\partial x_1} \tag{2.260}$$

$$P_{DU}S_2\frac{\partial S_2}{\partial x_2}\frac{\partial \psi}{\partial x_2} + (P_D - P_U)S_2\frac{\partial \psi}{\partial x_2} = \left\{\tilde{H}_R F_2 + \frac{\tilde{H}_R^2}{m}\frac{\partial g}{\partial x_2}g\right\}dt'\frac{\partial \psi}{\partial x_2} \tag{2.261}$$

特に，式 (2.258) は $\dfrac{\partial^2 \psi}{\partial x_1{}^2}$ の項が式 (2.250) には存在しないことを意味し，それは状態方程式 (2.247) において x_1 が u で操作されていないことの表現である。また，式 (2.261) の右辺には式 (2.260) の右辺にない項（第 2 項）がある。これはハミルトニアン演算子を形式的にエルミート化したことによる運動エネルギー項由来のものである。これがあるために，以下の式 (2.263) のように P_D あるいは P_U の計算式が簡単になる。初めに x_2 側の量を計算する。式 (2.259) から一意的に

$$S_2 = \sqrt{\frac{dt'}{mP_{DU}}}\tilde{H}_R g \tag{2.262}$$

となり，この $S_2 \sim O(\sqrt{dt'})$ は，拡散すなわちブラウン運動の特性を表現している。ステップ幅は，dt' でなく，その平方根 $\sqrt{dt'}$ に比例するのである。そして，この式 (2.262) を式 (2.261) に使えば，左辺第 1 項が右辺第 2 項を表現し，

その結果

$$(P_D - P_U)S_2 = \tilde{H}_R F_2 dt' \tag{2.263}$$

という確率に対する条件を得る。これは x_1 側の以下の条件 (2.264) と同じ形式であって，同じになったのは，先述のとおりハミルトニアンの形式的エルミート性に由来する。一方，x_1 側は式 (2.258) からわかるように拡散がない，すなわち S_1 については 2 次オーダを無視しなければならないのである。そして，実際，式 (2.260) で左辺第 1 項を 2 次であるために無視すると，ステップ幅条件が確率を決める条件と同時に出て

$$(P_L - P_R)S_1 = \tilde{H}_R F_1 dt' \tag{2.264}$$

となる。そこで，ほかに理由がないため，単純に

$$S_1 = \alpha dt' \tag{2.265}$$

と選ぶ。すると，確率の差 $P_L - P_R$ が式 (2.264) から計算できる。最後に，ψ に比例する分岐項を等値することで，式 (2.263) と式 (2.264) を使い，つぎの結果を得る。

$$\tilde{\tilde{V}} = V_{\text{cost}} + \tilde{H}_R \left(\frac{1}{2} \vec{\nabla} \cdot \vec{F} - F_2 \frac{1}{g} \frac{\partial g}{\partial x_2} \right) - \frac{\tilde{H}_R^2}{2m} \left(\frac{g}{2} \frac{\partial^2 g}{\partial x_2^2} + \frac{1}{4} \left(\frac{\partial g}{\partial x_2} \right)^2 \right) \tag{2.266}$$

以上のステップ幅 S_1, S_2, ジャンプ確率 P_R, P_L, P_U, P_D, 分岐率 $\tilde{\tilde{V}}$ を使えば，制御のシュレディンガー方程式 (2.250) がランダムウォークで計算できることがわかった。なお，計算パラメータは，いずれの方向へのランダムウォーク確率も正値となるように設定する必要があることはいうまでもない。そして，ランダムウォークする psips を状態空間各点で堆積した量が波動関数 ψ である。しかし，非現実的に大量の psips，長時間のランダムウォークをしない限り，入力 u の計算に値するような連続的な ψ は得られない。そこで，固有エネルギーが飽和（バランス）する程度のランダムウォーク時点で得られている堆積量 ψ

を適切な基底関数系の線形和として最小2乗基準でフィットする。展開数 N は，式 (2.246) の χ_n でフィットされた ψ のシュレディンガー方程式の充足度

$$\delta \int d\vec{x} \left| (\hat{H} - E_0) \left\{ \sum_{n=1}^{N} a_n \chi_n(\vec{x}) \right\} \right|^2 \tag{2.267}$$

の最小化により決める。この N は，その設定に応じて式 (2.267) を逐一計算することで与える。なお，固有値解析では，系の次元に応じて，際限なく次元の大きい行列の固有値解析が必要になる。

具体的に2次元の式 (2.242), (2.243) で $\varepsilon = -1$ の系をとる。初期条件は図 **2.16**，図 **2.17** と同じ $\vec{x} = (2, -3.7)$ で，これは LQ 制御では発散する。新しい制御定数には，そこで計算に供したうちの中間的な値 $\tilde{H}_R = 2$ をとる。psips 数は 1 次元当り 10 個を目安とし，ここでは 2 次元なので $10 \times 10 = 100$ ととる。全 50 000 サイクルでランダムウォークさせる。シュレディンガー方程式の時間刻みに相当する量は，$t' = \dfrac{0.01}{\tilde{H}_R}$ ととる。また，ランダムウォークの最初の 10 % のサイクルは捨て，残りの 90 % = 45 000 サイクルにわたり psips を累積していく。この 45 000 サイクルで同時に，式 (2.267) の固有エネルギー E_0 も，psips の感じる平均エネルギーとして決める[36]。これは $E_0 = 1.609$ で，固有値解析での値 $E_0{}^{\text{eig}} = 1.536$ を誤差 $+5\,\%$ で再現する。境界 $X = 5$ の $x_1 \in [-5, 5] \times x_2 \in [-5, 5]$ の領域を状態空間と設定し，これを 10×10 等分割した計 $11^2 = 121$ 個の地点にわたり累積した psips 数を，その点での波動関数値 ψ とする。この ψ を基底関数 χ_n で最小 2 乗フィットし，式 (2.267) の極小は $N_1 = 5$, $N_2 = 4$ による展開で得られる。トレンドは図 **2.19** のとおりであ

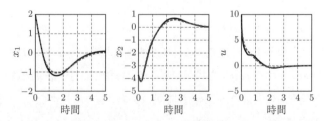

図 **2.19** 最適フィードバックのトレンド（実線：ランダムウォーク法，破線：固有値解析）

り，破線で併記した固有値解析の結果にほぼ重なる。評価指標は $PI = 12.297$
で，$PI^{\text{eig}} = 11.941$ より 3 ％ 高い。

2.4.5 開ループ：経路積分とそのモンテカルロ計算

　時間関数としての制御入力を，波動関数の経路積分を使い最適化する。ここで
も変換 $H_R = i\tilde{H}_R$ を適用する。この変換によって通常の量子力学のハミルトニ
アンに近い性質を，われわれの制御ハミルトニアンも持つことになる。これはコ
ンパクト性である。コンパクト性により固有値計算とランダムウォークでも通常
の方法が使えたが，ここでも同様である。そこで，波動関数の経路積分を実パラ
メータ $\tilde{H}_R$ を使った形に書き直す。終期波動関数の絶対値関数 $R(x_{t_F}, t_F; H_R)$
と c 数ハミルトニアンについて，いくつかの仮定条件を得る。

　この定式によれば，波動関数はボルツマン分布のもとでの統計平均として計
算される。ボルツマン分布を特徴付けるパラメータは「温度」であり，それが
制御定数 $\tilde{H}_R$ と時間刻み幅 ε の比であることがわかる。すなわち，$T = \dfrac{\tilde{H}_R}{\varepsilon}$ で
ある。温度を低くしていくことによって最適値が得られる。ということは，計
算の収束性のために ε を十分小さく選ばなければならないわけだから，対応し
て，さらに分子の $\tilde{H}_R$ を小さくしなければならないことは自明である。この事
実により，われわれは固有値解析やランダムウォークで設定した $\tilde{H}_R$ 値よりは
るかに小さい $\tilde{H}_R$ 値を設定することになる。しかし，これはなんら計算負荷上
の問題を引き起こさない。それは，後述するとおり，われわれのなすべきこと
が，定常分布をもたらす温度 T を選ぶことだけだからである。

　さて，その結果，統計力学でこれまで使われてきたさまざまな手法を非線形最
適制御に適用する途が開かれる。その中で，われわれは確率的なモンテカルロ
法を使う。これは，無限に高い次元の積分としての波動関数の経路積分を処理
する方法である。通常の量子力学に適用されるアルゴリズムに従って手法を開
発するにもかかわらず，その手法は特記すべき性質を持つ。すなわち，量子物理
では不可能な，有限時間間隔 $t \in [t_I, t_F]$ での最適経路の計算が実現する。量子
力学で通常興味があるのは，固有値のエネルギースペクトルである。その中で

特に最低エネルギーの基底状態が興味を持たれる。量子物理学者は量子的粒子の経路を計算しない。というのも，計算できないのである。これは，式 (2.279) の直下で説明するように，初期条件を与えるコスト関数が虚数になってしまうからである。虚数が入ると，統計力学的手法は使えない。われわれの確率的手法は，決定論的システムに確率を導入する他の手法より優位性が高いことを注意しておく必要がある。それは，モンテカルロ法が確立したものであって，かつ多くの計算ツールを蓄積しているからである。

〔1〕 ボルツマン分布の統計平均としての波動関数　　多次元であっても，ハミルトニアンが式 (2.139) と同様の形であれば，式 (2.140) と同様の c 数ハミルトニアンを使って波動関数を表現できる。すなわち，波動関数の経路積分 (2.145) に終期条件 (2.147) を課した表現を多次元に拡張した形式，つまり

$$\psi(x_t, t) = \int d^n x_{t+\varepsilon} \frac{d^n p_{t+\varepsilon}}{(2\pi H_R)^n} \int dx_{t+2\varepsilon} \frac{dp_{t+2\varepsilon}}{2\pi H_R} \cdots \int d^n x_{t_F} \frac{dp_{t_F}}{2\pi H_R}$$

$$e^{\frac{i}{H_R}\{\vec{p}_{t+\varepsilon}(\vec{x}_t - \vec{x}_{t+\varepsilon}) + \varepsilon H^q{}_1 + \cdots + p_{t_F}(x_{t_F-\varepsilon} - x_{t_F}) + \varepsilon H^q{}_N\}}$$

$$\times R_F(x_{t_F}; H_R) e^{-\frac{\Phi(x_F)}{H_R}} \tag{2.268}$$

である。ここで，**2.3** 節で示した定理の特別な場合として，終期波動関数の絶対値 R_F が H_R 依存性を持たないように設定する。そして，変換 $H_R = i\tilde{H}_R$ をする。上式 (2.268) で経路 Π に付随するエネルギーを

$$\varepsilon(\pi) = \frac{\vec{x} - \vec{x}}{\Delta t}\vec{p} - H^q(\vec{x}, \vec{p}) + \cdots + \frac{\Phi(\vec{x}_{t_F})}{\Delta t} \tag{2.269}$$

とする。すると，式 (2.268) は

$$\int \cdots \int d\vec{x}_1 \cdots d\vec{x}_N d\vec{p}_1 \cdots d\vec{p}_N e^{-\frac{\Delta t}{H_R}\mathcal{E}(\vec{x}_1, \cdots, \vec{p}_N; \tilde{H}_R)} \tag{2.270}$$

の形となり，これは任意の物理量 f の温度 T におけるボルツマン分布での統計平均値[37]

$$\langle f \rangle = \frac{\Sigma_{f'} f' e^{-\beta E_{f'}}}{\Sigma_{f''} e^{-\beta E_{f''}}} \tag{2.271}$$

を思い出させる。

〔**2**〕　**アフィン系**　　この統計平均の考えをアフィン系で具体的に計算して適用する。アフィンであれば，c 数ハミルトニアン H^q は $\vec{p}$ の 2 次形式になる。したがって，$\vec{p}$ であらかじめ積分しておいたほうが計算負荷が低く済む。この積分は，つぎの公式により解析的にできる。

$$\int dp e^{ap^2+bp} = \sqrt{\frac{\pi}{-a}} e^{-\frac{b^2}{4a}} \tag{2.272}$$

ここで機械系を想定して $\dot{x}_1 = x_2$，$\dot{x}_2 = F + gu$ の形の状態方程式に特定する。すると，c 数ハミルトニアンが以下のとおり計算される。

$$H^q = \frac{g^2}{2m}p_2{}^2 - V_{\text{cost}} + F_1 p_1 + F_2 p_2 \tag{2.273}$$

このとき，波動関数の経路積分表示 (2.268) を $\vec{p}$ についてガウス積分すると

$$f(\vec{x}; \pi) = A \times R_F(\vec{x}_N) \Pi_{i=1}^N \sqrt{(g_2(\vec{x}_k))^{-2}} \delta\left(\frac{x_{k,1} - x_{k-1,1}}{\Delta t} - F_1(\vec{x}_k)\right) \tag{2.274}$$

であり，経路 π のエネルギーは

$$E(\vec{x}; \pi) = \sum_{k=1}^N \left\{ \frac{m}{2g_2(\vec{x}_k)^2} \left(\frac{x_{k,2} - x_{k-1,2}}{\Delta t} - F_2(\vec{x}_k)\right) \right\} \tag{2.275}$$

となる。なお，結果に寄与しない定数は

$$A \equiv \left(\frac{1}{(2\pi H_R)^2} \frac{2\pi H_R}{-i} \sqrt{\frac{2m\pi H_R}{-i\Delta t}} \right)^N \tag{2.276}$$

である。これらを使って波動関数を

$$\psi(\vec{x}; t; H_R) = \int d\vec{x}_1 \cdots \int d\vec{x}_N f(\vec{x}; \pi) e^{-\frac{i\Delta t}{H_R} E(\vec{x}; \pi)} \tag{2.277}$$

と算出し，$H_R = i\tilde{H}_R$ として統計力学的計算に供する。

　物理系にあっては，ラグランジアン L は運動エネルギーとポテンシャルエネルギーの「差」である。また，制御入力であるところの速度は座標と同じ数だけあるから，ラグランジアンの具体形は

$$L = \sum_{i=1}^{n} \frac{m}{2}{u_i}^2 - V_{\text{pot}}(\vec{x}) \tag{2.278}$$

である。ということは，経路のエネルギーは以下で計算できる。

$$E = \frac{m}{2}\left(\frac{x_1 - x}{\Delta t}\right)^2 - V_{\text{pot}}(x_1) + \cdots$$

$$\cdots + \left(\frac{x_F - x_{N-1}}{\Delta t}\right)^2 - V_{\text{pot}}(x_N) - \frac{\Phi(x_F)}{\Delta} \tag{2.279}$$

ところが，運動エネルギーとポテンシャルエネルギーの差は正にも負にもなりうるから，これを経路のエネルギーと解釈することはできない。そこで，時間を純虚数で $t = -i\tilde{t}$ とすれば，式 (2.279) 最終項を除き $-E$ が正値となってエネルギーと見なせる。この最終項には，しかし純虚数が残ってしまうのである。けっきょく，このやり方では質点系の波動関数は計算できない。ところが，核 G には終端条件を課さなくてもよいことに気づく。そして，G を固有関数展開し，$\tilde{t} \to -\infty$ とする。このことにより，質点物理の最低固有エネルギーとそれに対応する固有関数を計算できる。つまり，質点物理の量子力学にあっては，核をボルツマン分布式と見なせるのは，無限大の時間間隔においてのみなのである。そして，物理にあっては，基底状態の最低エネルギーと波動関数がわかれば十分なのである。

〔**3**〕 **モンテカルロ法**　このようにボルツマン分布式を得たのであるから，平均の経路すなわち正準運動方程式に従う経路を計算するためにモンテカルロ法を使うことができる。まず，経路 π を N 点の集合として特徴付ける。すなわち，$\pi = \{\vec{x}_k | k = 1, 2, \cdots, N\}$ とする。ある任意の経路から出発して，計算をつぎの 2 段階に分ける。

(1)　確率を使った経路の変形プロセスが定常に到達していることの確認

(2)　平均値の計算

両方のプロセスでいわゆるメトロポリス法を使う。初めに，ある推定された経路 π_0 から出発する。続くステップでは，**図 2.20** のように，経路のたかだか一つのノードを変形する。すなわち，$x_{k,l} \to x'_{k,l} + \delta x_l$（変形量を与える定数）と

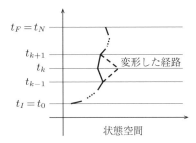

図 **2.20** 時点 t_k の状態変数の一つの自由度 $x_{k,l}$ を変位して経路を変形する。

する。このステップを実行する確率は

$$W_{kk'} = \min\left(1, \frac{\rho(\pi')}{\rho(\pi)}\right) \quad (2.280)$$

であり，ここで

$$\rho(\pi) = e^{-\frac{\Delta t}{\hbar_R}E(\pi)} \quad (2.281)$$

はボルツマン因子と呼ばれる。この確率の意味するところはつぎである。もし $\Delta E \equiv E(\pi') - E(\pi) < 0$ なら，つまり変形後の経路のほうがエネルギーが低くなるなら，必ず経路を $x_{k,l} \to x'_{k,l}$ と変形する。そうでなくても，もしある一様乱数 ξ に対して $\rho(\pi) > \xi$ なら，経路を変形する。

以上の第 1 ステップでは，十分なステップの変形を繰り返すことで，初めに適当に選んだ経路 π_0 の影響が消えていく必要がある。この影響が消えていくプロセスをモニタするため，つぎの関数を使う。

$$R_F(\vec{x}_N)\Pi_{k=1}^N \frac{1}{g_2(\vec{x}_k)} \quad (2.282)$$

これは式 (2.274) のデルタ関数にかかっている項である。この関数 (2.282) を使って変形プロセスが定常状態に達しているかを判定する。この第 1 ステップが終了すれば，選択された経路がボルツマン式に従って分布していることがわかる。そして，第 2 ステップでは，選択された経路たちの単なる平均を計算する仕事が残るのみである。

〔4〕シミュレーション

倒立振子

状態変数は振り子の鉛直方向となす角度 x_1 とその角速度 x_2 であり，振り子を載せる台車に作用する水平方向の力が操作入力 u である（図 **2.21**）。

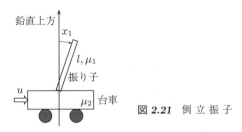

図 **2.21** 倒立振子

システムパラメータは

- 質量：振り子 μ_1，台車 μ_2
- 振り子の長さ：l

と，これらから導かれる

- 慣性モーメント：$J = \dfrac{\mu_1 l^2}{3}$
- パラメータ：$D = J(\mu_1 + \mu_2) + \mu_1 \mu_2 l^2$

である。状態方程式は $\dot{x}_1 = x_2$ と，$\dot{x}_2 = g_2(\vec{x})u + F_2(\vec{x})$ において

$$F_2(\vec{x}) = \frac{\mu_1 g l (\mu_1 + \mu_2) \sin x_1 - \mu_1^2 l^2 \cos x_1 \sin x_1 (x_2)^2}{D + \mu_1^2 l^2 \sin^2 x_1} \quad (2.283)$$

$$g_2(\vec{x}) = -\frac{\mu_1 l \cos x_1}{D + \mu_1^2 l^2 \sin^2 x_1} \quad (2.284)$$

である。ここで，g_2 は x_1 のみの関数であり，この g_2 で決まる u が x_2 に入力されることに注意する。このことから，シュレディンガー方程式の運動エネルギー項は簡単な形（x_2 による 2 階偏微分をとるのみ）になる。制御仕様は式 (2.249) で $V_{\text{cost}} = \dfrac{\vec{x}^2}{2}$ として与える。量子力学的方法に特有な終期時間での波動関数絶対値の境界条件は

$$R_F(\vec{x}) = e^{-\frac{x_1^2}{\sigma_1^2} - \frac{x_2^2}{\sigma_2^2}} \quad (2.285)$$

で与える。この R_F は H_R に依存せず，したがって，特異な依存性はもちろんない。c 数ハミルトニアンは

$$H(\vec{p}_x, \vec{x}) = \frac{1}{2m} g_2(x_1)^2 (p_{x,2})^2 - V(\vec{x}; H_R) \\ + p_{x,1} F_1(\vec{x}; H_R) + p_{x,2} F_2(\vec{x}; H_R) \qquad (2.286)$$

である。これらを使い，f, A, E, ψ をすぐに計算できる。経路変形プロセスをモニタするには，式 (2.282) で式 (2.285) を使う。また，経路変形の途中で $g_2(\vec{x}) = 0$ となる点が出ると，これは制御できないことを意味するため，このような点は回避しなければならない。これは単純に，変形した結果が $g_2(\vec{x}) = 0$ となる点を含むようならその変形結果は捨てる，というルールを追加することで対処できる。

計算パラメータ値は $\mu_1 = 0.1$，$\mu_2 = 1$ および $l = 1$ とする。制御仕様については $m = \omega = 1$ と終端コスト $Q_F = 0$ で与え，絶対値 R_F については $\sigma_1 = \sigma_2 = 1$ とする。シミュレーションは，$t = 0$ での初期値をある点から静かに出発するとして，$x_1 = 1.2$，$x_2 = 0$ として $t_F = 10$ までで行われる。この初期値は，与えている制御仕様下にあっては線形の LQ フィードバックが発散する条件である。どの経路も時間を $N = 100$ 分割され，変形サイクルは最大 $M = 500\,000$ 回とする。制御定数は $\tilde{H}_R = 0.0001$ とする。許容される経路変形が全体の $\sim \frac{1}{3}$ を目途として，経路の変形量 δx_2 を決める。モニタ関数の常用対数値のトレンドを**図 2.22** に示す。図 (a) は第 1 ステップで定常に至るまで，

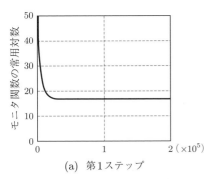
(a) 第1ステップ

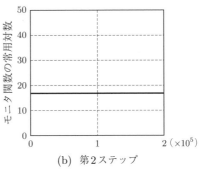
(b) 第2ステップ

図 2.22 モニタ関数の常用対数値のトレンド（$\tilde{H}_R = 0.0001$）

図 (b) は定常バランス後のトレンドである．

この結果によれば，第 1 ステップでは，許容される経路が全体 500 000 回のうち 224 943 回，すなわち 45％ であった．また，第 2 ステップも同様で，許容経路はやはり全体の 45％ であった．したがって，目途とした 〜30％ を許容回数が上回ってしまっているが，これはボルツマン分布の温度 $\frac{\tilde{H}_R}{\varepsilon}$ がやや高い（$\tilde{H}_R$ がやや高い，もしくは ε がやや小さい）ためと考えられる．しかし，結果として第 2 ステップでは十分に定常に達しており，その平均をとれば，状態変数の開ループトレンドの結果がつぎのとおり得られる．経路 π の，つまり状態変数 $\vec{x}$ とそれを使った操作入力 u の時間トレンドを図 **2.23** に示す．u は先述のとおり，x_2 の状態方程式から逆算したものである．図からわかるように，初期値 $\vec{x} = (1.2, 0)$ つまり鉛直上方から 69° 傾いた静止状態から振り子を倒立させるには，初期の入力が $u = 47$ と非常に大きい必要がある．この結果として，評価指標値は $PI = 281$ である．LQ フィードバックでは，この少し手前の条件 63° からの倒立で初期入力 $u = 24$ となり，ここでの同様の開ループ計算の半分以下でしかない．このため，倒立が困難となっている．

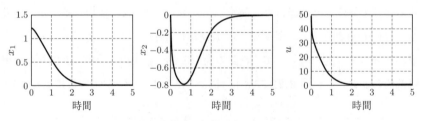

図 **2.23** 状態変数 $\vec{x}$ と操作入力 u の時間トレンド

ところで，最適経路は，正準方程式と終端条件を満たさなければならない．状態変数の正準方程式は状態方程式そのものである．任意の経路 π は $\tilde{H}_R \to 0$ でデルタ関数により $F_1 \to F_1$ と制限されているため，x_1 の状態方程式は自動的に成立する．一方で，x_2 側も操作入力がこの状態方程式を満たすように算定されているから，これも自動的に成立する．

2.5 まとめと展望

　本章の出発点は，フィードバック最適化を与えるハミルトン-ヤコビ方程式が古典解析力学の基礎式でもあることへの着目である。この方程式は，波動光学アナロジーを経由して，古典力学を量子力学に導いた。状態は線形に重ね合わせができるベクトルだということが，量子力学の本質である。これにより，シュレディンガー方程式を非線形制御の最適フィードバックに使うことができた。プランク定数に対応した新しい一つの制御定数 H_R を持ち込み，これを純虚数化することで，具体的なアルゴリズムに展開できた。それは固有値解析とランダムウォーク量子モンテカルロであり，波動関数の経路積分表示については，これを開ループ計算に適用できた。また，制御定数 H_R をゼロに近づけることで，実際の非線形最適フィードバックを近似できることも明確になった。

　今後の展望として，ここで導入した量子揺らぎを制御系の誤差あるいは揺らぎとして再解釈する途がありうる。また，ここでの対象は本来古典物理に従うマクロ物理系であるが，量子力学に従うミクロ系の制御アルゴリズムとしての展開も期待したい。一方で，n 次元の状態空間を持つシステムであれば，単純に式 (2.246) タイプの N 個の基底関数を選ぶ限り，ハミルトニアンは $\sim N^n \times N^n$ 行列になってしまう。すなわち，行列の固有値計算は，高い n でメモリ確保が困難となり，実用アルゴリズムとして現実的でなくなる。他方で，ランダムウォークであれば，粒子数を少なくする工夫により，計算時間も考慮した実用計算が可能となると考えられる。この点の詳細検討が課題となる。

問　　題

(1) 半径 r の円周上に拘束された質点の量子力学が交換関係 $[\theta, \hat{p}_\theta] = i\hbar$ で決まることを示せ。

(2) 機械系では $\dot{x}_1 = x_2$, $\dot{x}_2 = g(\vec{x})u + F(\vec{x})$ の形の状態方程式が多く見られる。

96   2. 最適フィードバック制御の量子力学

制御コストが $L = \dfrac{m}{2}u^2 + V_{\text{cost}}$ であるとして，この系の交換関係とそれを満たす線形演算子を計算せよ。

（3） 波動関数 (2.196) が波動方程式 (2.193) と終期条件 (2.194) を満たすことを示せ。

（4） 式 (2.199) の $k(t)$ が，終期条件 $k(t_F) = f$ のもとでリッカチ方程式[28] $\dot{k} + \dfrac{m\omega^2}{2} - \dfrac{2}{m}k = 0$ を満たすことを確認せよ。

（5） 式 (2.226) が式 (2.225) の固有値 $E_0 = H_R\left(\dfrac{K_{22}}{m} - \dfrac{A_{11} + A_{22}}{2}\right)$ に属する固有関数であることを示せ。

（6） 機械系であって速度 x_2 への操作入力の係数が座標 x_1 のみの関数であるとする。すなわち，$g = g(x_1)$ とする。このとき，式 (2.138) を多次元に拡張した式を使って，c 数ハミルトニアンがもともとのハミルトニアンに等しいこと，すなわち式 (2.273) が成り立つことを示せ。

（7） ハミルトニアン演算子が

$$\hat{H} = -\frac{H_R^2}{2m}\left(g(x)\frac{\partial}{\partial x} + \frac{g'(x)}{2}\right)^2 - V - iH_R\left(F(x)\frac{\partial}{\partial x} + \frac{F'(x)}{2}\right) \tag{2.287}$$

であるとき，H^q を計算せよ。

3 量子計算知能

今日，ビッグデータ時代や，モノをインターネットでつなぐ IoT（Internet of Things）時代を迎え，これまでと比較にならないほどの膨大な情報を，正確かつ高速に処理するための有効なアプローチが求められている。その時流に乗って 2011 年には D-Wave 社の商用量子コンピュータが生まれるなど，量子コンピュータ研究も加速されている。また，深層学習（deep learning）などの機械学習（machine learning; ML）技術の成功，例えば画像認識コンクール（ILSVRC2012）における圧倒的性能での優勝やアルファ碁（2016/3）の圧倒的勝利などにより，人工知能（artificial intelligence; AI）研究，特にニューラルネットワークに代表される計算知能（computational intelligence; CI）研究が再び勢いづいている。これに伴って，各種の量子情報手法を計算知能と融合させ，従来の計算知能性能を凌駕させ応用を拡大しようとする量子計算知能（QCI）または量子機械学習（QML）と総称される研究が盛んに行われるようになった[3),38)~40)]。これらのアルゴリズムの実行においては，量子コンピュータなどの量子系上での実装が必ずしも必要でなく，従来の古典コンピュータ上で十分に動作可能であることも，これらの手法の優位点である。本章では，この現状に呼応して，量子計算知能・量子機械学習の一端を学ぶ。

3.1 量子計算知能の誕生

量子力学とは，「先端デバイスや材料科学などにおける電子などの振る舞いを記述する基礎理論であって，シュレディンガーの波動方程式を解き，確率解釈から素粒子の振る舞いを記述する学問体系である」と，一般には理解

98   3. 量 子 計 算 知 能

されていることが多い。この量子力学的イメージから，どのようにして「知能」と結び付く発想が生まれたのか怪訝に思われる読者も多いのではなかろうか？

歴史を振り返ると，かのシュレディンガーが，その著『生命とは何か』[41]において，原子・分子間の量子力学相互作用に基づく生体系における高度な秩序や生物学的安定性を示唆し，生命の物理像を得るための基本的な方向を示したことは，あまりにも有名である。この示唆は分子生物学を生み出す契機を与え，量子生物学がその後おおいに進展したことは周知のとおりである[42]。また，量子力学成立初期の頃から，量子力学の非決定論的な世界像と現代における心や意識の問題とがアナロジカルに試論され，脳を物的に捉える科学の領域にも量子力学が応用されることになった。量子力学の観測問題に関するノイマンの言及[43]を端緒に，心・脳・意識と量子力学とを結び付けようとする多くの議論がなされてきた。著名な例を挙げると，脳や生体組織における素過程を場の量子論の枠組みから正しく捉えようとする，梅沢博臣の研究に端を発する量子脳力学理論[44]~[46]や，神経生理学的な立場から「脳活動の量子的側面と意識の役割」を論じたエックルス–ベック理論[47],[48]，およびニューロン骨格を形成する微小管における非アルゴリズム的な量子計算に基づくハメロフ–ペンローズの意識理論[49],[50]などが提唱されてきた。量子情報科学技術および量子バイオロジーの発展に相伴って，最近年，これらの検証の試みも行われつつある[51]。

このように，脳と量子力学の深い結び付きがあるにもかかわらず，「知能」を量子力学との関わりから具体的な計算モデルとして創出する試みは，その検証実験の乏しさゆえに必ずしも発展してこなかった。それを進展させたのは，大きな整数の因数分解を高速に解く量子アルゴリズムのショアによる発見（1994 年）である[52]。この量子アルゴリズムに触発されて，量子力学特有の概念と手法が，これまでの計算手法では解決が困難または不可能であった問題に対し革新的な解法をもたらすとの期待感が高まった。1996 年には，そのような革新的なアルゴリズムとして，量子検索アルゴリズムがグローバーに

よって見出された[53]。現在でも，この種の検索問題においては，グローバーアルゴリズムより速く検索しうる量子アルゴリズムは存在していない。これらの研究と並行して，知能に関する量子アルゴリズムとして，量子ニューラルネットワークが最初にカク[54]ならびにペルシュ[55]によって提案された。その後，各種の量子描像ニューラルネットワークをはじめとして，量子遺伝アルゴリズム，量子的粒子群最適化法など，種々の量子計算知能・量子機械学習手法研究が出現し始めた。量子計算知能・量子機械学習分野の誕生である[3],[38]~[40]。

3.2 量　子　計　算

量子計算知能・量子機械学習を学ぶにあたっては，計算知能・機械学習の基礎知識とともに，量子情報・量子計算[56]の基礎知識も必要となる。

量子計算は，波動関数，量子状態の重ね合わせ，コヒーレンス/デコヒーレンス状態，オペレータ，測定，量子的もつれ（エンタングルメント），ユニタリー変換，確率解釈など，量子力学原理に基礎を置く計算論である。量子計算研究は，チャーチ-チューリングの提唱を乗り越える超チューリングマシンの可能性を希求した量子コンピュータ研究が源流である。それは，1960年代のランダウアー，ノイマンらの「計算の物理的限界についての研究」，1970年代のベネットによる「計算過程の論理可逆性についての研究」や1980年代のベニオフ，フレドキン，トフォリらの「可逆論理ゲートの研究」などの研究に遡ることができる[56]。そして，量子力学的動作原理が計算に及ぼす影響をファインマンが提起し[57]，ドイッチュが量子コンピュータの数学的モデルとして量子チューリングマシンと量子回路を1985年に提唱するに及んで，量子並列計算を特徴とする量子計算が注目されるようになった[58]。

本節では，量子計算知能・量子機械学習の理解に必要な量子計算の主概念を学ぶ。

3.2.1 量子ビット

スイッチの ON/OFF など，二つの異なる状態を 0 と 1 で表した情報の最小単位は「ビット」(bit) と呼ばれる。量子計算では，このビットを古典ビットと称し，これに対応した「量子ビット」(quantum bit; qubit) が導入・定義される。量子ビット状態であることを明確に表記するために，ディラックのブラケットベクトル記法，すなわち $|\cdot\rangle$ (ケットベクトル) および $\langle\cdot| = (|\cdot\rangle)^T$ (ブラベクトル; ケットベクトルの転置ベクトルとして定義) を用い，古典ビットの 0 と 1 に対応させて $|0\rangle$ および $|1\rangle$ と，それぞれケットベクトル表記されることが多い。これらは，具体的には上向きスピンと下向きスピンなどの 2 状態量子系で実現しうる状態であり，数学的には，2 次元ヒルベルト空間の計算基底 (正規直交基底) を構成している。この空間で，任意の量子ビット状態ベクトル $|\psi\rangle$ は二つの基底状態 $|0\rangle$ および $|1\rangle$ の線形結合，すなわちコヒーレントな重ね合わせ状態

$$|\psi\rangle = \alpha |0\rangle + \beta |1\rangle \tag{3.1}$$

として表せる。ここで，α および β は確率振幅と呼ばれる複素数で，量子ビット状態 $|\psi\rangle$ において状態 $|0\rangle$ が確率 $|\alpha|^2$ で，状態 $|1\rangle$ が確率 $|\beta|^2$ でそれぞれ観測される確率を与える係数である。すなわち，量子力学の確率解釈に従って，α と β は規格化条件

$$|\alpha|^2 + |\beta|^2 = 1 \tag{3.2}$$

を満たす。その幾何学表現は，**図 3.1** に示すブロッホ球表示

$$|\psi\rangle = e^{i\xi} \left(\cos\frac{\theta}{2} |0\rangle + e^{i\phi} \sin\frac{\theta}{2} |1\rangle \right) \tag{3.3}$$

として表せる。これは，式 (3.2) の規格化条件から一般性を失うことなく

$$|\psi\rangle = \cos\frac{\theta}{2} |0\rangle + e^{i\phi} \sin\frac{\theta}{2} |1\rangle \; (= |\psi(\theta, \phi)\rangle) \tag{3.4}$$

と記述でき，基底状態 $|0\rangle$, $|1\rangle$ は，ブロッホ球上では $|0\rangle = |\psi(\theta = 0, \phi = 0)\rangle$,

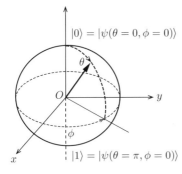

図 *3.1* 量子ビットの
ブロッホ球表示

$|1\rangle = |\psi(\theta = \pi, \phi = 0)\rangle$ とそれぞれ配位されている.また,これらの計算基底を

$$|0\rangle = \begin{bmatrix} 1 \\ 0 \end{bmatrix}, \quad |1\rangle = \begin{bmatrix} 0 \\ 1 \end{bmatrix} \tag{3.5}$$

とベクトル表記すれば,この場合,量子ビット状態 $|\psi\rangle$ は

$$|\psi\rangle = \begin{bmatrix} \cos\dfrac{\theta}{2} \\ e^{i\phi}\sin\dfrac{\theta}{2} \end{bmatrix} \tag{3.6}$$

と 2 次元複素ベクトル空間の単位ベクトルで表記できる.

3.2.2 量子レジスタと量子エンタングルメント

n 個の古典ビットのビット列 $b_{n-1}\cdots b_i\cdots b_1 b_0$ ($b_i \in \{0,1\}$) は 2^n 個の状態が表現できるレジスタであるが,これらの状態を同時には記述できない.例えば 3 ビット列では,000, 001, 010, 011, 100, 101, 110, 111 のように $2^3 = 8$ 個の状態が表せるが,どれかを表せばその状態のみの指定となる.これに対し,n 個の量子ビット基底列からなる多量子系の一組の n 量子状態 $|\Psi\rangle$ は,2^n 次元ヒルベルト空間での 2^n 個の計算基底の量子重ね合わせ状態

$$|\Psi\rangle = c_0|00\cdots 00\rangle + c_1|00\cdots 01\rangle + \cdots + c_{2^n-1}|11\cdots 11\rangle$$
$$= c_0|0\rangle \otimes |0\rangle \cdots |0\rangle \otimes |0\rangle + c_1|0\rangle \otimes |0\rangle \cdots |0\rangle \otimes |1\rangle +$$

102   3. 量 子 計 算 知 能

$$\cdots + c_{2^n-1} |1\rangle \otimes |1\rangle \cdots |1\rangle \otimes |1\rangle,$$

$$\sum_{i=0}^{2^n-1} |c_i|^2 = 1 \tag{3.7}$$

として記述される。ここで，c_i $(i = 0, 1, 2, \cdots, 2^n - 1)$ はそれぞれ基底の確率振幅であり，2^n 個の基底 $|b_{n-1} \cdots b_i \cdots b_1 b_0\rangle$ $(b_i \in \{0, 1\})$ は，各量子ビット計算基底 $|b_i\rangle$ のテンソル積

$$|b_{n-1} \cdots b_i \cdots b_1 b_0\rangle = |b_{n-1}\rangle \otimes \cdots \otimes |b_i\rangle \cdots \otimes |b_1\rangle \otimes |b_0\rangle \tag{3.8}$$

で与えられている。また，2 進数表示のビット列 $b_{n-1} \cdots b_i \cdots b_1 b_0$ を 10 進数表示すれば，式 (3.7) は

$$|\Psi\rangle = \sum_{i=0}^{2^n-1} c_i |i\rangle \tag{3.9}$$

と簡潔に表記できる。この n 量子ビット状態系は「量子レジスタ」とも呼称されている。例えば，2 量子ビットレジスタ，すなわち 2 量子ビットからなる系の任意の量子状態 $|\Psi\rangle$ は，4 次元ヒルベルト空間上の四つの基底ベクトル

$$|00\rangle = |0\rangle \otimes |0\rangle := \begin{bmatrix} 1 \\ 0 \end{bmatrix} \otimes \begin{bmatrix} 1 \\ 0 \end{bmatrix} = \begin{bmatrix} 1 \\ 0 \\ 0 \\ 0 \end{bmatrix},$$

$$|01\rangle = |0\rangle \otimes |1\rangle := \begin{bmatrix} 1 \\ 0 \end{bmatrix} \otimes \begin{bmatrix} 0 \\ 1 \end{bmatrix} = \begin{bmatrix} 0 \\ 1 \\ 0 \\ 0 \end{bmatrix},$$

$$|10\rangle = |1\rangle \otimes |0\rangle := \begin{bmatrix} 0 \\ 1 \end{bmatrix} \otimes \begin{bmatrix} 1 \\ 0 \end{bmatrix} = \begin{bmatrix} 0 \\ 0 \\ 1 \\ 0 \end{bmatrix},$$

$$|11\rangle = |1\rangle \otimes |1\rangle := \begin{bmatrix} 0 \\ 1 \end{bmatrix} \otimes \begin{bmatrix} 0 \\ 1 \end{bmatrix} = \begin{bmatrix} 0 \\ 0 \\ 0 \\ 1 \end{bmatrix} \tag{3.10}$$

の量子重ね合わせ状態

$$|\Psi\rangle = c_0 |00\rangle + c_1 |01\rangle + c_2 |10\rangle + c_3 |11\rangle \tag{3.11}$$

$$(= c_0 |0\rangle + c_1 |1\rangle + c_2 |2\rangle + c_3 |3\rangle) \tag{3.12}$$

として表現できる。ベクトル $|a\rangle = (a_1, a_2, \cdots, a_m)^T$ と $|b\rangle = (b_1, b_2, \cdots, b_n)^T$ のテンソル積 $|a\rangle \otimes |b\rangle$ は

$$|a\rangle \otimes |b\rangle = (a_1, a_2, \cdots, a_m)^T \otimes (b_1, b_2, \cdots, b_n)^T$$

$$= (a_1b_1, a_1b_2, \cdots, a_1b_n, a_2b_1, \cdots, a_2b_n, \cdots, a_mb_1, \cdots, a_mb_n)^T \tag{3.13}$$

より一般に求められる。ここで，上付き添字 T は横（縦）ベクトルを縦（横）ベクトルに変える転置を表している。このような量子状態の重ね合わせは量子並列計算に利用でき，計算過程の本質的な高速化を生み出すことが期待されている。

つぎに，式 (3.1) で記述される 1 量子ビット状態の n 個のテンソル積状態

$$|\psi\rangle = (\alpha_1 |0\rangle + \beta_1 |1\rangle) \otimes \cdots \otimes (\alpha_i |0\rangle + \beta_i |1\rangle) \otimes \cdots$$

$$\otimes (\alpha_n |0\rangle + \beta_n |1\rangle) \tag{3.14}$$

を考える。式 (3.7) で記述される状態の中には，式 (3.14) で示したようなテンソル積で記述不可能な状態，すなわち，量子的もつれ状態（エンタングルメント）が存在する。例えば，上記に示した 4 次元ヒルベルト空間上の量子状態 (3.11) において，$c_0 = c_3 = 0$, $c_1 = c_2 = 1/\sqrt{2}$ とすると，この状態は $(|01\rangle + |10\rangle)/\sqrt{2}$ となるが，これは $(\alpha_1 |0\rangle + \beta_1 |1\rangle) \otimes (\alpha_2 |0\rangle + \beta_2 |1\rangle)$ から構成されるテンソル

104　　3. 量 子 計 算 知 能

積では表せない。このような量子的もつれ状態は強い相関を持つことが知られているが，古典ビット状態ではこのような相関はあり得ない。この例では，第1量子ビットが $|0\rangle$ なら第2量子ビットが $|1\rangle$，第1量子ビットが $|1\rangle$ なら第2量子ビットが $|0\rangle$ という重ね合わせになっている。すなわち，この状態は，第1量子ビットの状態が収束すると自動的にその第2量子ビットの状態が確定する。このため，古典的な情報処理では不可能な量子転送や量子誤り補正などの情報処理が可能となる。

ここで，以下で用いるディラックのブラケットベクトル記法における二つの2項積 $\langle\cdot|\cdot\rangle$, $|\cdot\rangle\langle\cdot|$ をまとめて定義しておく。$\langle\cdot|\cdot\rangle$ はベクトルの内積として定義されスカラ値となる。一方，$|\cdot\rangle\langle\cdot|$ はテンソル積 $|\cdot\rangle\langle\cdot| = |\cdot\rangle\otimes\langle\cdot|$ として定義され行列表現となる。例えば以下のようになる。

$$\langle a|a\rangle = (a_1, a_2, \cdots, a_m) \cdot (a_1, a_2, \cdots, a_m)^T = \sum_{i=1}^{m} a_i^2 \qquad (3.15)$$

$$|a\rangle\langle a| = (a_1, a_2, \cdots, a_m) \otimes (a_1, a_2, \cdots, a_m)^T$$

$$= \begin{pmatrix} a_1a_1 & a_1a_2 & \cdots & a_1a_m \\ a_2a_1 & a_2a_2 & \cdots & a_2a_m \\ \vdots & \vdots & \ddots & \vdots \\ a_ma_1 & a_ma_2 & \cdots & a_ma_m \end{pmatrix} \qquad (3.16)$$

3.2.3　**量子論理ゲートと量子回路**

古典計算の論理回路では，AND ゲートと NOT ゲートの組みや，NAND ゲートだけの組みですべての論理回路を組むことができる。同様に，量子計算を実行する量子回路では，量子ビットの多状態操作が実現されなければならない。この量子状態の変換を行うためには，**図3.2**に示す二つの基本量子論理ゲート，すなわち，1量子ビットのユニタリー変換ゲートおよび2量子ビットの制御 NOT ゲートが必要となる。これらを組み合わせることで，任意の量子論理回路を構成できる[56]。

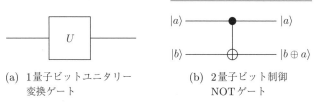

(a) 1量子ビットユニタリー　　(b) 2量子ビット制御
    変換ゲート　　　　　　　　　　NOTゲート

図 *3.2* 基本量子論理ゲート

1量子ビットのユニタリー変換ゲートは1量子ビットの位相操作であり，恒等変換，NOT変換，位相変換，アダマール変換などがある．式 (3.5) の基底表現を用いた場合のこれらの変換の具体的な表現は，次式のユニタリー行列となる．

$$I := \begin{bmatrix} 1 & 0 \\ 0 & 1 \end{bmatrix} \quad (\text{恒等変換}: |0\rangle \to |0\rangle, |1\rangle \to |1\rangle) \tag{3.17}$$

$$NOT := \begin{bmatrix} 0 & 1 \\ 1 & 0 \end{bmatrix} \quad (\text{NOT 変換}: |0\rangle \to |1\rangle, |1\rangle \to |0\rangle) \tag{3.18}$$

$$U(\phi) := \begin{bmatrix} 1 & 0 \\ 0 & e^{i\phi} \end{bmatrix} \begin{pmatrix} \text{位相変換}: \\ \alpha|0\rangle + \beta|1\rangle \to \alpha|0\rangle + e^{i\phi}\beta|1\rangle \end{pmatrix} \tag{3.19}$$

$$H(\phi) := \frac{1}{\sqrt{2}} \begin{bmatrix} 1 & 1 \\ 1 & -1 \end{bmatrix} \begin{pmatrix} \text{アダマール変換}: \alpha|0\rangle + \beta|1\rangle \\ \to \frac{1}{\sqrt{2}}\{(\alpha+\beta)|0\rangle + (\alpha-\beta)|1\rangle\} \end{pmatrix} \tag{3.20}$$

このように，量子状態はユニタリー変換行列 U ($UU^\dagger = U^\dagger U = 1$, $U^\dagger$ は U の転置複素共役行列) によって状態を発展させていくことができる．その他の例も同様に表現できるが，ここでは重要な例としてこれらを挙げるに留めておく．

2量子ビット制御 NOT ゲートは，**図 *3.2*** (b) に示すような2量子ビットに対する量子ゲートで，排他的論理和（XOR）演算を行うゲートである．すなわち，**図 *3.2*** (b) で，量子ビット $|a\rangle$ が $|0\rangle$ であれば，量子ビット $|b\rangle$ は入力された状態のまま出力され，$|a\rangle$ が $|1\rangle$ であれば，量子ビット $|b\rangle$ は入力された状態が反転（NOT 演算）されて出力される．この場合も1量子ビットユニタリー変換ゲートの場合と同様に，2量子ビット系の基底表現 (3.10) を用いると，そ

のユニタリー行列表現

$$
U = \begin{bmatrix} 1 & 0 & 0 & 0 \\ 0 & 1 & 0 & 0 \\ 0 & 0 & 0 & 1 \\ 0 & 0 & 1 & 0 \end{bmatrix} \tag{3.21}
$$

を得る。例えば,このゲートを状態 $(|0\rangle + |1\rangle)/\sqrt{2} \otimes |0\rangle = (|00\rangle + |10\rangle)/\sqrt{2}$ に作用させると

$$
\begin{bmatrix} 1 & 0 & 0 & 0 \\ 0 & 1 & 0 & 0 \\ 0 & 0 & 0 & 1 \\ 0 & 0 & 1 & 0 \end{bmatrix} \frac{1}{\sqrt{2}} \begin{bmatrix} 1 \\ 0 \\ 1 \\ 0 \end{bmatrix} = \frac{1}{\sqrt{2}} \begin{bmatrix} 1 \\ 0 \\ 0 \\ 1 \end{bmatrix} = \frac{1}{\sqrt{2}}(|00\rangle + |11\rangle) \tag{3.22}
$$

であり,これはテンソル積に分解できないもつれ状態(エンタングルメント)となる。すなわち,制御 NOT ゲートは状態のエンタングルメントを生成したり,はずしたりすることができる。このように,1量子ビットゲートと2量子ビット制御 NOT ゲートの組合せで状態の重ね合わせとエンタングルメントを繰り返し操作することによって,任意の量子回路が構成できる。

3.2.4 量子アルゴリズム

量子概念を計算知能・機械学習へ融合する準備としてこれまでの項で量子計算の基礎概念を述べたが,融合法はさまざまに考えられる。そのような方法論が,現在知られている量子アルゴリズムの中でどのように位置付けられるかは,まだそれほど明らかではない。そのため,量子アルゴリズムの一端を見ておくことも重要と考え,ここでは,機械学習によく導入される量子アルゴリズムの例として,グローバーによる量子検索アルゴリズムを例示しておきたい。現行コンピュータ上で実行できる有効な量子アルゴリズムは,現在でもドイッチュ -ジョサ,ショア,そしてグローバーによる量子アルゴリズム以外は基本的に

は知られていない。先駆的かつ比較的理解しやすい例として，グローバーの量子検索アルゴリズムをここでは見ておく[53),56)]。

　この検索問題における課題は，「順番に並んでいない $N = 2^n$ 個の中からある特別な状態 Y を見出す」ことである。通常の，つまり古典的な探索法としてすべてを順に調べていく場合，N 回のオーダの測定が必要となる。しかし，グローバーの量子アルゴリズムを用いると，$\sqrt{N}$ のオーダで $|Y\rangle$ を見出すことができる。この種の検索問題では，グローバーの方法より速い探索手法は，少なくとも量子力学の範疇では存在しないことが知られている。グローバーの量子探索アルゴリズムは，以下の処理過程として記述される。

I)　初期状態 $|\psi_0\rangle = |S\rangle$ を設定する。

　　ここで，$|S\rangle$ は

$$|S\rangle = \frac{1}{\sqrt{N}} \sum_{i=0}^{N-1} |i\rangle, \quad \langle i|j\rangle = \delta_{ij} \tag{3.23}$$

　　とする（δ_{ij} はクロネッカーの δ 記号

$$\delta_{ij} = \begin{cases} 1, & i = j \\ 0, & i \neq j \end{cases}$$

　　である）。

II)　つぎに $|\psi_1\rangle = U_S U_Y |\psi_0\rangle$ を作成する。

　　U_S, U_Y はそれぞれ $U_S = 2|S\rangle\langle S| - \hat{I}$，$U_Y = \hat{I} - 2|Y\rangle\langle Y|$ として定義された演算子である。ここで $\hat{I}$ は単位行列を表す。

III)　$|\psi_k\rangle = U_S U_Y |\psi_{k-1}\rangle$ $(k = 1, \cdots, m)$ を m 回繰り返す。

　　適当な回数繰り返すことによって，$|\psi_m\rangle \approx |Y\rangle$ となる。

IV)　$|\psi_m\rangle$ を射影測定して終状態 $|Y\rangle$ を見つける。

　　このアルゴリズムによって，具体的に $|\psi_1\rangle, |\psi_2\rangle$ を例に求めてみると

$$|\psi_1\rangle = \left(\frac{1}{\sqrt{N}} - \frac{4}{N\sqrt{N}} \right) \sum_{i \neq Y}^{N-1} |i\rangle + \left(\frac{3}{\sqrt{N}} - \frac{4}{N\sqrt{N}} \right) |Y\rangle$$

$$\tag{3.24}$$

$$|\psi_2\rangle = \frac{1}{\sqrt{N}}\left(1 - \frac{12}{N} + \frac{16}{N^2}\right)\sum_{i \neq Y}^{N-1}|i\rangle + \frac{1}{\sqrt{N}}\left(5 - \frac{20}{N} + \frac{16}{N^2}\right)|Y\rangle$$

$$(3.25)$$

となる。すなわち，手続き III) を実行すると，N が十分大きい場合，各 $|i\rangle$ 状態より探索目的の $|Y\rangle$ 状態を見出す確率が 9, 25, 49, $\cdots$ 倍と次々に増加していき，ある m $(\sim \sqrt{N})$ で $|\psi_m\rangle \approx |Y\rangle$ を見出すことができる。

3.3 量子描像ニューラルネットワーク

高度情報化社会の発展に伴い，貯蔵データは毎年 20％も増加し，数百エクサバイト（10^{18} バイト）のオーダに達しようとしている。このようなビッグデータ時代の到来とともに，それらを処理するさまざまな機械学習手法が不可欠となってきている。中でも深層学習の成功以来，ニューラルネットワークを中心とする機械学習に多大な期待が寄せられ，それらを基盤とする人工知能（AI）ブームが到来し，各種 AI ビジネスや自動運転研究などがとみに活発化している。

ニューラルネットワーク研究は，1943 年にマカロック‐ピッツのニューロンモデルとして産声をあげて以来，紆余曲折を経て，やはり 1980 年代にホップフィールドニューラルネットワークモデルや誤差逆伝播学習法など，有用な研究として実を結んでいる[59]。今日では，深層学習に代表されるように，ニューロコンピューティング技術はさまざまな分野で広く浸透し，より広い応用，より高い信頼性や高速処理性を追求して，さらなる革新的技術が求められている。

ニューロコンピューティングは脳の優れた並列情報処理機構の実現を目指しているが，ニューロコンピューティングが有する並列情報処理機能だけでは，並列分散的に処理された情報がどのように統合されるかという脳のバインディング問題，すなわち，意識やその制御機構である注意が行う情報の競合や協調，さらには統合機能を併せ持つ並列分散的バインディングシステムなどの記述は困難である。これを記述するなんらかの新しい枠組みの創出は，感情・芸術な

ども理解する「強いAI」開発にとっても重要な課題である。

このような研究の流れに呼応するように，1990年代半ばには，例えば，ニューロン状態の数学的記述と量子力学における状態記述の類似性などが検討され始めた[54],[55]。量子計算は機械学習になにをもたらすのか？ **3.3.2**項以降で，量子計算知能の具体的試みの一つとして，歴史的にも最初に試みられた「量子描像」ニューラルネットワークについて記述する。その前に，その基礎となる従来のニューラルネットワーク像を概観しておく。

3.3.1 ニューロンとニューラルネットワーク

図 **3.3** に概略するように，ヒトの脳においては，100億から1000億もの膨大な数のニューロン（神経細胞）が結合して，ニューラルネットワーク（神経回路網）を構成し，多様な情報処理を行っている。

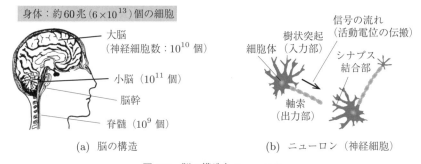

図 *3.3* 脳の構造とニューロン

この構造を模して，ニューロンの数理モデルを基本素子とし，たがいに結合させて構成した網状構造体が，人工のニューラルネットワークである。ニューラルネットワークの構築においては，その情報処理素子である多入力1出力のニューロン素子モデル，それらの結合構造，および学習則などを，情報処理機能の実現目的に応じて，さまざまに構成していかなければならない。以下では，代表的なニューラルネットワークについて，実用的な観点から概説しておく。

〔1〕 ニューロン素子モデル　図 3.3 に模式的に概略したニューロンは，その外部と細胞膜で仕切られ，その細胞体の直径はおよそ 4〜100 μm（一般的には直径 10 μm，質量 1 μg）である。ニューロンの入力部は 10 μm ほどの広がりを持つ樹状突起と呼ばれる先端部であり，出力部は直径 1 μm ほどの軸索が伸びて他のニューロンの樹状突起と結合し，シナプス結合と呼ばれる結合部を形成している。この結合部には 20 nm ほどの間隙があることや，1 ニューロン当りシナプス入力数が 10^3〜10^4 個であることなどが明らかにされている。ニューロン細胞膜内外の Na^+ イオンや K^+ イオンなどのイオン濃度差から，膜電位（外部からの刺激のない場合の膜電位（静止膜電位）は，外部を基準に約 $-60\,mV$）が生じており，他のニューロンの軸索を通して伝わってきた活動電位が軸索の先端に達すると，そこから神経化学物質がシナプス間隙に解放される。解放された神経化学物質は樹状突起の入力部で受け取られ，これらの刺激の総和が神経化学物質を受け取るニューロンの膜電位を上昇させる。これがおよそ 100 mV の上昇に達すると，時間応答幅約 1 ms の電気パルス信号として軸索を流れる。軸索の総延長はヒトの脳内で 15〜18 万 km であることや，活動電位の伝搬速度は 0.2〜1.5 m/s であることなどの詳細が，近年報告されている[60]。ニューロンの精密な電気回路モデルは，ホジキン-ハクスレー回路（H-H 回路）として今日確立している[61]が，人工のニューラルネットワーク研究においては，図 3.4 に示す多入力 1 出力のニューロン素子モデルが一般的である[59]。

図 3.4 において，s は膜電位としきい値の差を表現しており，これが非線形

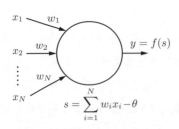

図 3.4　ニューロン素子モデル

出力関数 f に入力される。非線形出力関数 f は，これまでにさまざまな非線形
関数が提案されてきたが，シグモイド関数が実用上広く普及している。

〔**2**〕　**ニューラルネットワークの結合構造**　　人工のニューラルネットワー
クは，神経細胞の結合様式によって，階層構造を持つ階層型ニューラルネット
ワークと，相互結合構造を持つ相互結合型ニューラルネットワークに大別で
きる。

　階層型ニューラルネットワークにおいては，その構成要素であるニューロン
が入力層，複数の中間層，および出力層に分かれて配置されている。同層に属
するニューロン間の結合はなく，異なる層間に属するニューロン間にのみ結合
が存在する。この場合，入力層に入力された信号が入力層，中間層，出力層へ
と順方向に流れるフィードフォワード型の信号の流れが基準となっている。相
互結合型ニューラルネットワークは，各ニューロン素子が相互に結合し，各素
子出力が，直接または間接的にその素子自身の入力にフィードバックされる構
造のネットワークである。

　階層型ニューラルネットワークの例として，ニューラルネットワークの基本
形ともいえるパーセプトロンや，最も多くの応用が報告されている誤差逆伝播
（back propagation; BP）ニューラルネットワークがある。

　相互結合型ニューラルネットワークの例として，確定的な動作をするホップ
フィールドネットワークや確率的な動作をするボルツマンマシンがあり，連想
記憶モデルや最適化問題に適用されている。

〔**3**〕　**ニューラルネットワークの学習**　　生体における学習過程は，神経系
のシナプスのある特定の部分が選択的に強調され，別の部分が弱められて進行
する。この過程において，神経伝達物質の過剰生産が行われ，それによるシナ
プス前ニューロンとシナプス後ニューロンの双変化が生じ，この変化が繰り返
される。これによって，シナプス結合が強化され，学習という目標達成に導く。
この生体における学習過程に倣って，シナプス結合荷重パラメータの更新則を
モデル化したのが，ニューラルネットワークの学習則である。

　計算知能・機械学習における不可欠な要素は，学習機能の実現である。ニュー

ラルネットワークでは，学習はシナプス結合荷重パラメータ（ニューロンパラメータ）の更新則として与えられる．応用上よく用いられる学習法は，教師あり学習，教師なし学習，および強化学習である．教師あり学習においては，教師信号と呼ばれる入力データの理想的な出力値が与えられ，その信号に整合するように，ニューロンパラメータを更新して学習を進める．教師なし学習法では，理想とする出力が外部から与えられるのではなく，ニューラルネットワーク自身の評価基準を内蔵させ，この評価に基づいてニューロンパラメータが更新されていく．強化学習は，教師あり学習と教師なし学習の間に属する学習法で，教師信号は与えられないが，更新結果のシステム評価に依存する報酬によってニューロンパラメータの更新が進む学習手法である．教師あり学習として代表的なニューラルネットワークが，誤差逆伝播ニューラルネットワークである．概略図を図 3.5 に示す．これは，出力誤差が小さくなるように，誤差信号を入力信号と逆方向に伝搬させて繰り返しニューロンパラメータを更新する学習法である．教師なし学習の代表的なものに，コホーネンニューラルネットワークがある．これは自己組織化ネットとしてデータ分類などに広く応用されている．

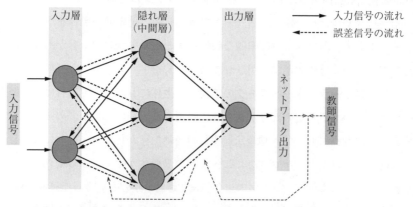

図 3.5　誤差逆伝播ニューラルネットワークの概略図

3.3.2 量子計算とニューラルネットワーク

量子計算知能研究の出発点となったのは，量子ニューロコンピューティング研究である。その研究推進のねらいは，(i) 古典的に厄介な問題を解くこと，(ii) 連想記憶を含む指数的容量を持つ情報処理の新システムを創製することと脳機能の新しい理解，(iii) チャーチ-チューリング仮説によって課せられた限界を打破することなど，さまざまに考えられるが，今日では，処理データの巨大化に伴って，これらを処理する機械学習の処理能力のさらなる向上が切望され，その有力な革新的手法として，量子計算知能・量子機械学習が期待されている。

以下では，階層型ニューラルネットワークの学習性能の改善に卓越した効能をもたらす量子ニューラルネットワークを，その研究の一例として展開する。

その端緒となる提案は，カクならびにペルシュよってなされた。その中で，カクは，本来のニューラルネットワークが有する個々のニューロンの分散処理と統合処理の強い結合性をもたらす記述として波動関数で特徴付けられた量子ニューロコンピュータの概念を与えた[54]。また，ペルシュは，量子力学系はすべての物理的な過程や生物学的または生理心理的な過程の微視的な基礎であると考え，ニューラル過程と量子的過程の統一を試みた[55]。これらの研究では，迅速な学習処理や従来のニューラルネットワークでは記述が困難な自意識やバインディング問題の記述も目論んでおり，ニューロン状態の記述と量子状態の記述の線形性の類似性に着目している。すなわち

$$q(r,t) = \sum_k w_k(t) v_k(r) \tag{3.26}$$

$$\Psi(r,t) = \sum_k C_k(t) \phi_k(r) \tag{3.27}$$

で示すように，ある情報 k を表現しているニューロン配位であるニューラルパターン v_k の重ね合わせとして，時刻 t に位置 r にある個々のニューロンからなる系の状態 $q(r,t)$ と，量子系の固有状態 $\phi_k(r)$ の量子重ね合わせとしての系の波動関数 $\Psi(r,t)$ との対応である。ここで，$w_k(t)$, $C_k(t)$ はそれぞれの対応す

る複素係数である。これらの議論は数理上の形式的な類似性からの発想であり，ニューロンが量子力学の記述対象であることに基づく議論ではない。しかしながら，ニューロンの内部構造における $4\,\text{nm} \times 8\,\text{nm}$ サイズのタンパク質であるチューブリンの2量子状態の存在や，$20\,\text{nm}$ のシナプス間隙の存在などは，これらが量子力学の記述対象であることを窺わせている[50]。このような経緯を背景に，両分野の融合を積極的に図り，具体的問題に適用してニューロコンピューティングの性能向上を検討する量子ニューロコンピューティング研究が活性化し，現在に至っている。その間，異なる量子アナロジーを持つ多数のモデルが提案された。それらの発展の詳細については文献62) に譲り，その中で興味を引く提案例をいくつか紹介しておく。

(1) 量子ドットニューラルネットワーク

　　量子ドット分子を基盤としたニューロンモデルであり，ファインマン経路積分で量子ドット分子の量子状態の時間発展を記述し，N 点で離散化された各時間発展状態を N 個の量子ニューロン状態に対応させている。ニューロン間の結合は量子相互作用ポテンシャルとして記述され，これらの結合パラメータの学習には最急降下法を用いる。$N < 5$ では XOR 問題を満足に学習できないが，$N = 5, 6$ では誤差は本質的に 0 となることなどが示されている。

(2) 量子に着想を得たニューラルネットワーク

　　異なる世界が無数に共存するという量子力学の多世界解釈に着想して，一つのニューラルネットワークに多くのパターンを学習させる代わりに，複数の単一層ニューラルネットワークのおのおのに一つのパターンを入力し，おのおののネットワークの対応する結合荷重の重ね合わせを量子ニューラルネットワーク全体の結合荷重として学習させるネットワークである。4ビット入力1ビット出力学習問題などに適用し，通常の1/2の学習回数性能となることなどが示されている。

(3) 量子力学特性を持つニューロンモデル

　　ニューロンにおける結合荷重ベクトル w を一つの量子重ね合わせ状態の

波動関数 $\phi(w,t)$ に置き換え，この絶対値の平方を確率として，これを通じて結合荷重が与えられる構成で，NOT や XOR を実現している。

上記の (1), (2), (3) などのモデル例は，量子ニューロコンピューティングモデルの糸口を与えた。次項以降では，量子計算との融合がもたらす学習性能の向上が顕著な量子ビットニューラルネットワークの例[63] を詳述する。この例は実装が比較的容易であり，その表現も簡便であるので，近年，実応用に広く取り入れられている[38],[64]。

3.3.3　量子ビットニューラルネットワーク

3.2.3 項で量子論理ゲートと量子回路について詳述した。これらをニューロン内部に組み込み，さらにニューロン状態をその発火と非発火状態の重ね合わせの量子状態として記述したモデルが，本ニューラルネットワークの情報処理素子となる量子ビットニューロンモデルである。近年検証されつつあるチューブリンの2量子状態の存在を前項で紹介したが，ニューロン状態を量子状態と見なす確証された根拠はなく，また，どのように量子計算を融合させるのかについてもさまざまな方法が現在でも提案され続けており，量子学習手法もまだ確立されていない。ここでは，量子計算との融合例として量子ビットニューロンモデルを構築し，厳密な量子情報理論的な枠組みにはあまりこだわらずに，多くの具体的問題に適用し，その性能に対する有効性の評価を通してこれらの手法の有望性を，実用的な観点から検証していく。

〔**1**〕**量子ビットおよび量子論理ゲートの複素表示表現モデル**　量子ビットニューロンモデルは，ニューロンの非発火・発火状態を量子計算における量子ビットの量子状態 $|0\rangle$, $|1\rangle$ にそれぞれ対応させ，それらの量子重ね合わせ状態をニューロン状態の表現とするニューロンモデルであり，その量子描像状態 $|\psi\rangle$ は，式 (3.1) と同じく

$$|\psi\rangle = \alpha|0\rangle + \beta|1\rangle, \quad |\alpha|^2 + |\beta|^2 = 1 \tag{3.28}$$

のように記述される。

図 **3.6** に，量子ビットニューロンモデルの内部構造の概略を示す．量子計算をこのニューロンモデルに実装するために，量子論理ゲートの動作を正しく記述しうる，量子ビットの簡便な表現が必要となる．すなわち，それらをアルゴリズムとして具体的に計算実行するためには，図 **3.1** で示したブロッホ球上での状態を任意の位置に状態遷移させる 3 次元回転操作が必要である．この操作は，3 次元空間におけるベクトルの行列演算または状態の四元数表示と四元数代数によって記述できる．しかしながら，本項では，実用上の観点から量子ビットニューロン単体としての入出力計算コストを抑え，実装も容易にするため，ブロッホ球の操作をその大円上に限定したモデルを述べる．このモデルは複素数によって簡便に表示できる利点がある．

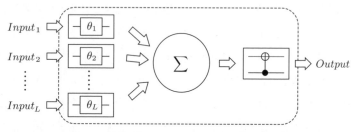

図 **3.6** 量子ビットニューロンの内部構造の概略

まず，量子ビットの複素関数表示として

$$f(\theta) = e^{i\theta} = \cos\theta + i\sin\theta \tag{3.29}$$

を用いる．ただし，$|0\rangle$, $|1\rangle$ の確率振幅をそれぞれ実部および虚部に対応させており，i は虚数単位 $\sqrt{-1}$ である．

1. 回転ゲート演算（1 量子ビットユニタリー変換ゲート）

この場合，回転ゲートは量子状態の位相をシフトする位相変換ゲートである．式 (3.29) から，次式の積形式でこのゲートを実現できる．

$$f(\theta_1 + \theta_2) = f(\theta_1) \cdot f(\theta_2) \tag{3.30}$$

2. 制御 NOT ゲート演算（2 量子ビット制御 NOT ゲート）

制御 NOT ゲートの記述には，反転および無反転が表現できなければならない．これは反転制御入力パラメータ γ を導入することで，次式で実現している．

$$f\left(\frac{\pi}{2}\gamma + (1-2\gamma)\theta\right) = \begin{cases} \cos\theta + i\sin\theta & (\gamma = 0) \\ \sin\theta + i\cos\theta & (\gamma = 1) \end{cases} \qquad (3.31)$$

$\gamma = 1$ のときが反転に，$\gamma = 0$ のときが無反転に対応する．上記のような複素数表示による量子論理ゲートを用いて，四つの回転ゲートと三つの制御 NOT ゲートで構成される 3 ビット量子回路を図 **3.7** に示す．量子回路は，$\theta_1 \sim \theta_4$ の値を変化させることで，ワーク量子ビット（work qubit）$|c\rangle$ に量子ビット $|a\rangle$，$|b\rangle$ の論理演算の状態を持たせることができる．

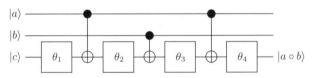

図 **3.7** 複素数表示量子ビットによる 3 ビット量子回路の例

例えば，$\theta_1 = \theta_2 = \pi/8$，$\theta_3 = \theta_4 = -\pi/8$ とし，量子ビット $|c\rangle$ の状態に初期値 $|0\rangle$ を与えれば，量子ビット $|c\rangle$ には，$|a \cdot b\rangle$ の状態が出力として観測できる．すなわち，論理演算の AND を行う量子回路が構成できる．同様に，$\theta_1 \sim \theta_4$ の値を選択することによって，量子ビット $|c\rangle$ に量子ビット $|a\rangle$，$|b\rangle$ の論理演算結果 $|a \circ b\rangle$（OR 状態 $|a+b\rangle$，XOR 状態 $|a \oplus b\rangle$）を出力させることができる．

〔**2**〕 **量子ビットニューロンモデル**　上記の複素数表示で量子回路を実装した量子ビットニューロンモデルの構成を図 **3.8** に示す．通常のニューロン応答での非発火状態を 0 で，発火状態を 1 で表すことにすれば，量子ビットニューロンの出力応答結果における複素数表示の実部と虚部が量子ビット状態 $|0\rangle$ と $|1\rangle$ にそれぞれ対応しているから，この複素数表示のニューロン出力は，ニュー

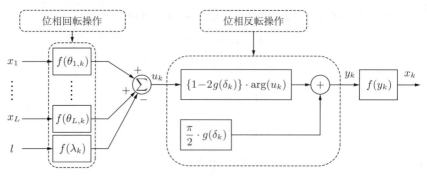

図 **3.8** 量子ビットニューロンモデル

ロン状態が非発火と発火のコヒーレントな量子重ね合わせ状態であることを表現している．したがって，これらはそのままでは観測量として扱い得ない．つぎの式 (3.32)～(3.34) は，図 **3.8** の量子ビットニューロンの量子状態記述 (3.29) を用いた定式化である．

$$x_k = f(y_k) = e^{iy_k} \tag{3.32}$$

$$y_k = \frac{\pi}{2} \cdot g(\delta_k) + \{1 - 2g(\delta_k)\} \cdot \arg(u_k) \tag{3.33}$$

$$u_k = \sum_{l}^{L} e^{i\theta_{l,k}} \cdot x_l - e^{i\lambda_k} = \sum_{l}^{L} f(\theta_{l,k}) f(y_l) - f(\lambda_k) \tag{3.34}$$

ここで，$g(x)$ はシグモイド関数 $g(x) = (1 + e^{-x})^{-1}$ であり，式 (3.32), (3.33) は量子の位相および位相の変換，式 (3.34) はニューロン間の空間加算性を示している．本モデルでは，式 (3.31) における反転制御入力パラメータ γ を，さらに反転度パラメータ δ_k を用いて，その反転度を可変に拡張した一般化表現 $\gamma = g(\delta_k)$ とする．そのため，位相パラメータである θ，λ および反転度パラメータである δ の 3 種類のパラメータが導入されている．従来のニューラルネットワークにおける結合荷重およびしきい値は，量子ビットニューロンでは，位相の回転という形で対応する．すなわち，式 (3.32) および式 (3.33) は二つの量子論理ゲート，つまり 1 ビット回転ゲートと 2 ビット制御 NOT ゲートにそれぞれ対応しており，式 (3.34) は量子効果特有の量子エンタングルメントをもた

らす効果を潜在させている。この効果は，後の **3.3.4** 項で具体的に示して検証する。

〔3〕 ネットワークの学習法と学習条件　量子描像ニューラルネットワークの構成例としてこれらの量子ビットニューロンからなる階層型の量子ビットニューラルネットワークを本項の〔**4**〕以降で示す。その前に，ここではネットワークの学習について記述する。量子ビットニューラルネットワークの学習則では，評価関数として2乗誤差関数を用い，学習方法に最急降下法を用いている。したがって，評価関数およびパラメータの更新式は，次式で与えられる。

$$E_{\text{total}} = \frac{1}{2} \cdot \sum_p^K \sum_n^N \left(t_{n,p} - output_{n,p} \right)^2 \tag{3.35}$$

$$\theta_{l,k}^{\text{new}} = \theta_{l,k}^{\text{old}} - \eta \frac{\partial E_{\text{total}}}{\partial \theta_{l,k}^{\text{old}}} \tag{3.36}$$

$$\lambda_k^{\text{new}} = \lambda_k^{\text{old}} - \eta \frac{\partial E_{\text{total}}}{\partial \lambda_k^{\text{old}}} \tag{3.37}$$

$$\delta_k^{\text{new}} = \delta_k^{\text{old}} - \eta \frac{\partial E_{\text{total}}}{\partial \delta_k^{\text{old}}} \tag{3.38}$$

ここで，K は学習パターン数，$output_{n,p}$ は入力パターン p での n 番目のネットワーク出力，$t_{n,p}$ はその出力に対する教師信号であり，式 (3.36)〜(3.38) の η は学習係数である。

式 (3.35) は通常のニューラルネットワークと同形式であるが，ネットワークの最終出力 $output_{n,p}$ は状態 $|1\rangle$ が観測される確率としている点が通常の定義と異なっており，これが量子力学の確率解釈を取り入れた量子描像ニューラルネットワークの特徴の一つである。

つぎに，学習の打ち切り条件については，以下のように定める。すなわち，打ち切り誤差 E_{lower} より誤差関数が小さくなれば，ネットワークが収束したと見なし，学習を打ち切る。また，誤差関数が E_{lower} より小さくならず，学習回数が学習回数の上限 L_{upper} を超えた場合は，ネットワークが収束しなかったと見なし，学習を打ち切る。ここでの1回の学習とは，すべての学習パターンをネットワークへ一通り入力し終えたときまでとする（バッチ学習）。すな

わち，誤差関数を 1 回 E_{lower} と比較するまでである．OR 演算を例にとると，$(Input_1, Input_2 : t_p) = (0, 0 : 0), (0, 1 : 1), (1, 0 : 1), (1, 1 : 1)$ の 4 種類の学習対象に対して，式 (3.35) で定義される総誤差を求め，式 (3.36)〜(3.38) をすべての学習パラメータに対して適用し，パラメータを更新するまでが 1 回の学習である．また，1 回の試行とは，上記の条件に従って学習を打ち切ったときまでとする．ネットワークパラメータの初期値については，結合位相およびしきい値位相は $-\pi \leqq \theta, \lambda \leqq \pi$ とし，反転度パラメータは $-1 \leqq \delta \leqq 1$ とする．

〔**4**〕 **ネットワーク例 1：量子回路対応カスケード型ネットワーク**

（**a**） **ネットワークの構成**　　まず，図 **3.7** で量子回路の構成例として示した量子回路のネットワーク構成形から，その構成形を模倣した図 **3.9** のようなカスケード型ネットワークを考察する．

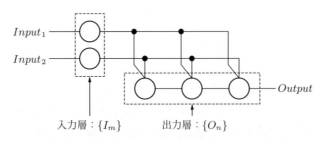

図 **3.9**　量子回路対応カスケード型ニューラルネットワーク

図 **3.9** において，$\{I_m\}$ $(m = 1, 2, \cdots, M)$ および $\{O_n\}$ $(n = 1, 2, \cdots, N)$ はニューロンを表し，$\{I_m\}$ は入力層（input layer）を $\{O_n\}$ は出力層（output layer）を構成するものとする．

各層におけるニューロンの具体的な入出力は，以下のように与えられる．以下で用いられる各パラメータの上付き添字について，I は入力層を表し，O は出力層を表す．また，下付き添字について，m は入力層のニューロン番号を表し，n は出力層のニューロン番号を表している．すなわち，$\theta_{m,n}$ は入力層の m 番目のニューロンと出力層の n 番目のニューロン間の位相パラメータであり，x_m^I は入力層の m 番目のニューロンの状態である．

(i) 入力層のニューロン入出力

$$y_m^I = \frac{\pi}{2} \cdot input_m \tag{3.39}$$

$$x_m^I = f(y_m^I) \tag{3.40}$$

ここで，$input_m$ は入力値 $\{0,1\}$ である。また，ニューロンの出力関数 $f(y_m^I)$ は式 (3.29) と同形である。ネットワークへの入力は，入力値 0 については，確率 1 で状態 $|0\rangle$ が観測されると考え，式 (3.29) において $\theta = 0$ とし，入力値 1 については，確率 1 で状態 $|1\rangle$ が観測されると考え，$\theta = \pi/2$ となるように設定している。

(ii) 出力層のニューロン入出力

$$u_n^O = e^{i\theta_{n-1,n}} \cdot x_{n-1}^O + \sum_m^M e^{i\theta_{m,n}} \cdot x_m^I \tag{3.41}$$

$$y_n^O = \frac{\pi}{2} \cdot g(\delta_n) + \{1 - 2g(\delta_n)\} \cdot \arg(u_n^O) \tag{3.42}$$

$$x_n^O = f(y_n^O) \tag{3.43}$$

(iii) 最終出力

$$output_n = |\mathrm{Im}(x_n^O)|^2 \tag{3.44}$$

最終出力については，前述したように状態 $|1\rangle$ が観測される確率を用いることにしている。すなわち，虚部が状態 $|1\rangle$ である振幅を表しているので，式 (3.44) のように，その絶対値の平方が出力となる（確率解釈）。

（b）**収束条件と実験方法**　図 3.9 のカスケード型の量子回路対応ネットワークに学習を導入することによって，どのような情報処理性能を持ちうるのかを評価するために，このネットワークに基本論理演算（OR, AND, XOR）の学習を行わせる。

このネットワークでは，しきい値位相の学習は行わず $\lambda = 0$ と固定する。また，打ち切り誤差 $E_{\mathrm{lower}} = 0.005$，学習回数の上限 $L_{\mathrm{upper}} = 1\,500$ と設定し，入力層にニューロンを二つ（$M = 2$），出力層にニューロンを三つ（$N = 3$）使用した場合を例として示しておく。

学習方法は最急降下法を用い，総誤差の偏微分値は前進差分により近似値を求め，パラメータをオフライン学習で更新するようにする．実験では，各論理演算に対する学習係数依存性を調べるため，学習係数を 0.1 きざみで 1.0 まで変化させ，学習係数ごとに試行を 200 回行う．そして，学習係数と収束率，平均学習回数との関係を調べる．ここで，各学習係数における平均学習回数は以下のように定義する．

$$平均学習回数 = \frac{すべての試行にかかった学習回数}{試行回数} \quad (3.45)$$

また，ネットワークが収束しなかった場合の学習回数は L_{upper} とする．

(**c**) **結　果**　　学習係数に対する依存性を調べた結果，量子ビットニューロンモデルは学習係数によらず収束率がきわめて高いことが明らかになった．そこで，**図 3.10** に，学習係数 $\eta = 0.80$ を代表として，各問題に対する学習性能のみを示しておく．**図 3.10** の結果図は，各問題について，1 回の試行にかかった学習回数の頻度分布をグラフにしたものである．ただし，このグラフでは，学習回数が 200 回を超えたものは 190〜200 回の頻度分布に含めている．**表 3.1** は，同じように学習係数 $\eta = 0.80$ のときの各問題に対する詳し

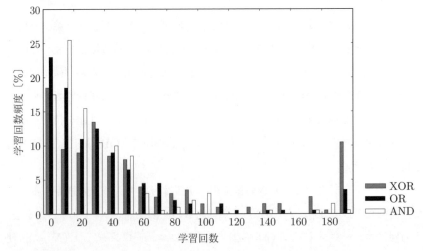

図 **3.10**　基本論理演算学習回数の頻度分布（カスケード型，学習係数 $\eta = 0.80$）

3.3 量子描像ニューラルネットワーク   123

表 **3.1**　問題別学習結果（カスケード型，学習係数 $\eta = 0.80$）

問題	平均学習回数〔回〕	収束率〔%〕	最小学習回数〔回〕	最大学習回数〔回〕
AND	36.5	100	1	638
OR	45.7	100	1	622
XOR	90.0	100	2	829

い学習状況を示したものである。同構造同条件下での通常の（量子描像を導入しない）ニューラルネットワークモデルの場合の平均学習回数がおよそ 1 000 ~ 2 000 回であるのに比して，本モデルは高い学習能力を有していることがわかる。

〔**5**〕　**ネットワーク例 2：量子ビット階層型ネットワーク**　　上記のカスケード型ネットワークでは，ネットワーク構造を回転ゲートと制御 NOT ゲートの交互の組合せで構成した，3 ビット量子回路構成に準じる構成を検討してきたが，これは構造上，n ビットへ拡張した問題については学習できない。さまざまな問題解法に適用しうるネットワークを構成する第一歩として，n ビット符号問題を学習することができるネットワークを構成する。そのために，量子ビットニューラルネットワークのネットワーク構造を階層型として構成する。以降，階層型の量子ビットニューラルネットワーク（Qubit neural network）を Qubit NN（QNN）と略称する。

　階層型ニューラルネットワークは，実用上の観点からも代表的なネットワークであり，0 と 1 の重ね合わせ状態をとらない古典的な従来型ニューロンを用いた階層型ニューラルネットワークの基礎および応用に関しては，多くの研究が行われている。したがって，従来型の実数値階層型ニューラルネットワーク（以降，Real-valued NN（RvNN）と略称する）およびこれを複素数に拡張した複素数値ニューラルネットワーク（Complex-valued NN; CvNN）との学習性能比較も，ここではできうる限り見ておく。これはまた，量子描像を基盤とする手法においては複素数が必然的に用いられ，それによる位相記述を用いている Qubit NN モデルと，単に複素数値化したのみで量子描像を導入していない Complex-valued NN モデルとの性能差を明らかにするねらいも含まれている。

124   3. 量 子 計 算 知 能

したがって，量子ビットニューロンモデルにおいて必然的に用いられる複素
数表現と従来試みられてきた複素数値ニューロンモデルとの相違を明確にする
ために，代表的な複素数値ニューロンモデルを以下の〔**6**〕において簡単に示
しておく。

〔**6**〕 **複素数値ニューロンモデル：Complex-valued NN**

$$Y_k^{s+1} = \sum_l^L W_{l,k}^{s+1} \cdot X_l^s + V_k^{s+1} \tag{3.46}$$

$$X_k^{s+1} = g(\mathrm{Re}(Y_k^{s+1})) + i \cdot g(\mathrm{Im}(Y_k^{s+1})) \tag{3.47}$$

ここで，$X_l^s, Y_k^{s+1}, V_k^{s+1}, W_{l,k}^{s+1}, X_k^{s+1}$ は複素数で，それぞれ s 層における l
番目のニューロン状態値，$s+1$ 層における k 番目ニューロンの内部状態値，複
素しきい値，それらのニューロン間の複素結合荷重値，および $s+1$ 層 k 番目
ニューロンの出力値を示す。$g(x)$ は出力関数であり，これにはシグモイド関数
を用いている。また，実数値ニューロンモデルは，複素数値ニューロンモデル
の各パラメータの虚数部を 0 とおいたものと等価である。

〔**7**〕 **量子ビット階層型ニューラルネットワーク：Qubit NN**

（**a**） **ネットワーク構成とその入出力**　ネットワークは図 **3.11** に示すよ
うな3層の階層型ネットワークを用いる。図 **3.11** の $\{I_l\}$（$l = 1, 2, \cdots, L$），
$\{H_m\}$（$m = 1, 2, \cdots, M$）および $\{O_n\}$（$n = 1, 2, \cdots, N$）はニューロンを表
し，$\{I_l\}$ は入力層（input layer）を，$\{H_m\}$ は中間層（hidden layer）を，$\{O_n\}$
は出力層（output layer）を示す。

$$y_l^I = \frac{\pi}{2} \cdot input_l \tag{3.48}$$

$$x_l^I = f(y_l^I) \tag{3.49}$$

ここで，y_l^I は入力層 I の l 番目ニューロンへの入力位相値，x_l^I は位相 y_l^I であ
るニューロン状態であり，$input_l$ は入力のデータ値 $[0, 1]$ である。ニューラル
ネットワークの n 番目の出力 $output_n$ は，出力層 O における n 番目ニューロン
の出力 x_n^O の発火状態 $|1\rangle$ が観測される確率，すなわち，確率解釈に対応させて

3.3 量子描像ニューラルネットワーク

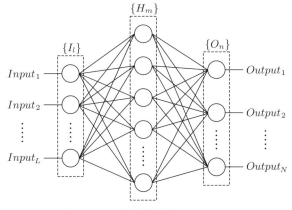

図 *3.11* 3層の階層型ネットワーク

$$Output_n = |\mathrm{Im}(x_n^O)|^2 \tag{3.50}$$

で与えられる虚数部の絶対値の平方と定義している。

また,学習方法には誤差逆伝搬法(BP法)(3.35)〜(3.38)を用い,パラメータの更新は,ここではオフラインで行う。

(b) 収束条件と実験方法 Qubit NN(QNN)が,どのような情報処理能力を持つかを検討するために,まず,1) カスケード型と同様に基本論理演算に関する学習能力を調べ,続いて,2) 4ビットパリティチェック問題の学習を行わせる。なお,量子描像の導入がもたらす効果を明らかにするために,2) についてはReal-valued NN(RvNN),Complex-valued NN(CvNN)でも同じ学習を行わせ,性能差を比較することによって,それらの性能差にどのような量子効果が寄与しているのかを詳細に見ておく。

階層型ネットワークでの学習条件は,カスケード型の場合と同様であるが,ここに詳述しておく。すなわち,2乗誤差が学習回数の上限値 L_{upper} 以内,かつ打ち切り誤差 E_{lower} 未満に到達すれば,ネットワークは学習に成功したと見なし,学習を打ち切る。また,2乗誤差が L_{upper} 以内で E_{lower} 未満に達しなかった場合,ネットワークは学習に失敗したと見なし学習を打ち切る。

1回の学習とは,すべての学習パターンをネットワークに入力し,式(3.35)

126   3. 量 子 計 算 知 能

で定義される総誤差を求め，パラメータを更新するまでを指す（1 エポック）。
また，1 回の試行とは，学習を開始し，上記の条件に従って学習が成功もしく
は失敗したと判定されるまでを指す。

収束率は，各学習係数における全試行数のうち成功した試行数の割合を示し，
平均学習回数は式 (3.45) と同様とする。ただし，学習に失敗した試行における
学習回数は L_{upper} とする。

1. 基本論理演算の学習

階層型ネットワークにおける学習能力を調べるため，カスケード型ネットワー
クで実験を行った問題について学習を行わせる。

ネットワークの構造は入力層にニューロンを二つ（$L = 2$），中間層にニュー
ロンを二つ（$M = 2$），出力層にニューロンを一つ（$N = 1$）用いた構造のもの，
すなわち，2-2-1 の階層型ネットワークを用いた場合における学習状況を調べる。

学習係数は，最大収束率と最小学習回数が得られる十分な範囲（以降，有効
設定範囲と呼ぶ）にわたって変化させている。有効設定範囲における学習係数
ごとに試行を 100 回行い，収束率 100 ％を達成する学習回数の頻度分布や平均
学習回数などの学習性能を調べる。また，打ち切り誤差 $E_{\mathrm{lower}} = 0.005$，学習
回数の上限 $L_{\mathrm{upper}} = 1\,500$ とする。

2. 4 ビットパリティチェック問題

学習を行わせるネットワークとして，入力層にニューロンを四つ（$L = 4$），
中間層にニューロンを七つ（$M = 7$），出力層にニューロンを一つ（$N = 1$）使
用した 4-7-1（ニューロンパラメータ $\theta_{l,k}$, λ_k, δ_k の総数 51）構造のものを用
いる。

性能比較のため，RvNN，CvNN でも同様の学習を行わせる。このとき，ニュー
ロンパラメータ自由度を本モデルのネットワークと同等なものに対応させるた
め，ここでは RvNN を 4-9-1（ニューロンパラメータ $W_{l,k}$, V_k の総数 55），
CvNN を 2-7-1（複素ニューロンパラメータ $W_{l,k}$, V_k の総数 29×2）の構造に設
定している。ここで，CvNN は一つの入力に実数部と虚数部の 2 ビット分の入

力を与えるため，入力層のニューロン数は半分としている．例えば，$(1, 0, 0, 1)$ の入力パターンは (ニューロン 1, ニューロン 2) $= (1 + i \cdot 0, 0 + i \cdot 1)$ として CvNN に与える．

QNN，RvNN，CvNN に対するそれぞれの学習係数 η_Q, η_R, η_C は，有効設定範囲にわたって変化させる．各学習係数の試行回数は，安定した平均が得られるよう 100 回とする．各試行でのニューロンパラメータ初期値は，QNN では $[-\pi, \pi]$，RvNN と CvNN では $[-1, 1]$ の乱数を与えている．学習打ち切り条件は $E_{\text{lower}} = 0.005$，$L_{\text{upper}} = 3\,000$ とする．以上の条件で，収束率 100 ％を達成する学習回数の頻度分布や平均学習回数などの学習性能を調べる．

(c) 結　　果

1. 基本論理演算の学習

図 **3.12** および表 **3.2** に示す結果からわかるように，階層型においても，その基本性能としての基本論理演算学習結果は，カスケード型の基本性能結果（図 **3.10** および表 **3.1**）と同様に，通常の RvNN を用いたよく知られている結果をしのぐ，平均学習回数がおよそ 1/10 で 100 ％の収束率という高性能を QNN は実現している．

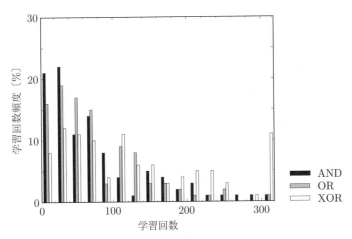

図 **3.12** 基本論理演算学習における学習回数の頻度分布（QNN モデル，学習係数 $\eta = 0.80$，収束率 =100 ％）

表 3.2 基本論理演算学習結果（QNN, 学習係数 $\eta = 0.80$）

問題	平均学習回数 [回]	収束率 [%]	最小学習回数 [回]	最大学習回数 [回]
AND	75.0	100	1	340
OR	74.5	100	4	335
XOR	141.5	100	2	745

2. 4ビットパリティチェック問題

図 **3.13** および表 **3.3** に，この実験で QNN が収束率 100％を達成する学習回数の頻度分布と平均学習回数を，性能比較のために RvNN および CvNN の結果とともに示す．各結果は，最良の学習性能を与える学習係数での結果を示している．このときの学習係数の有効設定範囲は，η_Q, η_R, η_C ともに $0.01 \leq \eta \leq 2.0$ で十分であることも確認している．これらの結果からも，収束率 100％程度となる平均学習回数は，RvNN の場合約 2 000 回（$\eta_R = 1.0$ 付近），CvNN の

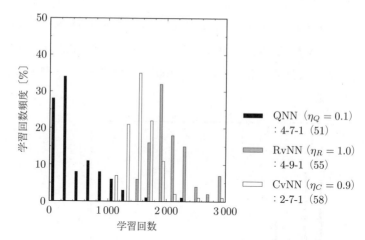

図 3.13 4 ビットパリティチェック問題の学習回数の頻度分布
（収束率 ～100％）

表 3.3 4 ビットパリティチェック問題の学習結果

	平均学習回数 [回]	収束率 [%]	最小学習回数 [回]	最大学習回数 [回]
QNN ($\eta_Q = 0.1$)	468.5	100	52	2 212
RvNN ($\eta_R = 1.0$)	2 051.0	98	1 475	3 000
CvNN ($\eta_C = 0.9$)	1 561.3	100	1 001	2 850

場合約 1 500 回（$\eta_C = 0.9$ 付近）であるのに対し，QNN では約 500 回前後（$\eta_Q = 0.1$ 付近）となっており，QNN が効率の良い学習を行っていることがわかる。この優位性は，中間層ニューロン数を変えても変わらない（4〜20 の範囲で確認）。

さらにビット数の大きな N ビットパリティチェック問題，すなわちニューラルネットワークパラメータ数が増加した場合を，**表 3.4**（実験条件）および**表 3.5**（学習結果）にまとめる。これらの表から，Qubit NN の学習性能優位性が顕著であることが明らかにわかる。

表 3.4 N ビットパリティチェック問題の実験条件

N	E_{lower}	L_{upper}	ネットワークの構造 L-M-N（自由度）		
			RvNN	CvNN	QNN
4	0.005	3 000	4-9-1（55）	2-7-1（58）	4-7-1（51）
5	0.005	10 000	5-18-1（127）	—	5-15-1（121）
6	0.005	10 000	6-24-1（193）	3-21-1（212）	6-21-1（191）
7	0.01	30 000	7-30-1（271）	—	7-26-1（262）
8	0.03	30 000	8-34-1（341）	4-30-1（362）	8-30-1（332）
9	0.05	50 000	9-50-1（551）	—	9-45-1（542）

表 3.5 N ビットパリティチェック問題の学習結果

N	最高学習成功率〔%〕			平均学習回数〔回〕		
	RvNN	CvNN	QNN	RvNN	CvNN	QNN
4	100	100	100	2 000	1 500	500
5	100	—	100	4 500	—	700
6	26	82	100	9 500	7 000	1 500
7	43	—	100	27 000	—	4 000
8	6	55	99	30 000	20 000	10 000
9	5		93	50 000		20 000

3.3.4 量子ビットニューラルネットワークにおける量子効果

Qubit NN が優れた学習性能を発揮しうることは，上記の N ビットパリティチェック問題だけでなく，非線形関数の同定学習問題やアイリス分類問題など，また画像処理問題などにおいても示唆されている[63]。

それでは，この優位性はなにがもたらしたのであろうか？　量子計算の導入効

130   3. 量子計算知能

果であろうか？ ショアやグローバーの量子アルゴリズム以来，いまだ量子アルゴリズムとして優位なアルゴリズムが報告されていない現状を考えると，ニューラルネットワーク上での比較ではあるが，この性能向上をもたらした結果はたいへん興味深い。本項では，量子計算導入効果を示唆するために，以下の4点に留意して性能の比較検討を行う。

(1) Qubit NN の優位性は複素数値化に起因するのか？

(2) Qubit NN の優位性は量子重ね合わせ状態に起因するのか？（式 (3.1)）

(3) Qubit NN の優位性は確率解釈に起因するのか？（式 (3.44), (3.50)）

(4) Qubit NN には量子エンタングルメントが寄与しているのか？

(1) を明らかにするために，Complex-valued NN においても極座標表現を用いてパラメータ探索空間の有界周期化を計り，これとの比較検討をまず行う。すなわち，式 (3.29) より Qubit NN における極座標表現では，動径成分が1に固定されていることが特徴である。そこで，Complex-valued NN の極座標表現でも動径成分を固定すれば，有界周期的な探索空間を構成することができ，探索空間を制限しなかったことによる不利益を排除して直接の比較検討が可能となる。極座標により動径成分を固定したこの Complex-valued NN（Radius-restricted NN）と Qubit NN との性能比較を，4ビットパリティチェック問題で検討する。その際，学習パターンの入出力状態の構成を Qubit NN と一致させるために，Radius-restricted NN では，$L\text{-}M\text{-}N = 4\text{-}9\text{-}1$（55）として学習を行う。この学習結果を**図 3.14** に示す。ここでは，Radius-restricted NN において調べた動径成分の固定値 1, 5, 8, 10 の中で最良の結果の一例として，固定動径成分 $r = 8.0$ の場合のみを図示している。図の右下にあるプロット点ほど，学習性能が高いことを表す。図の結果は，Qubit NN の優位性が単なる複素数値化の結果でないことを強く示唆している。

それでは，(2) の量子重ね合わせ状態と (3) の確率解釈の量子効果の導入についてはどうであろうか？ これに対しては，(2) の量子重ね合わせをとらない記述，例えば，中間層のニューロン状態記述を状態 $|0\rangle$ か $|1\rangle$ に固定した記述（結

3.3 量子描像ニューラルネットワーク

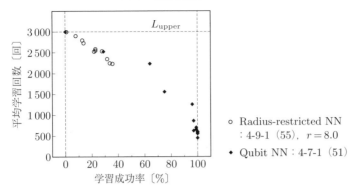

図 3.14 量子計算導入効果の学習性能比較 (1)（4 ビットパリティチェック問題）：Qubit NN と Complex-valued NN（Radius-restricted NN）

合位相 θ を $k\pi/2$ $(k = 0, 1, 2, \cdots)$ とすることと等価）（重ね合わせなし）を代わりに導入して考察する．つぎに，(3) を導入しないネットワークによる性能評価，例えば，確率解釈に基づく出力の虚数部分を 2 乗する点を取り除き，代わりに絶対値を出力するネットワークでの評価（確率解釈なし）を検討する．これらの性能評価の比較検討結果を，**図 3.15** および**図 3.16** に示す．

これらの図から，(2) および (3) の量子力学的描像を取り除くと学習性能が悪

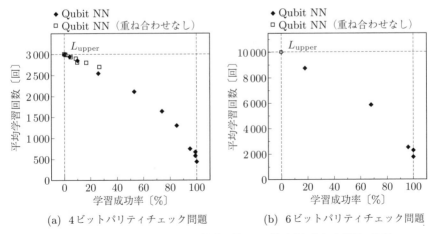

(a) 4 ビットパリティチェック問題　　(b) 6 ビットパリティチェック問題

図 3.15 量子計算導入効果の学習性能比較 (2)：量子重ね合わせ効果の検証

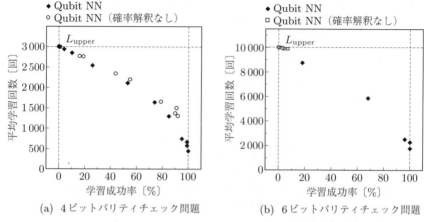

(a) 4ビットパリティチェック問題　(b) 6ビットパリティチェック問題

図 **3.16**　量子計算導入効果の学習性能比較 (3)：確率解釈の検証

くなっていることが確認できる．これらの図では，4ビットパリティチェック問題での検証のみならず，さらに規模の大きなネットワークでの結果を確認するために，6ビットパリティチェック問題における結果も示している．実験条件内における N ビットパリティチェック問題への適用においては，$N \geqq 6$ では量子計算導入がなければ解法不可能になることも確認されている．

最後に，(4) の量子力学的描像，すなわち量子エンタングルメント効果を検討する．そのために，図 **3.8** に示した量子ビットニューロンモデルにおける位相反転操作部を，2量子ビット制御 NOT ゲートモデル (*3.33*) ではなく図 **3.17** に示すような通常のニューロンの非線形関数出力 $y = \pi \cdot g(\arg(u))$ に替え，それから構成されるニューラルネットワークモデル（Qubit NN（CNOT なし））と Qubit NN の比較検討を，2ビットパリティチェック問題（XOR 問題）の学習性能差を通して行う．

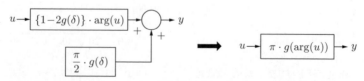

図 **3.17**　量子ビットニューロンモデルにおける位相反転操作部の変更

その比較検討結果を図 3.18 に示す。位相反転操作部を通常の出力関数に変更した学習性能結果は，通常の RvNN の学習性能とほぼ同等であるが，Qubit NN はそれらを凌駕する学習性能であることを示している。制御 NOT ゲート（CNOT）は状態のエンタングルメントを生成したり，あるいははずしたりすることができる機能を持つゲートなので，図 3.18 に示された結果は，2 量子ビット制御 NOT ゲートモデル (3.33) の量子エンタングルメント効果の現れを示唆しているとも考えられる。これに関しては，今後の精査を待たなければならない。しかしながら，量子計算導入効果として検討した (1)〜(4) の結果は，量子描像との融合がニューラルネットワークの性能向上に寄与していることを強く示唆している。

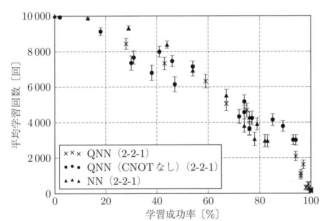

図 3.18 量子計算導入効果の学習性能比較 (4)：Qubit NN における量子エンタングルメント

3.3.5 応用例での性能評価

本項では，Qubit NN の実用上の有効性を示すために，前項で取り扱った問題よりも規模の大きいニューラルネットワークが必要となるカラー画像圧縮復元問題など，パラメータ数が 1 000 以上のニューラルネットワークにおける学習性能を評価する。ここでは，量子ビットニューロンを導入した自己符号化器（オートエンコーダ）による画像圧縮復元性能を見る。自己符号化器は，近年

の深層学習技術においてよく用いられる重要な要素技術であり，この性能の向上は，ビッグデータ時代の機械学習，人工知能技術にとって不可欠である。なお，以下では量子ビットニューロンを用いた自己符号化器を QANN（Qubit autoencoder NN）として表記する。

〔**1**〕　**カラー画像圧縮復元問題**　　カラー画像圧縮復元問題では，入力層および出力層のニューロン数が同数であり，中間層のニューロン数がそれらよりも少ない自己符号化器構造のネットワークを用いる。カラー画像圧縮復元処理の概略図を**図 3.19** に示す。学習に用いるカラー画像は 4×4 ピクセルで構成されるブロックに分割され，それぞれのブロックの画素数および（red, green, blue）の画素の色の自由度 3 から，ネットワークの入力層のニューロン数は 48（$= 16 \times 3$）となる。教師信号には入力信号と同一の信号を与え，中間層に集約される圧縮データから，入力画像と同じ画像を復元するように学習を行う。実験の一例として，ここでは学習用の画像として，**図 3.20**（口絵参照）に示す 2

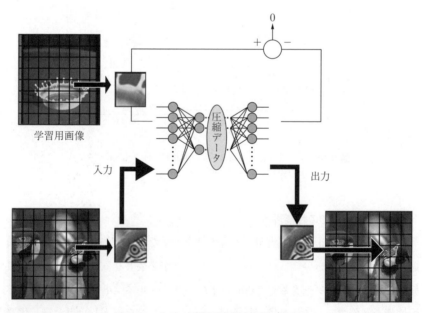

図 3.19　カラー画像圧縮復元処理の概略図

(a) earth　　　　　　　(b) milkdrop

図 **3.20**　学習用カラー画像

(a) pepper　　　　　　　(b) parrots

図 **3.21**　評価用カラー画像

枚の画像を用い，評価用の画像として図 **3.21**（口絵参照）に示す 2 枚の画像を用いる．なお，実験に用いる画像の解像度は 256 × 256 とする．

〔2〕 **実 験 結 果**　　初めに，図 **3.20** (a) の画像を用いて学習を行い，最適な学習係数の値を決定する．実験は，圧縮率を同一にするために RvNN, QANN ともに 48-12-48 のネットワークを用い，試行回数 10 回，$L_{\text{upper}} = 15$，学習係数 $0.01 \leqq \eta \leqq 2.0$ の範囲で総 2 乗誤差 E_{total} の平均値の学習係数依存性を調べる．図 **3.22** はその結果である．この学習係数依存性から，RvNN, QANN の最適学習係数をそれぞれ $\eta_R = 1.4$, $\eta_Q = 1.3$ と決定する．

最適学習係数において，学習終了後のネットワークに図 **3.21** (a), (b) の画像を入力したときの出力画像を，それぞれ図 **3.23**, 図 **3.24**（口絵参照）に示す．また，図 **3.20** (b) の画像を用いてネットワークの学習を行った場合の出

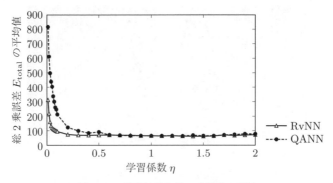

図 **3.22** 学習係数と総2乗誤差の関係

(a) RvNNの出力画像　　　　　　(b) QANNの出力画像
　（PSNR = 12.7）　　　　　　　　（PSNR = 14.4）

図 **3.23** 評価用画像入力時のネットワークの出力画像1（earth 学習）

(a) RvNNの出力画像　　　　　　(b) QANNの出力画像
　（PSNR = 12.0）　　　　　　　　（PSNR = 14.8）

図 **3.24** 評価用画像入力時のネットワークの出力画像2（earth 学習）

力画像を図 *3.25*, 図 *3.26*（口絵参照）に示す。図 *3.23* および図 *3.24* を見ると，QANN により復元した画像のほうが RvNN の復元よりも PSNR（peak signal-to-noise ratio; 画像の信号と雑音の比率を表す画像の評価値）の大きい画像が得られており，入力した画像に近い画像が得られていることがわかる。ここで，PSNR は次式で与えられる。

$$\mathrm{PSNR} = 10\log_{10}\left(\frac{255^2}{\mathrm{MSE}}\right) \qquad (3.51)$$

(a) RvNN の出力画像　　　　　(b) QANN の出力画像
　　（PSNR = 18.7）　　　　　　　　（PSNR = 18.5）

図 *3.25* 評価用画像入力時のネットワークの出力画像 1（milkdrop 学習）

(a) RvNN の出力画像　　　　　(b) QANN の出力画像
　　（PSNR = 19.4）　　　　　　　　（PSNR = 18.6）

図 *3.26* 評価用画像入力時のネットワークの出力画像 2（milkdrop 学習）

$$\text{MSE} = \frac{1}{3 \times XY} \sum_x^X \sum_y^Y \left\{ \begin{array}{l} (I_R(x,y) - I'_R(x,y))^2 \\ +(I_G(x,y) - I'_G(x,y))^2 \\ +(I_B(x,y) - I'_B(x,y))^2 \end{array} \right\} \tag{3.52}$$

式 (3.52) は 2 乗平均誤差 MSE を与える式であり，X, Y はそれぞれ画像の横と縦の画素数，$I(x,y)$ は画像の輝度値を表す。

一方，図 **3.25** および図 **3.26** では，RvNN のほうが PSNR の値がやや大きく QANN の画像は RvNN に比べて少し粗い画像となっている。しかしながら，色の復元は QANN のほうが入力画像に忠実にできていることがわかる。RvNNにおいて色がうまく復元できていないのは，学習に用いた milkdrop の画像が全体的に赤色と白色に大きく偏り R 成分が強い画像であるにもかかわらず，各画素点での (R, G, B) の 3 色の自由度が，その画素点で相互連関せずに独立に学習された結果であると考えられる。一方，QANN では RvNN に比べて色がうまく復元できている。これは，**3.3.4** 項で検討したように，位相反転操作部により QANN の結合荷重やしきい値が位相で表される複素平面上で相互に関連しうるためと考えられる。

以上の議論より，大規模なネットワークを用いた画像圧縮復元処理において，RvNN では元の画像の色彩は復元できないが，QANN では 15 回という少ない学習回数でも元の画像と類似した色彩が得られ，従来手法の学習性能を画期的に改善していることが結論できる。

3.4 まとめと展望

本章では，量子計算知能・量子機械学習の具体的な例を示すために，量子計算を概説した後，量子回路を導入したニューロンモデルである量子ビットニューロンモデルを具体的に展開し，それらから構成される量子描像ニューラルネットワークの構築法およびその性能の例を見てきた。

最初に，基本的性能を詳細に調べるために，ニューロンパラメータ数が 100

以下の小規模なネットワークにおける学習性能の評価として基本論理演算や 4 ビットパリティチェック問題を学習させた。その結果，量子ビットニューラルネットワークは，Real-valued NN や Complex-valued NN よりも広い範囲の学習係数において少ない学習回数，高い学習成功率で問題を解くことが確認できた。また，量子力学的記述を一部欠落させることにより，その学習性能が低減することも確認し，量子力学的記述が性能向上に寄与していることが示唆された。

　つぎに，ニューロンパラメータ数が 1 000 を超える大規模なネットワークにおける学習性能の評価として，画像圧縮復元問題を学習させた。その結果，カラー画像の色合いの一部の学習から色合い全体の再現が可能であることなど，大規模なネットワークでも Qubit NN が優位にあることがわかった。

　もとより量子学習の統一的な理論はまだ確立されていない。しかしながら，本章で一例を示したように，量子力学的描像の数理的概念は有効な計算資源であるといえる。

　近年，機械学習，特に深層学習の成功で計算知能研究に関心が高まっており，両者の結び付きである量子計算知能・量子機械学習の発想はいわば自然かつ必然的な成り行きとして，今後の発展がさらに期待される。

問　　　　題

(1) 量子状態 $\frac{1}{\sqrt{2}}(|00\rangle + |11\rangle)$ がテンソル積に分解できないもつれ状態であることを確認せよ。

(2) 量子ビット $|x\rangle$ と $|y\rangle$ を入れ替える量子ゲート（スワップゲート），すなわち $U(|x\rangle \otimes |y\rangle) = |y\rangle \otimes |x\rangle$ を構成した場合，基底 (3.10) におけるユニタリー行列表現を与えよ。また，基本量子論理ゲートを用いてスワップゲートを構成せよ。

(3) 図 3.7 で示した複素数表示の 3 量子ビットの量子回路の出力例として，3.3.3 項中で AND 出力例を示した。その他の出力もこの回路から可能であることを，対応する各位相角の値を求めることによって示せ。

(4) グローバーの量子アルゴリズムから得られる式 (3.24), (3.25) を確認せよ。また，$m \sim \sqrt{N}$ を示せ。

4
量子意思決定論と量子ゲーム理論

4.1 量子力学的確率

4.1.1 事象の確率的記述と量子力学

　本来の微視的対象以外への，量子力学の新しい適用可能性を探る試みとして，本章では「量子意思決定論」と「量子ゲーム理論」の二つを取り上げる。量子意思決定論にあっては，量子力学的な状態を用いた数学的記述が，量子力学的だとは想定されない人間の心理学的認知現象の記述でも有効であることが主張される。量子意思決定論では，複数の選択が可能な状況にある量子的主体を論ずる。量子ゲーム理論では，たがいに影響を及ぼし合う選択肢を持つ複数の量子的主体の作る系を考察する。量子ゲーム理論には二つの側面がある。一面で，それは量子意思決定論の場合と同様に，古典力学的現象の量子力学の数学を用いた有効理論的な記述である。しかし，その記述の枠組みは，複数の人間が量子的対象物を操作して対面するという状況にも適用できるという一面も持つ。そのような「真に量子的な」設定では，古典力学的にはあり得ない結果を得ることもできて，例えばそれが，量子的装置を用いた市場の裁定機の提案といったものにも繋がる可能性を秘めている。

　量子力学は，その形式からいって，自然界の事物の生起を，確率をもって記述する理論の一つである。因果的事物進行を確率的に記述しようとする場合，留意すべきいくつかの特徴的事項がある。物事にはすべて事由があり世界の進行は因果的連鎖で成り立っていると考える場合，最も自然なのは，その因果の連

鎖が決定論的法則に従うとするニュートン的な視点である。自然法則が確率で記述されるのは，どのような場合であろうか？　それには大きく2通りが考えられるだろう。まず，「隠れた変数のある」決定論的理論が，確率的な理論の基層に潜んでいる場合がある。本来の決定論的法則の中に，実際上は値を確定できない制御不可能な変数があり，そのために確率的予言しかできない場合である。多くのマクロ現象の理論はこれに属しており，気象予報がその良い例である。一方，隠れた変数の理論から導けない，本来的に現象を確率的な描写しかできない理論もありうるだろう。量子力学はこちらに属すると思われる証拠がいくつか挙がっている。

　確率によって事物の進行が記述される場合には，通常の決定論的な因果法則によって記述される場合とは異なる二つの特徴がある。一つは「確率分布の自律的発展」である。決定論的な記述にあっては一つの物理量の時間発展で記述されたものが，ここではその物理量の確率分布という，多成分ベクトル量の時間発展によって記述されるのである。二つ目は観測による「確率分布の収縮」と称されるものである。これは「観測」という行為が，自然法則の確率的記述にあっては，特別な意味を占めることに起因している。確率的予言は観測されることで確定事象となる。確率分布の言葉でこれを表現するならば，観測の結果物理量の確率分布が一つの値だけでゼロとは異なる特異な関数に突然に収縮変化した，とする以外にない。

　量子力学は，それらに加えて，確率的記述による自然界の進行の記述としても異例な，いくつかの特徴を持っている。その第一は「物理量の相補性」である。これはある物理量が観測で確定すると，それとは別な物理量が不確定となり，確率的分布で与えられるという事態を指す。これはまた逆に，なにかの物理量が確定せず確率分布で表される場合，必ず確定値を持つなにか別の物理量があるということでもある。ある意味で相補性は量子力学の最も根本的な概念であって，そもそも物理量の発展を記述するのに確率的記述が必要になるのは，相補性がその根本事由だと考えることもできる。量子力学のもう一つの独特な特徴は，確率分布が「波動関数」という複素関数から与えられることである。こ

142　　4. 量子意思決定論と量子ゲーム理論

のために波動関数で表現された量子状態は，確率分布それ自体とは別の「位相」
という量を持っており，この位相は多くの場合観測には直接かからないものの，
複数の状態が絡むある種の現象において「位相の干渉」として顕現することが
ある。

　物理現象の記述としての量子力学に独特な特徴を，もう少し詳しく，具体的
に見ていこう。

中間的事象を一つの事象として観測し取り出すことができる

　観測しうる独立な n 個の状態（基底）からなる系があるとすると，その任意
の線形結合が確率的な混合として可能であるが，このようなものの中でたがい
に直行する n 個の組を作り出せば，それもまた独立な n 個の状態，すなわち基
底と考えられ，実際にそれらすべてを観測して取り出すことができる。これを
$n = 2$ の例，すなわち「上向き」「下向き」スピン状態 $\{|0\rangle , |1\rangle\}$ を基底とする
2 状態の系で見ると，例えば

$$\left\{ \frac{1}{\sqrt{2}}(|0\rangle + |1\rangle), \frac{1}{\sqrt{2}}(|0\rangle - |1\rangle) \right\}, \quad \left\{ \frac{1}{\sqrt{2}}(|0\rangle + i|1\rangle), \frac{1}{\sqrt{2}}(|0\rangle - i|1\rangle) \right\}$$

はともに基底であり，「右向き」「左向き」スピン，そして「むこう向き」「こち
ら向き」スピンとして，しかるべき測定器の設定によって実際に観測して取り
出すことができる。

観測により確率分布が拡散する

　観測によって物理量が確定し，「確率分布が収縮」すると，それは同時にその物
理量と相補的な物理量が確率的に不定となる。観測前の状態で相補的な物理量
が確定していた場合を考えれば，これは確率分布の収縮とちょうど逆の「確率分
布の拡散」になる。いま z 方向正の向きにある状態 $|0\rangle$ のスピンを，x 軸方向の
向きを確定する実験装置によって観測した結果，それが正の向き $\frac{1}{\sqrt{2}}(|0\rangle + |1\rangle)$
に見つかったとする。その瞬間から z 方向の向きは不定となり，正とも負とも
確定しない。

中間的事象に「位相干渉」がある

量子力学における確率分布は、複素数の分布関数で表され、その絶対値2乗で与えられる確率分布以外の位相の情報を含んでいる。位相は、中間的事象が起こる確率を計算するときに姿を表す。また2状態をとる物理量の例、$n = 2$で考えてみる。二つの基底状態 $|0\rangle$ と $|1\rangle$ が $\langle 0|0 \rangle = \langle 1|1 \rangle = 1$ と規格化されているとする。状態 $|0\rangle$ と $|1\rangle$ が確率的に半々に混じった線形和で表される状態は無数にあって、それらは位相 $\phi \in [0, \pi)$ で区別される。

$$|\phi\rangle = \frac{1}{\sqrt{2}}(|0\rangle + e^{i\phi}|1\rangle) \tag{4.1}$$

ここで、因子 $\frac{1}{\sqrt{2}}$ は規格化 $\langle \phi|\phi \rangle = 1$ を保証している。位相の異なった中間状態の間の内積は「位相の干渉」によって増減する。

連結事象に中間事象があり、それによって「量子的もつれ」が発生する

二つの事象の連結事象は、二つの状態の直積状態で表現される。例えば、2状態 $|0\rangle$, $|1\rangle$ をとる粒子二つ（1, 2とする）からなる系は、$|0\rangle_1 |0\rangle_2$, $|0\rangle_1 |1\rangle_2$, $|1\rangle_1 |0\rangle_2$, $|1\rangle_1 |1\rangle_2$ の四つの状態を基底とする系と考えることができる。ここで、添字は粒子1, 2を表している。そのような基底の表現する状態として、確率的中間的事象として、例えば

$$\frac{1}{\sqrt{2}}(|0\rangle_1 |0\rangle_2 + |1\rangle_1 |1\rangle_2) \tag{4.2}$$

$$\frac{1}{\sqrt{2}}(|0\rangle_1 |1\rangle_2 - |1\rangle_1 |0\rangle_2) \tag{4.3}$$

といったものも存在しうることになる。この状態の意味を考えると、例えば最初のものは、スピン1が上向きで2も上向きである確率が50％、スピン1が下向きで2も下向きである確率が50％という連結確率事象を表している。これはスピン1もしくは2を独立に観測すると、上向きに観測される確率はともに50％であるが、スピン1を観測した後にスピン2を観測すると、1が上向きだった場合は2もつねに上向き、1が下向きだったならば2もつねに下向きに観測される、という相関確率事象を表現している。このような状態を「もつれ

た状態」(entangled state) と称する。量子力学では，二つの粒子の間の相互作用を仮定する以前に，最初からこのように，二つの独立な事象間に関する「相関した連結確率」の居場所が準備されているのである。さらに，このような構造は，前項で見た位相の干渉を考えれば，「相関連結事象における位相の干渉」の存在をも含意していることに留意しよう。

　量子力学系でのもつれた状態の存在に関する相関した連結確率事象の存在が最初に指摘されたのは，「EPR論文」として知られるアインシュタインらの1935年代の有名な論文[65]においてであった。そのときのアインシュタインの意図は，たがいに独立で相互作用していない二つの粒子が，あたかもテレパシーで交信し合うかのような「不自然な」状態を許すので，量子力学は字義どおりに受け取ることのできない誤った理論だと示すことだった。その後の実験の進展で，たがいに影響しないほど遠ざけた二つの電子を用いて，このような不思議な「相互作用がないのに相関している」性質が実証された。こうして，もつれた状態の存在の実証を通じて，量子力学の基盤はいよいよ盤石になったのである。

4.1.2　ベル不等式の破れと局所的隠れた変数理論の否定

　量子力学を「隠れた変数の理論」から説明することは困難であることが示されたのは，ベルの不等式の破れの実験的検証を通じてであった。量子力学が隠れた変数を持つ決定論的理論から導かれるとしても，それは，ある場所での粒子の運動が異なった場所からの影響を強く受ける，奇妙な「非局所的」相互作用を持つ理論となる。実際そのようなものとして，デイヴィッド・ボームによって構成された量子力学の代替理論[19]が存在する。このボーム理論は，量子力学そのものよりはるかに込み入った，それが自然界の根本理論だとはにわかに信ずることは難しいほど，複雑なものとなっている。

　この項ではベルの不等式の初等的導出を行ってみよう。

〔**1**〕　**相関した2粒子，2人の観測者，二つの測定装置設定**　　2人の測定者アリスとボブの手もとにそれぞれ所持された二つのスピンを考える。2人の

4.1 量子力学的確率 145

測定者とも，各自の所持するスピン測定器を，「z 方向射影の測定」「x 方向射影の測定」の二つの測定モードのうちの任意の一つに設定できるとする。測定結果正の向きを $+$，負の向きを $-$ で表すとする。

〔**2**〕 **周辺確率と基底確率，そしてベル不等式**　アリスが装置を $a\ (= z, x)$ 軸への射影測定に設定して測定結果が $A\ (= +, -)$，ボブが装置を $b\ (= z, x)$ 軸への射影測定に設定して測定結果が $B\ (= +, -)$ だったという事象を考え，これが生起する量子力学的確率を $P_{a,b}(A, B)$ と書くことにする。かりにこの確率が（いまだ知られてはいない）隠れた変数の決定論的理論によって完全に記述されているのだとすれば，これはすべての測定可能な物理量が確定することを意味する。すなわち，アリスが z 射影を測ると A_z，x 射影を測ると A_x，ボブが z 射影を測ると B_z，x 射影を測ると B_x の値を得る確率 $\rho(A_z, B_z; A_x, B_x)$ が存在しなければならない。この確率 $\rho(A_z, B_z; A_x, B_x)$ を「基底にある確率」（underlying probability）と呼ぶ。これ対して，アリス，ボブともに射影軸を決めて測定した結果として実際に観測される確率 $P_{a,b}(A, B)$ を「周辺確率」（marginal probability）と呼ぶ。周辺確率は基底にある確率によってつぎのように与えられることは，その意味を詳しく考えていけば明らかである。いま $a = x$, $b = z$ と選んで，$A = \pm$, $B = \pm$ のすべての組合せを考えてみる。

$$P_{x,z}(+, +) = \rho(+_z, +_z; +_x, +_x) + \rho(+_z, +_z; +_x, -_x)$$
$$+ \rho(-_z, +_z; +_x, +_x) + \rho(-_z, +_z; +_x, -_x) \tag{4.4}$$

$$P_{z,x}(+, +) = \rho(+_z, +_z; +_x, +_x) + \rho(+_z, +_z; -_x, +_x)$$
$$+ \rho(+_z, -_z; +_x, +_x) + \rho(+_z, -_z; -_x, +_x) \tag{4.5}$$

$$P_{x,x}(-, -) = \rho(+_z, +_z; -_x, -_x) + \rho(+_z, -_z; -_x, -_x)$$
$$+ \rho(-_z, +_z; -_x, -_x) + \rho(-_z, -_z; -_x, -_x) \tag{4.6}$$

$$P_{z,z}(+, +) = \rho(+_z, +_z; +_x, +_x) + \rho(+_z, +_z; +_x, -_x)$$
$$+ \rho(+_z, +_z; -_x, +_x) + \rho(+_z, +_z; -_x, -_x) \tag{4.7}$$

146   4. 量子意思決定論と量子ゲーム理論

例えば最初の式は「アリスが自分のスピンの x 方向成分を測ると正，かつボブが自分のスピンの z 方向成分を測ると負」である確率は，「アリスが x 方向成分を測ると正で z 方向成分を測ると正または負，かつボブが x 方向成分を測ると正または負で z 方向成分を測ると正」に等しいという要求を表している。「別の場所で別の粒子に対して別の観測者によって行われているアリスとボブの測定は，それぞれ相手に影響を与えることはないはずである」というきわめて自然な仮定（「局所的実在論仮説」）を行えば，これは当然に帰結すべき事項である。最初の三つの中身を見ると，全部合わせれば四つ目に含まれる ρ はすべて入っている。すなわち

$$P_{x,z}(+,+) + P_{z,x}(+,+) + P_{x,x}(-,-) - P_{z,z}(+,+) \geqq 0 \qquad (4.8)$$

が導かれる。これは「アリスがスピンの x 方向成分を測ると正，かつボブがスピンの z 方向成分を測ると正」，「アリスがスピンの z 方向成分を測ると正，かつボブがスピンの x 方向成分を測ると正」，「アリスがスピンの x 方向成分を測ると負，かつボブがスピンの x 方向成分を測ると負」の三つの場合が起こる確率を足したものが，「アリスがスピンの z 方向成分を測ると正，かつボブがスピンの z 方向成分を測ると正」である確率より小さくはならないことを表している。x 軸，z 軸ともに正負の方向を入れ替えて同じ議論を行うと，当然のことながら上記と対称な式

$$P_{x,z}(-,-) + P_{z,x}(-,-) + P_{x,x}(+,+) - P_{z,z}(-,-) \geqq 0 \qquad (4.9)$$

も求まる。これらの式はセレセーダ不等式[66]と呼ばれ，これは「ベル不等式」の最も基本的な例である。ベル不等式とは，局所的実在論から帰結する連結確率の満たすべきこのような不等式の，一般的な呼称である[67]。

　量子力学による確率的な自然記述が，なにかのより基本的基底にある実在論から導かれるものだとすれば，必ずこの不等式を満たすはずである。そして，真に驚くべきことに，量子力学的対象である電子や光子のスピンについて，セレセーダ不等式を破る状態，そして一般的にベル不等式が破れているような奇妙

な状態に二つのスピンを用意することが，実験的に可能であることが発見されたのである。

〔**3**〕 **ベル不等式の実験的破れとその意味**　　実験的にベル不等式の破れを検出したのはアラン・アスペたちの 1981 年の実験[68] が最初である。そこでは「CHSH 不等式」[69] と呼ばれるベル不等式の一つの破れが，カルシウムから放出される 2 光子の計測による実験で示された。「いまだ知られてはいないが，すべてのスピン射影が測定とは独立に実在的に指定できる隠れた変数理論が存在する」，「スピンの量子力学は真の基礎理論ではなく，スピンの振る舞いの統計的平均を記述する一種の有効理論にすぎない」という見方が，これによってとどめを刺された。

4.2　量子意思決定論

4.2.1　マクロ世界における量子力学的確率？

前節で詳述したような独特な確率理論としての量子力学は，もともとミクロ世界の記述理論として発見されたものであるが，ひょっとするとマクロ世界の事象の記述にも使えるのではないかという考えが，ここ 15 年ほどの間に一部で生まれて来た。その試みの例が量子意思決定論であり，量子ゲーム理論である。これらにあっては，人々の確率的選択・選好といった人間心理に関わる現象を，量子力学の道具立てをもって扱おうとする。一見これは奇妙な途方もない考えのように思える。それというのも，人間の意識，心理は脳の神経活動によって成り立っていることは間違いないが，この脳活動や神経伝達のメカニズムに量子力学的なプロセスが関与しているという証拠は，なにも見つかっていないからである。

心理状態の記述に量子力学的手法が有効だとすれば，それは数学的便法，一種の現象論としてであろう。心理状態や信念といったものはなかなか捉えがたいもので，例えば「確率的な信念」を考えた場合，そこでいう「確率」が通常の古典的確率論の公準に従うものなのかどうか，にわかには判然としない。そ

148   4. 量子意思決定論と量子ゲーム理論

のような曖昧なものは，いまだ数理的な科学の対象ではないとする考えにも十分理があると思える一方，その理由はともあれ，心理現象に現れる「確率」が，古典的確率の拡張としての量子力学的確率を用いて現象論的に記述できる可能性を一概に否定することもできないだろう。

かりに現象論としての成功が認められたとしても，量子意思決定論ならびに量子ゲーム理論は，いまだ確立した理論には程遠い段階にある。しかしながら，それらは，量子力学的波動関数から作られた確率が古典的確率のいかなる拡張になっているか，両者がどのように相違しているかを見るための格好の題材である。微視的粒子以外の巨視的現象に対して量子力学的記述が有効であるための条件を探るテストケースと考えることもできるだろう。

4.2.2 条件付き確率事象としての人の信念

量子意思決定論においては，確率的選好で表される人の信念を，量子状態として表現できると仮定する。ここで重要なのは「与件に応じた確率的信念」という連結確率の考え方である。いま二つの与件 0 と 1 があって，これらは相反する事象であるとする。例えば，$0 = ($雨が降るとの予報$)$, $1 = ($雨が降らないとの予報$)$ とする。雨は降るか降らないかのいずれかであるとして，これを量子状態 $|0\rangle$, $|1\rangle$ で表すとする。ただし，$(0|1) = 0$ である。確率的与件は

$$|a) = a|0) + \sqrt{1 - a^2}|1)$$
(4.10)

と表すことができ，これは例でいえば降雨確率が a^2 との確率的予報となっている。与件 0 があったときに選択 A, 与件 1 があったときに選択 B を行うエージェントを考える。それぞれを量子状態 $|A\rangle$, $|B\rangle$ で表してみる。与件が不定な状況下でのエージェントの選択を表す状態を

$$|\Psi\rangle = |0\rangle|A\rangle + |1\rangle|B\rangle$$
(4.11)

と書いてみる。

4.2.3 中間的与件の量子的記述

いまエージェントが与件についての確率的情報を表す状態

$$|c) = c_0 |0) + c_1 e^{i\chi} |1) \tag{4.12}$$

に接したとする。ここで χ, c_0, c_1 は実数であり，さらに c_0, c_1 は $c_0^2 + c_1^2 = 1$ を満たすとする。これは与件が 0 である確率が c_0^2, 1 である確率が c_1^2 だという確信を得たことを意味する。量子力学的記述に特有な位相因子 $e^{i\chi}$ はここではまだ不定な量であるが，与件について 0 と 1 が生起するという以上の隠れた情報について，エージェントがなにがしかの信念を持っていて，それを表す量として位相があると仮定していることに相当する。これをフォン・ノイマン射影演算子

$$\mathcal{K} = \frac{|c) (c|}{\sqrt{\langle \Psi|c) (c|\Psi \rangle}} \tag{4.13}$$

の演算

$$|\Psi \rangle \longrightarrow |\Psi' \rangle = \mathcal{K} |\Psi \rangle \tag{4.14}$$

として表すと考える。つまり，確率的な与件に触れた後，エージェントは

$$|\Psi' \rangle = |c) \left[c_0 |A\rangle + c_1 e^{-i\chi} |B\rangle \right] \tag{4.15}$$

の状態にあることになる。これだけでは，与件に付随した確率 c_0^2, c_1^2 に応じて $|A\rangle$ または $|B\rangle$ の選択が行われるというだけの，通常の「古典的」連結確率の結果と同等のように見える。しかし，$|A\rangle$ と $|B\rangle$ の量子的干渉が一般にありうることに留意すると，事態はそう自明でないことが知れる。いま $|A\rangle$, $|B\rangle$ ともに確率的選択である場合を考える。

$$|A\rangle = A_0 |0\rangle + A_1 |1\rangle , \quad |B\rangle = B_0 |0\rangle + B_1 e^{i\phi} |1\rangle \tag{4.16}$$

ただし，$\langle 1|0 \rangle = 0$，つまり選択は $|0\rangle$, $|1\rangle$ の二つの排他的事象の間で行われ，$|A\rangle$, $|B\rangle$ ともにそれらの確率的混合だという一般的な場合を考えるのである（$A_0^2 + A_1^2 = 1$, $B_0^2 + B_1^2 = 1$ と仮定する）。$|0\rangle =$（ピクニックに行く），

$|1\rangle =$ (ピクニックに行かない) という例を考えると，雨が降れば A_0^2 の確率でピクニックに行き，雨が降らなければ B_0^2 の確率で行く，といった具合である。N を規格化定数として，簡単な書き直しで

$$|\Psi'\rangle = N|0\rangle \left[(c_0 A_0 + e^{-i\chi} c_1 B_0)\,|0\rangle + (c_0 A_1 + e^{i(\phi-\chi)} c_1 B_1)\,|1\rangle \right] \tag{4.17}$$

を得る。すなわち，与件 $|c\rangle$ のもとでエージェントが意思決定 $|0\rangle$ を採用する相対確率は

$$(c_0 A_0 + e^{-i\chi} c_1 B_0)(c_0 A_0 + e^{-i\chi} c_1 B_0)$$
$$= c_0^2 A_0^2 + c_1 B_0^2 + 2c_0 c_1 A_0 B_0 \cos\chi \tag{4.18}$$

となり，意思決定 $|1\rangle$ の生起する相対確率は

$$(c_0 A_1 + e^{-i(\chi-\phi)} c_1 B_1)(c_0 A_1 + e^{i(\chi-\phi)} c_1 B_1)$$
$$= c_0^2 A_1^2 + c_1 B_1^2 + 2c_0 c_1 A_1 B_1 \cos(\phi-\chi) \tag{4.19}$$

となる。この二つの和は

$$1 + 2c_0 c_1 \left\{ A_0 B_0 \cos\chi + A_1 B_1 \cos(\chi-\phi) \right\} \tag{4.20}$$

であり，これに N^2 を掛けたものが全確率 1 を与えるはずなので，与件 $|c\rangle$ のもとで $|0\rangle, |1\rangle$ の選択が行われる確率はそれぞれ

$$P_{0|c} = \frac{c_0^2 A_0^2 + c_1 B_0^2 + 2c_0 c_1 A_0 B_0 \cos\chi}{1 + 2c_0 c_1 \left\{ A_0 B_0 \cos\chi + A_1 B_1 \cos(\chi-\phi) \right\}} \tag{4.21}$$

$$P_{1|c} = \frac{c_0^2 A_1^2 + c_1 B_1^2 + 2c_0 c_1 A_1 B_1 \cos(\phi-\chi)}{1 + 2c_0 c_1 \left\{ A_0 B_0 \cos\chi + A_1 B_1 \cos(\chi-\phi) \right\}} \tag{4.22}$$

と決まる[70]。

4.2.4 算術平均，幾何平均，量子平均

この結果の意味を考えるため，これをつぎのように古典的確率で書き直してみる。与件 0 と 1 が起こると信じられる確率を p_0, p_1 と記し，与件 $|0\rangle$ のもと

で選択 $|0\rangle$, $|1\rangle$ を行う確率を $q_{0|0}$, $q_{1|0}$, そして与件 $|1\rangle$ のもとで選択 $|0\rangle$, $|1\rangle$ を行う確率を $q_{0|1}$, $q_{1|1}$ と書くと，与件 $|c\rangle$ のもとでエージェントが $|0\rangle$, $|1\rangle$ の選択を行う確率 $P_{0|c}$, $P_{1|c}$ は

$$P_{0|c} = \frac{q_{0|0}p_0 + q_{0|1}p_1 + 2\sqrt{p_0 p_1}\sqrt{q_{0|0} \cdot q_{0|1}}\cos\chi_0}{1 + 2\sqrt{p_0 p_1}\left\{\sqrt{q_{0|0} \cdot q_{0|1}}\cos\chi_0 + \sqrt{q_{1|0} \cdot q_{1|1}}\cos\chi_1\right\}} \quad (4.23)$$

$$P_{1|c} = \frac{q_{1|0}p_0 + q_{1|1}p_1 + 2\sqrt{p_0 p_1}\sqrt{q_{1|0} \cdot q_{1|1}}\cos\chi_1}{1 + 2\sqrt{p_0 p_1}\left\{\sqrt{q_{0|0} \cdot q_{0|1}}\cos\chi_0 + \sqrt{q_{1|0} \cdot q_{1|1}}\cos\chi_1\right\}} \quad (4.24)$$

で表される（章末の問題 (1)）。ここで，$\chi_0 = \chi$, $\chi_1 = \chi - \phi$ という位相の表記の置き換えを行って，二つの式の対称性を明確にした。かりに二つの位相が $\cos\chi_0 = 0$, $\cos\chi_1 = 0$ となっていれば，上の 2 式は

$$P_{0|c} = q_{0|0}p_0 + q_{0|1}p_1 \quad (4.25)$$

$$P_{1|c} = q_{1|0}p_0 + q_{1|1}p_1 \quad (4.26)$$

と簡単化され，これは通常の古典的連結確率，すなわち与件下ごとの連結選択確率の「算術平均」になっている。位相が $\chi_0 = \pi/2$ や $\chi_1 = \pi/2$ になっていない一般の場合は，これに加えて，与件ごとの連結確率の積の 2 乗根 $\sqrt{p_0 q_{1|0} \cdot p_1 q_{1|1}}$，すなわち「幾何平均」を含む項が現れる。位相 χ_0, χ_1 は算術平均項と幾何平均項との間の比率 $1 : 2\cos\chi_0$, $1 : 2\cos\chi_1$ を決める量になっている。上の式の $P_{0|c}$, $P_{1|c}$ は算術平均と幾何平均の混合としての算術幾何平均の一種であり，これを位相によってその混合度合いが決まる「量子平均」と称することもできるだろう。

　中間的状況における人間の意思決定において，通常合理的と考えられる算術平均に加えて，幾何平均が登場する理由として，つぎのような知覚や感覚における対数関数的な反応性を考えることができる。生物の刺激に対する反応は一般に，刺激の強度に線形に応答するのではなく，強度の対数に対して線形の応答となることが多い。与件に対する判断においても，危急の場合大脳皮質に達しないで判断が行われて，そのような $\log$ に対して線形の応答があると推測することは可能である。$\log A$ と $\log B$ の平均は $1/2(\log A + \log B) = \log(\sqrt{AB})$

となって，これは2事象の中間事象への応答が幾何平均への応答と等しいことを示している。算術平均が大脳皮質での思考に由来する「計算に基づく合理的判断」，幾何平均が脳のより基層もしくは脊椎反射的な「本能に基づく前合理的判断」と考えると，位相干渉項を持った量子的選好公式 (4.23), (4.24) は，不定な与件のもとでのその両方の混在を現象論的に表現していると考えることもできる。

4.2.5　当然原理の破れと連言錯誤

量子平均の中に出てくる幾何平均項のために，中間的与件に対する反応性に対して，通常の古典的連結確率ではあり得ないことがいくつか予想される。かりに位相干渉から来る項がゼロで古典的算術平均式 (4.25), (4.26) が成立するならば，$p_0 \geqq 0$, $p_1 \geqq 0$ から即座に

$$\max[q_{0|0}, q_{0|1}] \geqq P_{0|c} \geqq \min[q_{0|0}, q_{0|1}] \tag{4.27}$$

$$\max[q_{1|0}, q_{1|1}] \geqq P_{1|c} \geqq \min[q_{1|0}, q_{1|1}] \tag{4.28}$$

が導かれる。これは認知心理学において「当然原理」（sure-thing principle）と呼ばれるもので，その意味するところは，2与件の中間的与件のもとでの選択の確率は，片方の与件のもとでの選択確率ともう一方のもとでの選択確率の二つの中間にあって，その二つのうちの大きいほうを上回ることも，小さいほうを下回ることもない，という主張である。このきわめて常識的で当然に思える主張は，量子意思決定 (4.23), (4.24) のもとでは幾何平均を含む干渉項の存在のため，つねに成り立つとは限らない。そして，実際の人間を被験者とした心理学実験[71] では，この当然原理の破れが組織的に見つかるのである。例えば，ある自治体で水力発電所の建設への賛成が7割，火力発電所の建設への賛成が5割であったとして，火力か水力のどちらかは別にして発電所自体への賛否を問えば，その答えは当然5割と7割の間のどこかになると想定するところであるが，実際に住民の意見を問うと賛成は3割しかなかった，といった具合である。

さらに，算術平均公式 (4.25), (4.26) からは $P_{0|c} - q_{0|0}p_0 = q_{0|1}p_1 \geqq 0$ など

の関係から

$$P_{0|c} \geqq q_{0|0}p_0, \quad P_{0|c} \geqq q_{0|1}p_1 \tag{4.29}$$

$$P_{1|c} \geqq q_{1|0}p_0, \quad P_{1|c} \geqq q_{1|1}p_1 \tag{4.30}$$

が帰結する。これは「任意の前提である事象が選択される確率は，なんらかの与件が生起しついでその事象が選択される」という主張であり，これも確率の原理と常識にかなったものである。ところが，この主張も人間を被験者とした現実の心理実験で組織的に破れることが見出されている。最も端的な例は，トヴェルスキとカーネマンによる 1983 年の実験[72] である。そこでは，非常に多数のランダムな被験者を用いて，例えば「独立心の強い高学歴の女性」というプロフィールで描写された女性リンダについて，「リンダはフェミニストかどうか」という質問の答を得た上で，フェミニストであると答えた被験者に「リンダは銀行員か」と質問をした。こうして得た「リンダはフェミニストで銀行員である」と判断した被験者の割合が，生活哲学についての質問を省いた「リンダは銀行員かどうか」という質問で得た「リンダは銀行員である」という回答の割合を上回っており，類似の設定の実験を繰り返し行って，この現象がつねに有意な確率で起こっていることを見出したのである。この一見逆説的な現象を，トヴェルスキとカーネマンは「連言錯誤」（conjunction fallacy）と名づけたが，量子意思決定 (4.23), (4.24) のもとでは上記の不等式 (4.29), (4.30) は成立せず，連言錯誤は排除されずに，むしろ連言錯誤から位相パラメータを決定することができる。

4.3　ゲーム理論の基礎

　ここまでの意思決定論では，外部から与えられた条件に対して，個人がどのような反応をして選択を行うかを問題にしたが，個人が孤立して存在せず，他者との恒常的な相互作用のもとにある現実の社会では，個人意思決定は往々にして他者の意思決定に依存して行われる。社会の中での個人の意思決定と，そ

154   4. 量子意思決定論と量子ゲーム理論

の集積としての社会全体の意思決定を扱う数学的枠組みがゲーム理論と呼ばれるものである。

4.3.1 ゲーム理論の設定，利得行列，効用関数とナッシュ均衡

　その最も基本的な「2 プレーヤのゲーム理論」では，ある個人 A の意思決定は，A 自身と 1 名の他者 B との 2 人が出会う場において行われると考える。A, B それぞれが n 個の選択肢から一つの選択 i および j を行うとし，双方の選択のすべてのパターンに応じて A の利得 A，B の利得 B が与えられていると想定する。利得は行列 $A = \{A_{i,j}\}$，$B = \{B_{i,j}\}$ で表現するのが便利で，これを利得行列，またはゲームテーブルと呼ぶ。両プレーヤとも自分の利得を最大化すべく選択を行うとすれば，どのような選択が行われるかを探るのが，ゲーム理論の解を求めることに相当する。ここで留意すべきなのは，自分の利得は自分の選択と相手の選択の両方に依存し，相手の利得も相手の選択と自分の選択の両方に依存するという事情である。このために，ゲーム理論の解を求めることは存外に困難で，それどころか，そのような解がつねに存在するかどうかすら，けっして明らかではない。

　ジョン・ナッシュが示したのは，このような設定において，かりに各プレーヤに確率的な選択を許せば，問題に必ず解が存在するという定理である。これをもう少し正確に表現しよう。いま A, B 双方に，それぞれ確率的な選択 $\omega_A = \{p_0, \cdots, p_{n-1}\}$，$\omega_B = \{q_0, \cdots, q_{n-1}\}$ を考える。ここで，p_i は A が選択肢 i を選ぶ確率，q_j は B が選択肢 j を選ぶ確率を表している。当然ながら $\sum_i p_i = \sum_j q_j = 1$ である。この選択 ω_A，ω_B のことをプレーヤの「戦略」（strategy）とも表現する。プレーヤ A, B おのおのの利得が，効用関数

$$\Pi_A(\omega_A, \omega_B) = \sum_i \sum_j A_{i,j} p_i q_j \tag{4.31}$$

$$\Pi_B(\omega_A, \omega_B) = \sum_i \sum_j B_{i,j} p_i q_j \tag{4.32}$$

で与えられることは明らかである。ナッシュの定理は，各人の利得 P_A および

P_B を同時に極大化する戦略

$$\Pi_A(\omega_A, \omega_B^\star) \quad \text{maximum at } \omega_A = \omega_A^\star \tag{4.33}$$

$$\Pi_B(\omega_A^\star, \omega_B) \quad \text{maximum at } \omega_B = \omega_B^\star \tag{4.34}$$

が存在することを保証している。このような戦略を「ナッシュ均衡戦略」と呼ぶ。「ゲームを解く」とは，このように双方が自分の利得を最大化しようと努めた末に系が達する安定状態，すなわちナッシュ均衡を求めることにほかならない。上の条件は，多くの場合，関数の極大

$$\partial_{p_i}\Pi_A(\omega_A, \omega_B)\big|_{\{\omega_A^\star, \omega_B^\star\}} = \partial_{q_j}\Pi_B(\omega_A, \omega_B)\big|_{\{\omega_A^\star, \omega_B^\star\}} = 0 \tag{4.35}$$

で求まるが，これらの変分が確率変数の有意な領域でゼロにならず，つねに正または負の場合，確率変数の端点 $p_i = 0$ または 1，$q_j = 0$ または 1 が解になることになる。ここで突如現れた「確率的な選択」を意味付けるとすれば，プレーヤ 2 人の出会いは多数回あって，そのたびに選択が行われ双方の利得が確定するが，各人とも 1 回 1 回の利得を最大にすることを念頭に選択をするわけではなく，もっと長期的に，多数回のゲームプレイの平均的利得を念頭に，それを最大化しようと努めるという仮定に相当する。さらには社会全体を考えて，プレーヤ A, B の両者とも社会の中からランダムに選ばれた代表と想定すれば，ゲーム理論におけるナッシュ均衡を社会全体の安定な均衡状態と見なすこともできる。

話をわかりやすくするために，具体的な例で考えてみよう。まず

$$A = \begin{pmatrix} 0 & 1 & -1 \\ -1 & 0 & 1 \\ 1 & -1 & 0 \end{pmatrix}, \quad B = \begin{pmatrix} 0 & -1 & 1 \\ 1 & 0 & -1 \\ -1 & 1 & 0 \end{pmatrix} \tag{4.36}$$

というゲームテーブルを考えてみよう。ここでは戦略要素（選択肢の数）は三つある。これはゲームテーブルが A と B で

$$A_{i,j} = B_{j,i} \tag{4.37}$$

となっていることに注意しよう。これは，プレーヤ A が選択肢 i を選び，B が選択肢 j を選ぶときの A にとっての利得は，プレーヤ B が選択肢 i を選び，A が選択肢 j を選ぶときの B にとっての利得と同じものになっていることを意味する。つまり，両プレーヤが立場を変えたときもゲームが同様に見える，すなわち両プレーヤにとってゲームが「対称」にできていることを意味する。両者にとって「公平」なゲームであると言い換えてもよい。利得行列を仔細に眺めると，もし A と B の選択が同じ，すなわち $i = j$ なら，両者の利得は $A_{i,j} = B_{i,j} = 0$ で「引き分け」，もし $i = (j+1) \mod 3$ なら，A の利得が $A_{i,j} = 1$，B の利得が $B_{i,j} = -1$ となって，「A の勝ち」になっている。また，もし $i = (j-1) \mod 3$ なら，A の利得が $A_{i,j} = -1$，B の利得が $B_{i,j} = 1$ となって，「A の負け」になっている。これはだれもが知る「じゃんけん」にほかならず，戦略は「グー」「チョキ」「パー」の選択肢をとる確率をその順に並べたものとなっている。両プレーヤの効用関数は，A, B おのおのの戦略 $\omega_A = \{p_0, p_1, p_2\}$，$\omega_B = \{q_0, q_1, q_2\}$ によって

$$\Pi_A(\{p_0, p_1, p_2\}, \{q_0, q_1, q_2\}) = (1 - p_1 - p_2)(q_1 - q_2)$$
$$+ p_1(-1 + q_1 + q_2 + q_2) + p_2(1 - q_1 - q_2 - q_1) \qquad (4.38)$$

$$\Pi_B(\{p_0, p_1, p_2\}, \{q_0, q_1, q_2\}) = (1 - p_1 - p_2)(-q_1 + q_2)$$
$$+ p_1(1 - q_1 - q_2 - q_2) + p_2(-1 + q_1 + q_2 + q_1) \qquad (4.39)$$

と与えられる。簡単な変分計算から，ナッシュ均衡は

$$\omega_A^{\star} = \{p_0^{\star}, p_1^{\star}, p_2^{\star}\} = \left\{\frac{1}{3}, \frac{1}{3}, \frac{1}{3}\right\},$$

$$\omega_B^{\star} = \{q_0^{\star}, q_1^{\star}, q_2^{\star}\} = \left\{\frac{1}{3}, \frac{1}{3}, \frac{1}{3}\right\} \qquad (4.40)$$

と求まる。ナッシュ均衡での効用関数の値は

$$\Pi_A^{\star} = \Pi_A(\omega_A^{\star}, \omega_B^{\star}) = 0, \quad \Pi_B^{\star} = \Pi_B(\omega_A^{\star}, \omega_B^{\star}) = 0 \qquad (4.41)$$

で与えられる。これで，われわれが経験的によく知っている事実が確認される。

すなわち，グー，チョキ，パーをランダムに等確率で出すのがじゃんけんにおける最善の戦略であって，この最善戦略にあっては両者に損得はない，言い換えれば平均的にいってじゃんけんに勝ち負けはない。ゲームが対称，すなわち利得行列がプレーヤ A と B の交換に対して対称だったことを反映して

$$\omega_A^\star = \omega_B^\star, \quad \Pi_A^\star = \Pi_B^\star \tag{4.42}$$

と，ナッシュ均衡も両プレーヤについて対称であることに注意したい。

4.3.2 囚人のジレンマとパレート効率性

第二の例として，つぎのようなゲームを考える。プレーヤ A, B ともに二つの選択肢 0 と 1 があって，プレーヤ A が選択肢 0 を選ぶときの利得は，もしプレーヤ B が選択肢 0 を選んでいたら 1，B が選択肢 1 を選んでいたら 5 であるとする。また，プレーヤ A が選択肢 1 を選んだ場合の利得は，もしプレーヤ B が選択肢 0 を選んでいたら 0，B が選択肢 1 を選んでいたら 3 であるとする。ゲームはプレーヤの交換に対して対称で，プレーヤ B の利得はいまの話で A と B を置き換えて得られるとする。これを利得行列で書くと

$$A = \begin{pmatrix} 1 & 5 \\ 0 & 3 \end{pmatrix}, \quad B = \begin{pmatrix} 1 & 0 \\ 5 & 3 \end{pmatrix} \tag{4.43}$$

である。プレーヤ A, B の戦略をそれぞれ $\omega_A = \{p_0, p_1\} = \{p_0 - p_1, p_1\}$，$\omega_B = \{q_0, q_1\} = \{q_0 - q_1, q_1\}$ と書くと，効用関数は

$$\Pi_A = (1 - p_1)(1 - q_1 + 5q_1) + 3p_1 q_1 \tag{4.44}$$

$$\Pi_B = (1 - p_1 + 5p_1)(1 - q_1) + 3p_1 q_1 \tag{4.45}$$

となる。ナッシュ均衡を探すために変分をとってみると

$$\partial_{p_1} \Pi_A = -1 - q_1 < 0 \quad (p_1 \in [0, 1]) \tag{4.46}$$

$$\partial_{q_1} \Pi_B = -1 - p_1 < 0 \quad (q_1 \in [0, 1]) \tag{4.47}$$

であり，これは 0 になることはなく，通例のような極小値を持つことはないが，

158 　　4. 量子意思決定論と量子ゲーム理論

Π_A, Π_B がそれぞれ p_1, q_1 の現象関数であることを示している。すなわち，Π_A,
Π_B の最小値は端点

$$\omega_A^\star = \{p_0^\star, p_1^\star\} = \{1, 0\}, \quad \omega_B^\star = \{q_0^\star, q_1^\star\} = \{1, 0\} \tag{4.48}$$

で与えられ，これがナッシュ均衡を与えている。ナッシュ均衡での両者の利得は

$$\Pi_A^\star = \Pi_A(\omega_A^\star, \omega_B^\star) = 1, \quad \Pi_B^\star = \Pi_B(\omega_A^\star, \omega_B^\star) = 1 \tag{4.49}$$

となる。明らかに「双方が良い手をとる」戦略 $\{p = (0,1), q = (0,1)\}$ は両者に
公平に利得 3 をもたらすので，両者にとって好ましい結末であるが，これは相手が
「悪い手をとる」ことで一方的利益を得る「裏切り戦略」$\{p = (0,1), q = (1,0)\}$
または $\{p = (1,0), q = (0,1)\}$ を誘発する。すなわち，この戦略はナッシュ均
衡ではあり得ず，たがいに損となりどちらも避けたい「双方が悪い手をとる」戦
略 $\{p = (1,0), q = (1,0)\}$ がナッシュ均衡となってしまうのである。このゲー
ムは「囚人のジレンマ」と呼ばれる有名なものである。

　この間の事情をもう少し整理するのに便利な概念が，「パレート効率性」とい
うものである。ゲーム理論におけるパレート効率的な状態とは，他の状態への
移行を考えたとき，プレーヤのうちのだれかの効用を犠牲にしなければ，他の
だれかの効用を高めることができないような状態のことである。パレート効率
的でない状態からは，だれの効用も損ねることなく少なくとも 1 人の効用を増
大させるような他の状態への移行を考えることができて，これを「パレート改
善」と呼ぶ。パレート効率的な状態は，それ以上のパレート改善ができないとい
う意味で，社会的に望ましい状態の条件の一つを与えていると考えることがで
きる。ゲームが与えられると，両プレーヤの戦略の行き着く安定な状態はナッ
シュ均衡となるので，もしこのナッシュ均衡がパレート効率的であれば，それ
はそのゲームが，プレーヤたちをある意味で望ましい状態に「自然に」導くこ
とを示している。逆に，もしあるゲームのナッシュ均衡がパレート効率的でな
いならば，そのゲームのルールはプレーヤにとって望ましくない，プレーヤの
立場からすれば「ルールの改善を要する」ゲームだということになる。いまの

囚人のジレンマの例で見ると，ナッシュ均衡である A, B の両方が選択肢 0 を選ぶ状態 $\omega_A = \{1,0\}$，$\omega_B = \{1,0\}$ は，パレート効率的ではない。なぜならば，この状態では両者の効用は $\Pi_A = \Pi_B = 1$ であって，これから，双方の効用が $\Pi_A = \Pi_B = 3$ である両プレーヤが選択肢 1 を選ぶ状態 $\omega_A = \{0,1\}$，$\omega_B = \{0,1\}$ へのパレート改善を想定できるからである。この「両プレーヤにとって望ましい」パレート効率的な状態に，両プレーヤの自己利益最大化の動機による選択では到達できないことが，まさにこのゲームがジレンマと呼ばれる所以なのである。

4.3.3 不完備情報ゲームとハーサニィ理論

前項の囚人のジレンマのゲームは，個体にとっての最適な行動選択が，個体の集合体としての社会全体にとって最適な選択をもたらさないという，われわれの日常においてもなじみ深い情景のわかりやすいモデルになっている。ここで，パレート効率性で表される社会的な最適というのは，平均的に考えれば，社会を構成する個体それぞれにとっても，ある意味で最適な望ましい配置と考えられる。それゆえ，社会的生物は，個体の当面の最適より望ましい社会的最適を実現するためのさまざまな機構を，進化の過程で作り上げてきたと考えられる。それは，「外的処罰」によるものと「内的倫理」によるものに大別される。ここではまず，最初の「外的処罰」により修正されたゲームルールについて考えてみる。

構成員の中でランダムに組合せを作り，囚人のジレンマが繰り返しプレイされる社会を考える。このとき，構成員の中に別のタイプの者を一定数混入させておく。この別なタイプと組み合わさってゲームが行われるとき，「利己的行動」が激しく罰せられるルールになっていると考えてみよう。通常のプレーヤをタイプ $\{0\}$，罰を与えるターミネータのようなプレーヤをタイプ $\{1\}$ と呼ぶことにする。

このゲームでは，各プレーヤのタイプの組合せごとに，違ったルールが設定されていると考えればよいので，$\{0\}\{0\}$ 間，$\{0\}\{1\}$ 間，$\{1\}\{0\}$ 間，$\{1\}\{1\}$

160   4. 量子意思決定論と量子ゲーム理論

間の四つのゲームテーブルが必要になる。それぞれを表す行列 $A^{\{0,0\}}$, $A^{\{0,1\}}$, $A^{\{1,0\}}$, $A^{\{1,1\}}$, そして $B^{\{0,0\}}$, $B^{\{0,1\}}$, $B^{\{1,0\}}$, $B^{\{1,1\}}$ から

$$
A = \begin{pmatrix} A^{\{0,0\}} & A^{\{0,1\}} \\ A^{\{1,0\}} & A^{\{1,1\}} \end{pmatrix}, \quad B = \begin{pmatrix} B^{\{0,0\}} & B^{\{0,1\}} \\ B^{\{1,0\}} & B^{\{1,1\}} \end{pmatrix} \tag{4.50}
$$

という拡大された行列を構成すれば，この大行列 A, B がゲームのルールを指定する。各プレーヤは自分のタイプは知っているが，相手プレーヤのタイプは，プレイの結果を見るまで不明だと仮定する。タイプ $\{0\}$ と $\{1\}$ の混合頻度を $r^{\{0\}}$, $r^{\{1\}}$（もちろん $r^{\{0\}} + r^{\{1\}} = 1$）と書くことにする。戦略はタイプごとの選択肢の集合 $\omega_A = (p_0^{\{0\}}, p_1^{\{0\}}; p_0^{\{1\}}, p_1^{\{1\}})$ および $\omega_B = (q_0^{\{0\}}, q_1^{\{0\}}; q_0^{\{1\}}, q_1^{\{1\}})$ で与えられる。このゲームの効用関数は，i, j, s, t を 0 と 1 の値をとる引数として

$$
\Pi_A(\omega_A, \omega_B) = \sum_{t,s} \sum_{i,j} r^{\{t\}} r^{\{s\}} A_{i,j}^{\{t,s\}} p_i^{\{t\}} q_j^{\{s\}} \tag{4.51}
$$

$$
\Pi_B(\omega_A, \omega_B) = \sum_{t,s} \sum_{i,j} r^{\{t\}} r^{\{s\}} B_{i,j}^{\{t,s\}} p_i^{\{t\}} q_j^{\{s\}} \tag{4.52}
$$

と書くことができる。ナッシュ均衡は，形式的には以前と同様に

$$
\Pi_A(\omega_A, \omega_B^{\star}) \ \ \text{maximum at} \ \omega_A = \omega_A^{\star} \tag{4.53}
$$

$$
\Pi_B(\omega_A^{\star}, \omega_B) \ \ \text{maximum at} \ \omega_B = \omega_B^{\star} \tag{4.54}
$$

となり，これで戦略が決定される。実際の計算は以前と同様，$p_i^{\{t\}}$ で効用関数の変分をとって極値を探すことになる。このように情報が一部欠如したままにプレイされるゲームを，ハーサニィ型の不完備情報ゲームと呼ぶ[73]。そして，その均衡解 (4.53), (4.54) を「ベイズ-ナッシュ均衡」と称する。この命名は，各プレーヤが相手のタイプもその出現頻度もわからない中，とりあえず適当な推定から始めて効用を予想し，それに最善の対応をする戦略を準備してプレイした上で，その結果から相手の出現頻度の予想を修正し，という具合に，「ベイズ推定」の過程を経て最終的な均衡に漸次近づくというイメージに由来する。

4.3 ゲーム理論の基礎　　161

前項の囚人のジレンマのゲームのルールに罰則者の存在を追加して，ハーサ
ニィ型に仕立てたゲームを考えよう。プレーヤ A の利得行列を

$$A^{\{0,0\}} = \begin{pmatrix} 1 & 5 \\ 0 & 3 \end{pmatrix}, \quad A^{\{0,1\}} = \begin{pmatrix} -19 & -25 \\ 0 & 3 \end{pmatrix},$$

$$A^{\{1,0\}} = \begin{pmatrix} -1 & 0 \\ 0 & 0 \end{pmatrix}, \quad A^{\{1,1\}} = \begin{pmatrix} 0 & -5 \\ 0 & 0 \end{pmatrix} \tag{4.55}$$

と定めてみる。ゲームは両プレーヤについて対称であるとすると，プレーヤ B
の利得行列は

$$B^{\{0,0\}} = \begin{pmatrix} 1 & 0 \\ 5 & 3 \end{pmatrix}, \quad B^{\{1,0\}} = \begin{pmatrix} -1 & 0 \\ 0 & 0 \end{pmatrix},$$

$$B^{\{0,1\}} = \begin{pmatrix} -19 & 0 \\ -25 & 3 \end{pmatrix}, \quad B^{\{1,1\}} = \begin{pmatrix} 0 & 0 \\ -5 & 0 \end{pmatrix} \tag{4.56}$$

で与えられる。プレーヤタイプの混合率が $r^{\{0\}} = \dfrac{9}{10}$, $r^{\{1\}} = \dfrac{1}{10}$ で与えら
れるとしてみよう。すなわち，通常タイプのプレーヤ $\{0\}$ が 9 割で懲罰者タ
イプ $\{1\}$ が 1 割だと仮定するのである。これのベイズ-ナッシュ均衡を求める
と，懲罰者タイプ $\{1\}$ の混入のため，混入がなかったときのナッシュ均衡値
$(p_0^{\{0\}}, p_1^{\{0\}}) = (1, 0)$ は平均的に不利になって，皆が「社会的に良い選択」を行
う $(p_0^{\{0\}}, p_1^{\{0\}}) = (0, 1)$ がナッシュ均衡になることがわかる。おおよその事情
は，通常タイプのプレーヤにとっての実効的ゲームテーブルを，「第 1 段階のベ
イズ推定」を行って

$$A_{\mathrm{Bayes1}}^{\{0\}} = A^{\{0,0\}} r^{\{0\}} + A^{\{0,1\}} r^{\{1\}} = \begin{pmatrix} -1 & 2 \\ 0 & 3 \end{pmatrix} \tag{4.57}$$

と求めてみれば，納得できるだろう。このようにして，罰則者の混入によって
ナッシュ均衡をより社会全体にとって「望ましい」ものに誘導する「警察機構」
のメカニズムを，ゲーム理論的に記述することができた。ハーサニィの不完備
情報ゲーム理論の威力である。

162   4. 量子意思決定論と量子ゲーム理論

4.4 量子ゲーム理論

ここまでの導入で，やっと量子ゲーム理論自体の話に入る準備ができた。量子ゲーム理論は，20世紀末に *Physical Review Letter* 誌に相次いで掲載された量子的コインフリップの論文[74]と量子的囚人のジレンマの論文[75]によって，いささか唐突にゲーム理論に量子的確率が持ち込まれたことに端を発する。ゲーム理論の創始者の一人であるフォン・ノイマンが，ヒルベルト空間による数理的量子力学の発見者でもあった事実が，なにかの歴史的符合なのかどうかは不明である。いまの時点で考えると，量子力学をゲーム理論に持ち込む理由として二つのことが考えられる。まず，社会的動物の確率的行動を表すのに，古典的確率では不十分であるかもしれないことである。当然原理の破れに見られるように，人間心理を記述するのに，「量子的もつれ」と「位相」という量子的なエキストラの含まれた確率を導入することは，原理的にはともかく，現象論的には成功していると考えることもできる。もう一つは，2人のプレーヤが，なにかミクロなスケールの物体を操作して，量子的な状態選択を行うことでゲームをプレイすることが，単なる空想でなく想定できるようになっている現実がある。

4.4.1 量 子 戦 略

量子ゲーム理論では，量子戦略といって，プレーヤは量子的状態から生成された量子的確率を用いて行動の選択を行うことができると考える。ここでは簡単のために，2名のプレーヤがいて，それぞれが二つの行動の選択肢を持つ 2×2 のゲームに限定して考えよう。出発点として，まず，プレーヤAの行動の選択肢 (a_0, a_1) を2次元のヒルベルトベクトルの二つの基底の組 $(|0\rangle_A, |1\rangle_A)$ で表し，Bの行動選択肢 (b_0, b_1) を $(|0\rangle_B, |1\rangle_B)$ で表す。プレーヤAは $\alpha = (\alpha_0, \alpha_1)$ という二つの複素数からなる量子力学変数を制御して，またBは $\beta = (\beta_0, \beta_1)$ という二つの複素数からなる量子力学変数を制御して，それぞれヒルベルト

ベクトル

$$|\alpha\rangle_A = \alpha_0 |0\rangle_A + \alpha_1 |1\rangle_A \tag{4.58}$$

$$|\beta\rangle_B = \beta_0 |0\rangle_B + \beta_1 |1\rangle_B \tag{4.59}$$

で表される量子状態を作ると考えてみよう。ただし，力学変数 α_i, β_j は $|\alpha_0|^2 + |\alpha_1|^2 = 1$ および $|\beta_0|^2 + |\beta_1|^2 = 1$ となるように選ばれているとする。これは，例えば両プレーヤがしかるべき装置で，電子スピンの方向を操作することで実現できて，その場合は $|0\rangle$ が「上向きのスピン」，$|1\rangle$ が「下向きのスピン」を表し，$|\alpha\rangle$ がその組合せとしての任意の向きのスピンを表している。直交関係から明らかなように，$\alpha_i = \langle i|\alpha\rangle$ $(i = 0, 1)$ および $\beta_j = \langle j|\beta\rangle$ $(j = 0, 1)$ である。いま A, B が，それぞれの行動選択の確率 p, q を

$$p_i = |\alpha_i|^2 = |\langle i|\alpha\rangle|^2 \quad (i = 0, 1) \tag{4.60}$$

$$q_j = |\beta_j|^2 = |\langle j|\beta\rangle|^2 \quad (j = 0, 1) \tag{4.61}$$

で定めるものと決めれば（自明な添字 A, B は取って表記して），量子力学変数 α, β, もしくは量子状態 $|\alpha\rangle$, $|\beta\rangle$ が，それぞれプレーヤ A, B のゲーム戦略を表していると見なせることになる。これが量子戦略である。実際の選択確率が式 (4.60), (4.61) で選ばれるだけなのに，なぜ電子スピンの操作という大変な労をとって，ゲーム戦略を量子状態 $|\alpha\rangle$, $|\beta\rangle$ で実現する必要があるのか？ その答えが，個々の状態 $|\alpha\rangle$, $|\beta\rangle$ から，両プレーヤからなる系全体の状態を作る際の次項の操作にあり，量子ゲーム理論の核心はまさにそこにある。

4.4.2 連結確率の非分離性

二つの量子的対象，すなわちプレーヤ A, B それぞれが操作する二つの電子があるとして，その二つの電子の状態はどのように表されるだろうか？ 個々の電子の状態を表す波動関数の直積空間全体というのが，その答えである。その中には，任意の直積状態の線形和すべてが含まれ，単なる直積ではけっして表され得ない式 (4.2), (4.3) のようなもつれ状態も当然含まれることになる。式

164   4. 量子意思決定論と量子ゲーム理論

(4.58), (4.59) で表された両プレーヤ戦略から，2 体ヒルベルト空間で許される
すべての状態の構成を行う方法にはいくつかがある。その中の一つ[76] をここで
詳説しよう。この方法は，量子戦略の物理的内実を明らかにする点に長がある。
二つの実数パラメータ γ_1, γ_2 を持つ相関演算子

$$
\begin{aligned}
J(\gamma) &= e^{i\gamma_1 S/2} e^{i\gamma_2 T/2} \\
&= \left(\cos\frac{\gamma_1}{2} + i\sin\frac{\gamma_1}{2} S \right) \left(\cos\frac{\gamma_2}{2} + i\sin\frac{\gamma_2}{2} T \right)
\end{aligned}
\tag{4.62}
$$

を考える。これを直積状態 $|\alpha\rangle |\beta\rangle$ に作用させて，2 体状態

$$
|\Psi(\alpha, \beta; \gamma)\rangle = J(\gamma) |\alpha\rangle |\beta\rangle
\tag{4.63}
$$

を作る。ここで，S, T はそれぞれ，両プレーヤの戦略の交換と，各プレーヤの
戦略の反転（$|0\rangle \to |1\rangle$, $|0\rangle \to |1\rangle$）を伴って戦略の交換を行う演算子である。
すなわち

$$
S |i\rangle_A |j\rangle_B = |j\rangle_A |i\rangle_B
\tag{4.64}
$$

$$
T |i\rangle_A |j\rangle_B = |1-j\rangle_A |1-i\rangle_B
\tag{4.65}
$$

となる。このように構成された 2 体状態は，量子的連結確率

$$
P_{i,j}(\Psi(\alpha, \beta; \gamma)) = |{}_A\langle i| {}_B\langle j| \Psi(\alpha, \beta; \gamma)\rangle|^2
\tag{4.66}
$$

を与える。これをゲーム理論の戦略を表す連結確率として用いることを考えて
みる。

2 行 2 列の利得行列 A, B で指定される 2 プレーヤ 2 戦略のゲームを考える。
利得行列と量子的もつれ相関も許す一般的量子状態から作られた上記の連結確
率を組み合わせて，量子的効用関数

$$
\Pi_A(\alpha, \beta; \gamma) = \sum_{i,j} A_{i,j} P_{i,j}(\Psi(\alpha, \beta; \gamma))
\tag{4.67}
$$

$$
\Pi_B(\alpha, \beta; \gamma) = \sum_{i,j} B_{i,j} P_{i,j}(\Psi(\alpha, \beta; \gamma))
\tag{4.68}
$$

を作ることができる。これを極大化することを念頭に両プレーヤが状態を選択するとなにが起こるかを考えてみる。2人のプレーヤが個々に量子状態で表される戦略 $\alpha = (\alpha_0, \alpha_1)$，$\beta = (\beta_0, \beta_1)$ を選択した後，一種のレフェリーとして働く第三者が2人の用意した状態に，二つの実数 γ_1，γ_2 パラメータで指定される操作を加えて量子的もつれを許す量子状態を作り，それから計算された連結確率に従って両プレーヤの利得を計算して両プレーヤに伝え，そして，その結果に基づき両プレーヤは戦略を調整し新しい状態を準備し，という過程を繰り返して，両者が利得の極大化を得た時点で終了する，という想定である。この両プレーヤの利得極大状態を「量子的ナッシュ均衡」と呼ぼう。このゲームの進行を統制している第三者が，ゲームのプレイ環境を定める社会のルールの執行を体現していると考えれば，これはゲームの利得表に加えて，ゲームプレイに新しい規則を持ち込んだ条件付きゲームを扱っていると考えることもできる。「レフェリーのゲームへの介在」のため，両プレーヤの戦略を表す連結確率 $P_{i,j}$ は，両者がおのおの単独で行う選択 p_i，q_j の積にはならない，とするのである。

もし相関関数のパラメータ γ を $\gamma_1 = 0$，$\gamma_2 = 0$ と選べば，$J(\gamma)$ は $J(0) = 1$ となり，2体状態は $|\Psi(\alpha, \beta; 0)\rangle = |\alpha\rangle |\beta\rangle$ と単なる直積に戻る。すると，連結確率は

$$P_{i,j}(\Psi(\alpha, \beta; 0)) = |\langle i|\alpha\rangle|^2 |\langle j|\beta\rangle|^2 = p_i q_j \tag{4.69}$$

と単に両プレーヤの選択確率の積で書けるので，その結果効用関数は

$$\Pi_A(\alpha, \beta; 0) = \sum_{i,j} A_{i,j} p_i q_j \tag{4.70}$$

$$\Pi_B(\alpha, \beta; 0) = \sum_{i,j} B_{i,j} p_i q_j \tag{4.71}$$

となって，通常の「古典ゲーム」のものと同一になる。つまり，量子ゲーム理論は，量子相関の消滅する極限で通常のゲーム理論を含んだより一般的な理論になっているわけである。

4.4.3 量子的ナッシュ均衡

量子的な戦略があるときのゲームの効用関数は，形式的には式 (4.70), (4.71) で与えられて，これらから変数 α_i, β_j による変分

$$\frac{\partial}{\partial \alpha_i}\Pi_A(\alpha, \beta; \gamma)\Big|_{(\alpha^\star, \beta^\star)} = 0 \tag{4.72}$$

$$\frac{\partial}{\partial \beta_j}\Pi_B(\alpha, \beta; \gamma)\Big|_{(\alpha^\star, \beta^\star)} = 0 \tag{4.73}$$

で量子的なナッシュ均衡が与えられる。しかし，このままでは問題ごとに計算はできても，見通しが悪く，一体なにが起こっているのかをうかがい知ることができない。具体的な量子相関の形 (4.62) が与えられているので，ここで扱っている 2×2 の量子ゲームについては計算を進めて，量子効用関数をつぎの形に書き下すことができる。

$$\Pi_A(\alpha, \beta; \gamma) = \sum_{i,j} A_{i,j}^{PC}(\gamma)p_i q_j + \Pi_A^Q(\alpha, \beta; \gamma) \tag{4.74}$$

$$\Pi_B(\alpha, \beta; \gamma) = \sum_{i,j} B_{i,j}^{PC}(\gamma)p_i q_j + \Pi_B^Q(\alpha, \beta; \gamma) \tag{4.75}$$

ここで，$A_{i,j}^{PC}$, $B_{i,j}^{PC}$ は

$$\begin{aligned}
A_{i,j}^{PC}(\gamma) = \cos^2\frac{\gamma_1}{2}A_{i,j} &+ \left(\cos^2\frac{\gamma_2}{2} - \cos^2\frac{\gamma_1}{2}\right)A_{j,i} \\
&+ \sin^2\frac{\gamma_2}{2}A_{1-i,1-j}
\end{aligned} \tag{4.76}$$

$$\begin{aligned}
B_{i,j}^{PC}(\gamma) = \cos^2\frac{\gamma_1}{2}B_{i,j} &+ \left(\cos^2\frac{\gamma_2}{2} - \cos^2\frac{\gamma_1}{2}\right)B_{j,i} \\
&+ \sin^2\frac{\gamma_2}{2}B_{1-i,1-j}
\end{aligned} \tag{4.77}$$

と書ける「実効的等価古典ゲーム」を表すゲームテーブルを与えている。そして

$$\begin{aligned}
&\Pi_A^Q(\alpha, \beta; \gamma) \\
&\quad = -\sqrt{p_0 p_1 q_0 q_1} \times \{G_+(\gamma)\sin(\xi+\chi) + G_-(\gamma)\sin(\xi-\chi)\}
\end{aligned} \tag{4.78}$$

$$\begin{aligned}
&\Pi_B^Q(\alpha, \beta; \gamma) \\
&\quad = -\sqrt{p_0 p_1 q_0 q_1} \times \{H_+(\gamma)\sin(\chi+\xi) + H_-(\gamma)\sin(\chi-\xi)\}
\end{aligned} \tag{4.79}$$

は「量子干渉項」を表している。ここで，ξ, χ は量子戦略変数を

$$(\alpha_0, \alpha_1) = (\sqrt{p_0}, \sqrt{p_1}e^{i\xi}), \quad (\beta_0, \beta_1) = (\sqrt{q_0}, \sqrt{q_1}e^{i\chi}) \qquad (4.80)$$

と表したときに現れる相対位相であり，また $G_\pm(\gamma), H_\pm(\gamma)$ は

$$G_+(\gamma) = (A_{0,0} - A_{1,1})\sin\gamma_2, \quad G_-(\gamma) = (A_{0,1} - A_{1,0})\sin\gamma_1 \quad (4.81)$$

$$H_+(\gamma) = (B_{0,0} - B_{1,1})\sin\gamma_2, \quad H_-(\gamma) = (B_{0,1} - B_{1,0})\sin\gamma_1 \quad (4.82)$$

で定義される量である。形を見てわかるとおり，この量子干渉項は古典ゲームの変形として理解できない量子論特有の効果である。この結果を考えると，かりにここで「量子干渉項」が無視できるほど小さい状況があるとすれば，そのときは量子ゲームというのは，畢竟「ゲームテーブルを変更した古典ゲーム」と実質同等であることを示している。これを「量子的擬古典ゲーム」と呼ぶこともできるだろう。例えば，これは各プレーヤの戦略 $|\alpha\rangle, |\beta\rangle$ が

$$|\alpha\rangle = \sqrt{p_0}\,|0\rangle + \sqrt{p_1}\,|1\rangle \qquad (4.83)$$

$$|\beta\rangle = \sqrt{q_0}\,|0\rangle + \sqrt{q_1}\,|1\rangle \qquad (4.84)$$

と実数で与えられて位相 ξ, χ がともにゼロのときには，常識からわかるとおり，量子干渉項は正確にゼロとなる。

　量子的ナッシュ均衡を実際に求めようとすると，量子的効用関数が複雑すぎて，これを解析的に解くことは不可能であることがわかる。そこで，具体例一つ一つについて，数値的なアプローチに頼らざるを得ない。**図 4.1** は囚人のジレンマ型のゲーム

$$A = \begin{pmatrix} 1 & 5 \\ b & 3 \end{pmatrix}, \quad B = \begin{pmatrix} 1 & b \\ 5 & 3 \end{pmatrix} \qquad (4.85)$$

をプレイした結果のナッシュ均衡での利得を (γ_1, γ_2) の関数として示したものである。図 (a) が $b = 0$ の結果で，図 (b) が $b = 0.2$ の結果である。両例ともに $\gamma_2 = 0$，$\gamma_1 \geqq \frac{\pi}{2}$ で実効的利他性のためにパレート効率的な「望ましい」

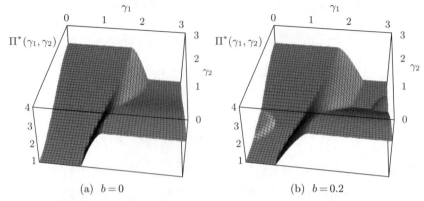

図 4.1 囚人のジレンマの量子的ナッシュ均衡における利得の値 Π^* をパラメータ γ_1, γ_2 の関数として示したもの。(a) はゲームテーブルのパラメータ $b = 0$, (b) は $b = 0.2$ での結果。

ナッシュ均衡が達成され，利得が 3 になっていることが見て取れる。量子補正は図 (a) では至るところゼロであるが，図 (b) では $\gamma_1 = 0$ 付近および $\gamma_1 = \pi$ 付近の「丸い突起」として小さいながら観測されることもおもしろい結果である。

4.4.4 量子的利他性

ここで特に $\gamma_2 = 0$ という選択を行えば，式 (4.76), (4.77) は

$$A_{i,j}^{PC}(\gamma) = \cos^2 \frac{\gamma_1}{2} A_{i,j} + \sin^2 \frac{\gamma_1}{2} A_{j,i} \tag{4.86}$$

$$B_{i,j}^{PC}(\gamma) = \cos^2 \frac{\gamma_1}{2} B_{i,j} + \sin^2 \frac{\gamma_1}{2} B_{j,i} \tag{4.87}$$

となっていることがわかる。対称ゲームを考えるときは，$A_{i,j} = B_{j,i}$ から，これらの右辺は $\cos^2 \frac{\gamma_1}{2} A_{i,j} + \sin^2 \frac{\gamma_1}{2} B_{i,j}$, $\cos^2 \frac{\gamma_1}{2} B_{i,j} + \sin^2 \frac{\gamma_1}{2} A_{i,j}$ とも書ける。量子干渉項が 0，もしくは無視できるほど小さいと仮定すると，効用関数は

$$\Pi_A(\alpha, \beta; \gamma) = \sum_{i,j} \left[\cos^2 \frac{\gamma_1}{2} A_{i,j} + \sin^2 \frac{\gamma_1}{2} B_{i,j} \right] p_i q_j \tag{4.88}$$

$$\Pi_B(\alpha, \beta; \gamma) = \sum_{i,j} \left[\cos^2 \frac{\gamma_1}{2} B_{i,j} + \sin^2 \frac{\gamma_1}{2} A_{i,j} \right] p_i q_j \tag{4.89}$$

で与えられる。この表現の意味を考えるために，少しの間，量子力学は忘れて，社会の中での人間の行動について考えてみよう。

人間のような社会性生物が，社会化されるよう教育（もしくは洗脳）を受けて，社会の中では個体の「本来の効用関数」とは異なった量を最大化するように習慣付けられることがある，と考えてみよう。実際，われわれ自身を振り返っても，生まれつきそうなのか教育の結果かは不明ながら，「他人の利益を思いやる」という習慣は非常に根強いもので，さらにそれは「善」「気高い行い」「英雄的行為」として社会的な称揚を受けることで，たえず強化されるようになっている。もちろん自分自身の個体の利益を守るという生物学的な動機も強いので，われわれの社会の中での行動の動機は，自分の効用関数と他人の効用関数のある比率での組合せとしてモデル化することができる[77]。これを 2 プレーヤゲームで考えると，「本来の」個体のゲームテーブルが $A_{i,j}$, $B_{i,j}$ で与えられるとき，「利他的なプレーヤ」A, B の効用関数は，それぞれ

$$\tilde{A}^a_{i,j} = (1-a)A_{i,j} + aB_{i,j} \tag{4.90}$$

$$\tilde{B}^a_{i,j} = (1-a)B_{i,j} + aA_{i,j} \tag{4.91}$$

で与えられる。ゲームが両プレーヤについて対称にできているときは，$B_{i,j} = A_{j,i}$ という関係が成り立つ。ここで，a は 0 と 1 の間の実数をとる「利他性パラメータ」で，$a = 0$ が通常の「利己的」戦略の追求に相当し，$a = 1$ は両者ともに，いわば相手と自分を逆に取り違えた「完全に利他的」動機を表している。差し当たって，この a は社会全体の定数だと考えることにする。この利他性パラメータ a のあるゲームのナッシュ均衡は，利他的に修正された効用関数

$$\tilde{\Pi}^a_A(\omega_A, \omega_B) = \sum_{i,j} \left[(1-a)A_{i,j} + aA_{j,i} \right] p_i q_j \tag{4.92}$$

$$\tilde{\Pi}^a_B(\omega_A, \omega_B) = \sum_{i,j} \left[(1-a)B_{i,j} + aB_{j,i} \right] p_i q_j \tag{4.93}$$

の最大化

$$\tilde{\Pi}_A^a(\omega_A, \omega_B^\star) \ \text{ maximum at } \omega_A = \omega_A^\star \qquad (4.94)$$

$$\tilde{\Pi}_B^a(\omega_A^\star, \omega_B) \ \text{ maximum at } \omega_B = \omega_B^\star \qquad (4.95)$$

で与えられる。結果，ナッシュ均衡は利他性を表すパラメータ a の関数になり，社会的生物はこの a を最適化するような「倫理」を進化的に獲得すると考えられる。式 (4.88), (4.89) と式 (4.92), (4.93) との比較からもはや明らかなように，実質的にいって量子戦略がゲームにもたらすのは，この利他的戦略にほかならない。

利他的プレイがもたらす効果を見るために，例として前にも出た囚人のジレンマゲームを取り上げてみる。

$$A = \begin{pmatrix} 1 & 5 \\ 0 & 3 \end{pmatrix}, \quad B = \begin{pmatrix} 1 & 0 \\ 5 & 3 \end{pmatrix} \qquad (4.96)$$

利他性パラメータが a であるゲームプレイは，実効的利得行列が

$$\tilde{A} = (1-a)A + aB = \begin{pmatrix} 1 & 5(1-a) \\ 5a & 3 \end{pmatrix} \qquad (4.97)$$

$$\tilde{B} = (1-a)B + aA = \begin{pmatrix} 1 & 5a \\ 5(1-a) & 3 \end{pmatrix} \qquad (4.98)$$

の通常のゲームに等価であるので，$a > 2/5$ で $\omega_A^\star = \omega_B^\star = \{0, 1\}$ が均衡解となり，これは両者ともに利得が 3 のパレート効率的なナッシュ均衡になっている。つまり，利己的動機を利他的動機で適宜バランスするような「倫理」が，社会全体として最適なものだという結論になる。

4.4.5 相 関 均 衡

量子的ナッシュ均衡の内実を，「利他的戦略の均衡」として古典的なゲーム理論の枠組みで理解するといった場合，実際にこれを実現するためのゲームプレ

イの手順を考えてみると，じつはここで「相関戦略」「相関均衡」という新しい概念を導入する必要があることがわかる．相関均衡とはプレーヤたちが「相関戦略」をとる場合に達するナッシュ均衡のことである．そして相関戦略とは，ゲームプレーヤ全員が共通に観察できるなんらかの偶然性を含んだ事象があって，プレーヤがこの偶然事象に依存して選択する戦略のことである．いま，両プレーヤが見ることのできる確率 a で生起する事象，例えば信号の点灯があると想定してみよう．両プレーヤがあらかじめ打ち合わせておいて，信号が点灯していなければ両者は通常にゲームテーブルを見て自己の利得の最大化を目指して戦略を選択し，信号が点灯している間は両プレーヤの利得行列を入れ替えて，相手の利得行列に載っている数字をあたかも自分の利得であるかのように読んで，その利得の最大化を目指して戦略を選択するものとする．明らかに，この相関戦略によって確率 a で利他的戦略，確率 $1-a$ で通常の「利己的」戦略をとるゲームプレイが実現できる．そして，そこで達せられた相関均衡が，希望の利他的戦略の均衡になっている，というわけである．

このようにして得た相関均衡が実際に成立するためには，相手も自分の利得行列を使ってプレイしているという，プレーヤ間の暗黙の了解がなければならず，これは通常の古典的ゲームの相関戦略では想定されていないものである．この「相互の意図の了解」の存在をはっきり見るには，少し見方を変えるとよい．いま，例えば，半分の確率で利他的戦略をとることに相当するもつれのある量子戦略

$$
|\psi\rangle_{A,B} = \frac{1}{\sqrt{2}}(1+iS)\begin{pmatrix} \alpha_0 \\ \alpha_1 \end{pmatrix}_A \bigotimes \begin{pmatrix} \beta_0 \\ \beta_1 \end{pmatrix}_B
$$

$$
= \frac{1}{\sqrt{2}}\left[\begin{pmatrix} 1 & 0 & 0 & 0 \\ 0 & 1 & 0 & 0 \\ 0 & 0 & 1 & 0 \\ 0 & 0 & 0 & 1 \end{pmatrix} + i\begin{pmatrix} 1 & 0 & 0 & 0 \\ 0 & 0 & 1 & 0 \\ 0 & 1 & 0 & 0 \\ 0 & 0 & 0 & 1 \end{pmatrix}\right]\begin{pmatrix} \alpha_0\beta_0 \\ \alpha_0\beta_1 \\ \alpha_1\beta_0 \\ \alpha_1\beta_1 \end{pmatrix}
$$

$$(4.99)$$

すなわち

$$|\psi\rangle_{A,B} = \frac{1}{\sqrt{2}} \begin{pmatrix} (1+i)\alpha_0\beta_0 \\ \alpha_0\beta_1 + i\alpha_1\beta_0 \\ i\alpha_0\beta_1 + \alpha_1\beta_0 \\ (1+i)\alpha_1\beta_1 \end{pmatrix} \tag{4.100}$$

を考えてみる。これが生み出す連結確率 $P_{i,j} = |_A\langle i|_B\langle j|\,\Psi\,\rangle_{A,B}|^2$ は

$$P_{0,0} = |\alpha_0\beta_0|^2, \quad P_{0,1} = \frac{1}{2}\left(|\alpha_0\beta_1|^2 + |\alpha_1\beta_0|^2\right) \tag{4.101}$$

$$P_{1,0} = \frac{1}{2}\left(|\alpha_0\beta_1|^2 + |\alpha_1\beta_0|^2\right), \quad P_{1,1} = |\alpha_1\beta_1|^2 \tag{4.102}$$

と与えられる。これを量子相関ではなく通常の「古典的」手段で実現しようとすれば，例えばつぎのようなメカニズムを用意すればよい。両プレーヤの戦略を検知して信号を発する機械（もしくは人間）を用意して，両プレーヤの戦略が同じ場合（すなわち $0_A\,0_B$，ないし $1_A\,1_B$ の場合）は機械はなにもしない。両プレーヤの戦略が揃っていない場合（すなわち $0_A\,1_B$，ないし $1_A\,0_B$ の場合）は2分の1の確率で信号を点灯する。信号を見た両プレーヤは，ともに自分の選択を反対に（すなわち $0_A \to 1_A$，$1_B \to 0_B$ などに）替えると約束しておくのである。これを見ると，両プレーヤの間に，戦略検知機械を通じてのテレパシーに類する意思疎通がなされていることが了解できるであろう。

4.5　量子的不完備情報ゲーム

　前節の量子ゲームの取り扱いでは，通常のゲーム理論で扱いにくいプレーヤの相関を素直かつ簡易な形でゲーム理論に取り込む現象論としての側面を特に強調した。ゲーム理論に量子的確率を持ち込むもう一つの動機は，もちろん，ゲームプレーヤが電子スピンなどの量子状態の操作を実際に用い，古典的には対応物のない量子的もつれ状態を作り出して，実際に量子的なゲームプレイを実現することである。それによって，通常はあり得ないような，全員にとって

利得のより高い新しいナッシュ均衡を実現できるかもしれないという希望が存するからである。いずれ実際の社会の中で，例えば参加者が電子のスピンの上下で売り買いを伝える量子的装置を用いた投資市場のようなものとしてそれが具現化されることも，十分考えられる。そこでは，すべての参加者が，現在の市場に比して安定的な高い収益を得ているかもしれない。そのような新規の収益は，量子戦略のもたらす新しいナッシュ均衡での利得のうちで，より複雑な古典的戦略の有効理論として得られたものではない部分，すなわち量子的な戦略に真に固有な部分に起因しているはずである。前節の数値例を見ると，この真に量子的な利得 Π^Q は，古典的な利得に対するなごく小さな補正として出てきている。これはもちろんゲームテーブルの性質にもよるのだろうが，そのような目を凝らさなければ見えない「小さな補正」ではなく，見まがいようもない主要な効果として，純量子的な利得を引き出すような設定はないのだろうか？これに対する答えがハーサニィの不完備情報ゲームを量子化する中で得られることを，この節で説明する。その際に鍵になるのが，量子論の最も深遠な定理の一つである「ベルの不等式の破れ」である。

4.5.1 量子的ベイズ-ナッシュ均衡

　囚人のジレンマのもとにある社会が，より平均利得を高める機構を得る状況のモデルとして，「監視者」の混入した不完備ゲームを **4.3.3** 項で取り扱った。今度は，この不完備ゲームに量子的確率を導入することを考えてみよう。プレーヤ A は $t = 0, 1$ で表される二つのタイプを，またプレーヤ B は $s = 0, 1$ の二つのタイプをとることができると考え，両方のプレーヤについて各タイプの出現確率が $r^{\{0\}}$, $r^{\{1\}}$ で与えられるとする。ゲームテーブル A, B は双方のタイプに応じた四つの行列 $A^{\{t,s\}}$, $B^{\{t,s\}}$ の集合と考えることにする。

　タイプ t のプレーヤ A が戦略 i $(= 0, 1)$ をとり，タイプ s のプレーヤ B が戦略 j $(= 0, 1)$ をとる2体の量子的連結確率 $P_{i,j}^{(t,s)}$ を考える。個々のプレーヤの戦略から2体ヒルベルト空間全体を張る状態を作るのに，ここでは **4.4.2** 項と少し違う「シュミット直交状態」を使ったアプローチ[78]を採用する。まず，

174   4. 量子意思決定論と量子ゲーム理論

量子的にもつれた 2 体の「初期状態」

$$|\Phi_{\gamma,\phi}\rangle = \cos\frac{\gamma}{2}|0\rangle_A|0\rangle_B + e^{i\phi}\sin\frac{\gamma}{2}|1\rangle_A|1\rangle_B \tag{4.103}$$

を用意する。ここで，γ, ϕ は量子的もつれの程度と位相を決める角度変数である。両プレーヤの戦略は，この初期状態上に対する「自分の状態」への操作と考えることにする。プレーヤ A の混合戦略を，演算

$$U(\alpha^{\{t\}})|0\rangle_A = \cos\frac{\alpha^{\{t\}}}{2}|0\rangle_A + \sin\frac{\alpha^{\{t\}}}{2}|1\rangle_A \tag{4.104}$$

$$U(\alpha^{\{t\}})|1\rangle_A = -\sin\frac{\alpha^{\{t\}}}{2}|0\rangle_A + \cos\frac{\alpha^{\{t\}}}{2}|1\rangle_A \tag{4.105}$$

で定義される操作 $U(\alpha^{\{t\}})$ で，そしてプレーヤ B の混合戦略を，演算

$$V(\beta^{\{s\}})|0\rangle_B = \cos\frac{\beta^{\{s\}}}{2}|0\rangle_B + \sin\frac{\beta^{\{s\}}}{2}|1\rangle_B \tag{4.106}$$

$$V(\beta^{\{s\}})|1\rangle_B = -\sin\frac{\beta^{\{s\}}}{2}|0\rangle_B + \cos\frac{\beta^{\{s\}}}{2}|1\rangle_B \tag{4.107}$$

で定義される操作 $V(\beta^{\{s\}})$ で指定することにする。$\gamma = 0$ の量子的もつれがない場合を考えれば，これは，プレーヤ A は戦略 0, 1 をおのおの $\cos^2\frac{\alpha^{\{s\}}}{2}$，$\sin^2\frac{\alpha^{\{s\}}}{2}$ の確率で，またプレーヤ B はそれらを $\cos^2\frac{\beta^{\{s\}}}{2}$，$\sin^2\frac{\beta^{\{s\}}}{2}$ の確率で選択している状況を表している。タイプ t のプレーヤ A が戦略 i をとり，かつタイプ s のプレーヤ B が戦略 j をとる連結確率 $P_{i,j}^{\{t,s\}}$ は，初期状態に操作 $U(\alpha^{\{t\}})$ と $V(\beta^{\{s\}})$ を加えた状態から

$$P_{i,j}^{\{t,s\}}(\alpha^{\{t\}}, \beta^{\{s\}}; \gamma, \phi)$$
$$= \left|{}_A\langle i|\,{}_B\langle j|\,U(\alpha^{\{t\}})V(\beta^{\{s\}})\Phi_{\gamma,\phi}\rangle\right|^2 \tag{4.108}$$

と定まる。これと利得行列 $A^{\{t,s\}}$, $B^{\{t,s\}}$ から

$$\Pi_A(\alpha, \beta; \gamma, \phi)$$
$$= \sum_{t,s}\sum_{i,j} r^{\{t\}}r^{\{s\}}A_{i,j}^{\{t,s\}}P_{i,j}^{\{t,s\}}(\alpha^{\{t\}}, \beta^{\{s\}}; \gamma, \phi) \tag{4.109}$$

$$\Pi_B(\alpha, \beta; \gamma, \phi)$$

$$= \sum_{t,s} \sum_{i,j} r^{\{t\}} r^{\{s\}} B_{i,j}^{\{t,s\}} P_{i,j}^{\{t,s\}} (\alpha^{\{t\}}, \beta^{\{s\}}; \gamma, \phi) \qquad (4.110)$$

と効用関数が定まる。これを用いて，量子的なベイズ-ナッシュ均衡は

$$\left. \frac{\partial}{\partial \alpha_i^{\{t\}}} \Pi_A(\alpha, \beta; \gamma, \phi) \right|_{(\alpha^\star, \beta^\star)} = 0 \qquad (4.111)$$

$$\left. \frac{\partial}{\partial \beta_j^{\{s\}}} \Pi_B(\alpha, \beta; \gamma, \phi) \right|_{(\alpha^\star, \beta^\star)} = 0 \qquad (4.112)$$

によって求まるのである。

4.5.2 純量子的利得とベルの不等式の破れ

このような不完備情報ゲームの量子版を一般的に解析することは，いまの2タイプ2プレーヤ2戦略の $2 \times 2 \times 2$ 型に制限しても，複雑すぎてなかなか困難である。ここでは，ナッシュ均衡での効用関数の値の純量子的成分を抜き出すという目的に特化した，きわめて特殊な例を調べることにする。つぎのような利得行列を考える[79]。プレーヤ A に対して

$$A^{\{0,0\}} = \begin{pmatrix} 3 & 0 \\ 0 & 1 \end{pmatrix}, \ A^{\{0,1\}} = \begin{pmatrix} -3 & 0 \\ 0 & -1 \end{pmatrix} \qquad (4.113)$$

$$A^{\{1,0\}} = \begin{pmatrix} -3 & 0 \\ 0 & -1 \end{pmatrix}, \ A^{\{1,1\}} = \begin{pmatrix} -1 & 0 \\ 0 & -3 \end{pmatrix} \qquad (4.114)$$

であり，プレーヤ B に対しては

$$B^{\{0,0\}} = \begin{pmatrix} 1 & 0 \\ 0 & 3 \end{pmatrix}, \ B^{\{1,0\}} = \begin{pmatrix} -1 & 0 \\ 0 & -3 \end{pmatrix} \qquad (4.115)$$

$$B^{\{0,1\}} = \begin{pmatrix} -1 & 0 \\ 0 & -3 \end{pmatrix}, \ B^{\{1,1\}} = \begin{pmatrix} -3 & 0 \\ 0 & -1 \end{pmatrix} \qquad (4.116)$$

176   4. 量子意思決定論と量子ゲーム理論

である。いまプレーヤタイプの出現率は等確率，すなわち $r^{\{0\}} = \dfrac{1}{2}$, $r^{\{1\}} = \dfrac{1}{2}$ であると仮定してみる。効用関数 (4.109), (4.110) を計算すると

$$\Pi_A = \frac{3}{4}\left(P_{0,0}^{\{0,0\}} - P_{0,0}^{\{1,0\}} - P_{0,0}^{\{0,1\}} - P_{1,1}^{\{1,1\}}\right)$$
$$+\frac{1}{4}\left(P_{1,1}^{\{0,0\}} - P_{1,1}^{\{1,0\}} - P_{1,1}^{\{0,1\}} - P_{0,0}^{\{1,1\}}\right) \tag{4.117}$$

$$\Pi_B = \frac{1}{4}\left(P_{0,0}^{\{0,0\}} - P_{0,0}^{\{1,0\}} - P_{0,0}^{\{0,1\}} - P_{1,1}^{\{1,1\}}\right)$$
$$+\frac{3}{4}\left(P_{1,1}^{\{0,0\}} - P_{1,1}^{\{1,0\}} - P_{1,1}^{\{0,1\}} - P_{0,0}^{\{1,1\}}\right) \tag{4.118}$$

となる。これから変分によって量子的ベイズ-ナッシュ均衡を定めると，結果は

$$\gamma = \frac{\pi}{2}, \quad \phi = 0, \quad \beta^{\{0\}\star} - \alpha^{\{0\}\star} = \frac{\pi}{4} \tag{4.119}$$

$$\beta^{\{1\}\star} - \alpha^{\{0\}\star} = \frac{3\pi}{4}, \quad \alpha^{\{1\}\star} - \beta^{\{0\}\star} = \frac{5\pi}{4} \tag{4.120}$$

と求まり，そのときのナッシュ均衡での効用関数の値は

$$\Pi_A^\star = \Pi_B^\star = \frac{\sqrt{2} - 1}{2} \tag{4.121}$$

である。参考のために，$\gamma = 0$ と制限して，連結確率を

$$P_{i,j}^{\{t,s\}} = p_i^{\{t\}}(\alpha^{\{t\}})q_j^{\{s\}}(\beta^{\{s\}})$$

という形に制限した上で，古典的なナッシュ均衡を求めてみると，それには八つの解があって，それは

$$\alpha^{\{0\}\star}[classical] = 0, \quad \beta^{\{0\}\star}[classical] = 任意 \tag{4.122}$$

$$\alpha^{\{1\}\star}[classical] = 0, \quad \beta^{\{1\}\star}[classical] = \pi \tag{4.123}$$

または

$$\alpha^{\{0\}\star}[classical] = \pi, \quad \beta^{\{0\}\star}[classical] = 任意 \tag{4.124}$$

$$\alpha^{\{1\}\star}[classical] = \pi, \quad \beta^{\{1\}\star}[classical] = 0 \tag{4.125}$$

と，この両方の解でプレーヤ α, β を入れ替えたもの，およびタイプ $\{0\}, \{1\}$ を入れ替えた 4 通りのものとなる。そして，そのすべての場合についてナッシュ均衡利得は

$$\Pi_A^\star[classical] = \Pi_B^\star[classical] = 0 \qquad (4.126)$$

となっている。

　効用関数が式 (4.117), (4.118) で与えられる不完備情報ゲームで，古典利得がゼロとなっていて，正の量となる量子利得は純粋に量子的起源のものであるというこの事実は，けっして偶然ではない。ベル不等式を扱った **4.1.2** 項に出てきた，2 観測者それぞれが 2 種の設定で二つのスピンの向きを測定する話を思い出すと，「スピンの測定軸」を「プレーヤのタイプ」，「測定されたスピンの向き」を「戦略」に読み替えれば，ここでの設定とまったくパラレルに対応していることがわかる。セレセーダ不等式 (4.8), (4.9) をいまの記号に合わせて書き直して再掲すると

$$P_{0,0}^{\{0,0\}} - P_{0,0}^{\{1,0\}} - P_{0,0}^{\{0,1\}} - P_{1,1}^{\{1,1\}} \leqq 0 \qquad (4.127)$$

$$P_{1,1}^{\{0,0\}} - P_{1,1}^{\{1,0\}} - P_{1,1}^{\{0,1\}} - P_{0,0}^{\{1,1\}} \leqq 0 \qquad (4.128)$$

となって，これから古典的なナッシュ均衡での効用関数の値 $\Pi_A^\star = \Pi_B^\star = 0$ は，セレセーダ型のベル不等式から予言される限界値であることが理解されるのである（章末の問題 (2)）。そしてさらに，量子戦略から得られたベイズ-ナッシュ均衡の利得は，$P_{i,j}^{\{t,s\}}$ についてのベル不等式の破れを引き起こすような，古典的には絶対にあり得ない量子的過程に起因したもの，と結論せざるを得ないことになる。

　われわれのゲームでの量子戦略の中身を見るために，効用関数をタイプの組合せごとに

$$\Pi_A = \sum_{t,s} r^{\{t\}} r^{\{s\}} \Pi_A^{\{t,s\}}, \quad \Pi_B = \sum_{t,s} r^{\{t\}} r^{\{s\}} \Pi_B^{\{t,s\}} \qquad (4.129)$$

と分解してみる。各項は

178   4. 量子意思決定論と量子ゲーム理論

$$
\Pi_A^{\{t,s\}} = \sum_{i,j} \left(\cos^2 \frac{\gamma}{2} A_{i,j}^{\{t,s\}} + \sin^2 \frac{\gamma}{2} B_{i,j}^{\{t,s\}} \right) p_i^{\{t\}} q_j^{\{s\}}
$$

$$
+ \cos\phi \sin\gamma \sqrt{p_0^{\{t\}} p_1^{\{t\}} q_0^{\{s\}} q_1^{\{s\}}} \sum_{i,j} (-)^{i+j} A_{i,j}^{\{t,s\}} \qquad (4.130)
$$

$$
\Pi_B^{\{t,s\}} = \sum_{i,j} \left(\cos^2 \frac{\gamma}{2} B_{i,j}^{\{t,s\}} + \sin^2 \frac{\gamma}{2} A_{i,j}^{\{t,s\}} \right) p_i^{\{t\}} q_j^{\{s\}}
$$

$$
+ \cos\phi \sin\gamma \sqrt{p_0^{\{t\}} p_1^{\{t\}} q_0^{\{s\}} q_1^{\{s\}}} \sum_{i,j} (-)^{i+j} B_{i,j}^{\{t,s\}} \qquad (4.131)
$$

と書ける。これは，前節の通常のゲームの量子戦略のものと似通った形で，古典的に解釈できる部分と純量子的な部分に分かれている。ナッシュ均衡においてこれの $\{t,s\}$ についての和をとると，前者の寄与は 0 であり，量子利得 (4.126) と古典利得 (4.130), (4.131) の差はすべて後者の量子的干渉項に由来することが示せる。かくして，量子的な不完備情報ゲームによって，古典戦略で置き換えることがけっしてできない純粋に量子的なナッシュ均衡での効用関数の値の存在をまがうかたなく示し，われわれの所期の目標に到達できたわけである。

4.6 まとめと展望

　本章では，人間の意思決定過程を量子力学の数理をもって解析する二つの試み，量子意思決定論と量子ゲーム理論を紹介した。人間の心理現象の記述に量子力学を持ち出すのは，一見突拍子もないことのようにも思える。しかし，人間の意思決定の心理過程において，確率概念が果たす中心的役割を考えれば，通常の確率を一般化した複素確率振幅の概念がそこに登場することは，必ずしも不自然なことではない。量子的確率振幅というものは，複数の事象が生起する場合の連結確率について，新たなより広い記述の枠組みを与えるという事実，これこそが本章で伝えようとした中心的メッセージである。われわれが日常的に接するさまざまな確率現象を，量子力学の視点でいま一度見直すことで，また新たな発見があるのかもしれない。

問　　　　題

(1)　与件 $|c)$ のもとでの「量子的」意思決定を与える式 $(4.23), (4.24)$，すなわち

$$P_{0|c} = \frac{q_{0|0}p_0 + q_{0|1}p_1 + 2\sqrt{p_0p_1}\sqrt{q_{0|0}\cdot q_{0|1}}\cos\chi_0}{1 + 2\sqrt{p_0p_1}\left\{\sqrt{q_{0|0}\cdot q_{0|1}}\cos\chi_0 + \sqrt{q_{1|0}\cdot q_{1|1}}\cos\chi_1\right\}}$$

$$P_{1|c} = \frac{q_{1|0}p_0 + q_{1|1}p_1 + 2\sqrt{p_0p_1}\sqrt{q_{1|0}\cdot q_{1|1}}\cos\chi_1}{1 + 2\sqrt{p_0p_1}\left\{\sqrt{q_{0|0}\cdot q_{0|1}}\cos\chi_0 + \sqrt{q_{1|0}\cdot q_{1|1}}\cos\chi_1\right\}}$$

を，量子的選択式 $(4.21), (4.22)$ から導け。

(2)　セレセーダ不等式 $(4.8)\sim(4.9)$ から，ゲームテーブル $(4.113)\sim(4.116)$，すなわち

$$A^{\{0,0\}} = \begin{pmatrix} 3 & 0 \\ 0 & 1 \end{pmatrix}, \quad A^{\{0,1\}} = \begin{pmatrix} -3 & 0 \\ 0 & -1 \end{pmatrix},$$

$$A^{\{1,0\}} = \begin{pmatrix} -3 & 0 \\ 0 & -1 \end{pmatrix}, \quad A^{\{1,1\}} = \begin{pmatrix} -1 & 0 \\ 0 & -3 \end{pmatrix}$$

そして

$$B^{\{0,0\}} = \begin{pmatrix} 1 & 0 \\ 0 & 3 \end{pmatrix}, \quad B^{\{1,0\}} = \begin{pmatrix} -1 & 0 \\ 0 & -3 \end{pmatrix},$$

$$B^{\{0,1\}} = \begin{pmatrix} -1 & 0 \\ 0 & -3 \end{pmatrix}, \quad B^{\{1,1\}} = \begin{pmatrix} -3 & 0 \\ 0 & -1 \end{pmatrix}$$

で与えられる不完備情報ゲームの古典的利得がけっして 0 を超えないことを導け。

5

量子機械と量子グラフ

5.1 量子アクチュエータ

5.1.1 カシミール力で動くマイクロメカニズム

　量子機械（quantum machine）は今世紀になって芽生えた新しい機械システムである。それゆえ，いまだ確固たる定義がない。ここでは二つの定義を考えてみる。第一の定義では，量子効果を利用した機械を量子機械とする。その場合，いかなる機械も，その駆動原理を突き詰めていくと量子力学を用いなければ説明できないので，すべての機械は量子機械となるが，ここでは，古典力学では駆動原理が説明困難な機械を広義の量子機械と呼ぶことにする。一方，第二の定義では，重ね合わせ状態が利用できる機械を量子機械とし，こちらを狭義の量子機械と呼ぶことにする。しばしば，量子計算機を量子機械と呼ぶが，ここでは可動部分のない量子計算機は機械とは見なさない。本章では，広義の量子機械としてハーバード大学の研究グループが作製したカシミール効果（Casimir effect）[80] で動く量子アクチュエータ[81] を，狭義の量子機械としてカリフォルニア大学の研究グループが作製したナノメカニカル共振器（nanomechanical resonator ）[82] を例に解説する。

　2001 年に Cappaso らを中心とする研究グループは，カシミール力を駆動力とする量子アクチュエータを *Science* 誌に発表した。実験で使用された量子機械は図 **5.1** に示すような構造をしており，可動部分は導電性の高いシリコンで作製されたトーションバー（厚さ $3.5\,\mu m$，面積 $500\,\mu m^2$）である。金属球を片

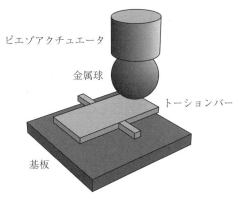

図 5.1 カシミール力で駆動される量子アクチュエータ。金属球とトーションバーの間にカシミール力が作用している。

側の板に近づけると，カシミール力と呼ばれる引力が増大し，ねじれ振り子の傾斜が観測された．この実験が注目されたのは，古典力学では説明不可能な力であるカシミール力をアクチュエータの駆動力とした点にある．カシミール力は光の量子揺らぎから生じる力であるので，まず，光の量子化についてごく簡単に述べる．

5.1.2 光の量子化とカシミール力

量子力学の誕生前，光は電磁場の振動であり，そのエネルギー密度は電場の大きさの 2 乗に比例すると理解されてきた．しかし，これだけでは黒体放射を完全には説明できなかった．現在では，光を光子の集合体と見なすことで，黒体放射をはじめ，光と物質の相互作用が説明できるようになった．

波（電磁波）の性質と粒子（光子）の性質を結び付けるために，真空中の電磁場を，1 辺が L の空間に区切って考える[83]．周期境界条件を課すと，位置 $\mathbf{x}$，時刻 t での電場と磁場は，それぞれ周期関数の和としてつぎのように表すことができる．

$$\mathbf{E}(\mathbf{x}, t) = \frac{1}{\sqrt{\epsilon_0 V}} \sum_{\mathbf{k}} \sum_{\sigma=1,2} \mathbf{e}^{(\sigma)}(\mathbf{k}) p_{\mathbf{k}}^{(\sigma)}(t) e^{i\mathbf{k}\cdot\mathbf{x}} \qquad (5.1)$$

182   5. 量子機械と量子グラフ

$$\mathbf{B}(\mathbf{x}, t) = \frac{1}{\sqrt{\epsilon_0 V}} \sum_{\mathbf{k}} \sum_{\sigma=1,2} \mathbf{k} \times \mathbf{e}^{(\sigma)}(\mathbf{k}) q_{\mathbf{k}}^{(\sigma)}(t) e^{i\mathbf{k} \cdot \mathbf{x}} \tag{5.2}$$

ここで，$\mathbf{k}$ は波数ベクトルであり，電場と磁場それぞれに対して垂直である。σ は光が持つ偏光の自由度を表し，$p_{\mathbf{k}}$ と $q_{\mathbf{k}}$ はそれぞれ電場と磁場の振幅に比例する量で，V は空間の体積である。周期境界条件より，波数ベクトルは

$$\mathbf{k} = \frac{2\pi}{L}(l, m, n) \quad (l, m, n = 0, \pm 1, \pm 2, \cdots) \tag{5.3}$$

に制限される。また，$\mathbf{e}^{(1)}$ と $\mathbf{e}^{(2)}$ はたがいに垂直な単位ベクトルであり，$\mathbf{k}$ とも垂直である。式 (5.1) と式 (5.2) をファラデーの電磁誘導の式

$$\nabla \times \mathbf{E}(\mathbf{x}, t) = -\frac{\partial \mathbf{B}(\mathbf{x}, t)}{\partial t} \tag{5.4}$$

に代入すると，第一の関係式 $p_{\mathbf{k}}^{(\sigma)}(t) = \dot{q}_{\mathbf{k}}^{(\sigma)}(t)$ を得る。さらに，磁場とマックスウェルの変位電流の関係式

$$\nabla \times \mathbf{B}(\mathbf{x}, t) = \frac{1}{c^2}\frac{\partial \mathbf{E}(\mathbf{x}, t)}{\partial t} \tag{5.5}$$

に式 (5.1) と式 (5.2) を代入すると，第二の関係式 $\dot{p}_{\mathbf{k}}^{(\sigma)}(t) = -c^2\mathbf{k}^2 q_{\mathbf{k}}^{(\sigma)}(t)$ を得る。ここで，c は光速度を表す。これら二つの関係式から

$$\ddot{q}_{\mathbf{k}}^{(\sigma)}(t) = -c^2\mathbf{k}^2 q_{\mathbf{k}}^{(\sigma)}(t) \tag{5.6}$$

が成り立つ。この式は，角振動数 $\omega = c|\mathbf{k}|$ の調和振動子が満たすべき運動方程式と同じである。このように，数学的には電磁場を調和振動子の集合として取り扱うことができる。ただし，$q_{\mathbf{k}}^{(\sigma)}$ の次元は質量の平方根に長さを掛けたものであり，変位量ではない。ここまでは古典物理学の結果であり，光子という考えを取り入れるには，古典にはない概念を導入しなければならない。それは，上で導入した $q_{\mathbf{k}}^{(\sigma)}$ を生成消滅演算子に置き換えることで可能となる。光子がない状態，つまり真空から光子が生成される過程を演算子の作用と考える。重要なのは，生成消滅演算子が満たすべき運動方程式が調和振動子に対するシュレディンガー方程式と数学的には同じである点にある。つまり，量子化した電磁

場も調和振動子の集合体と見なすことができる。光のエネルギーは，調和振動子を量子化した際に得られるエネルギー固有値と同じく

$$E_{\text{photon}} = \left(n + \frac{1}{2}\right)\hbar\omega \tag{5.7}$$

となる。ここで，$\hbar$はプランク定数を2πで割った値であり，nは光子数である。

さて，日常生活で，真空という言葉は物質のない空間という意味で用いられる。その意味で，宇宙は真空に近い状態と考えられる。しかし，宇宙の温度は絶対零度ではないため，光子まで含めて考えると，宇宙は目に見えない光で満ち溢れている。ここでは，真空を物質も光子も存在しない絶対零度の空間と考える。古典物理では，このような真空はまさに無の状態である。ところが，量子力学で得られた光子のエネルギーに関する式 (5.7) で粒子数nをゼロにしても，エネルギーはゼロにはならず，$\hbar\omega/2$の値となる。このエネルギーをゼロ点エネルギーと呼ぶ。強調すべきなのは，真空状態は任意の振動数に対してゼロ点エネルギーが存在するという点である。物理学者カシミールは，真空に2枚の鏡を向き合わせて配置するとどのようなことが起きるのかを考えた。ここで重要なのは，鏡の間には特定の波長を持つ光だけが存在できるということである。そのような制限により，鏡の外側と内側ではゼロ点振動の総和に差が生まれる可能性があり，その結果，鏡を動かす力が生じる。光は3次元空間の電磁場であるが，議論を簡単にするために，1次元空間の波を考えカシミール力を説明する[84]。位置xにおける振幅を$\phi(x)$とする。境界条件として$\phi(0) = \phi(L) = 0$を課すと，ゼロ点エネルギーの総和は

$$E_{1d}(L) = \frac{\hbar c}{2} \sum_{n=1}^{\infty} \frac{\pi n}{L} \tag{5.8}$$

と書ける。この量は明らかに発散する。そこで，Lが無限に大きい場合との差を考える[†]。

$$U_{1\text{d}}(L) \equiv E_{1\text{d}}(L) - \lim_{H \to \infty} \frac{L}{H} E_{1\text{d}}(H)$$

[†] 壁が十分離れた空間で幅Lの部分空間に含まれるエネルギーを引く。

184   5. 量子機械と量子グラフ

$$= \frac{\hbar c}{2} \left[\sum_{n=1}^{\infty} \frac{n\pi}{L} - \frac{L}{\pi} \int_0^{\infty} k dk \right] \tag{5.9}$$

ここで，L が大きい場合，$\frac{n}{H}$ を連続量と見なし，それを k とおくことにより，$E_{1d}(\infty)$ を積分を用いて書き換えた。この差も発散するので，さらに物理的な制限から，周波数が非常に大きい領域では右辺に寄与する部分は指数関数的に減少すると仮定する。これは，周波数がきわめて大きくなると電磁波は物質を透過することに基づいている。カットオフ関数と呼ばれる指数関数を用いてこの仮定を表現すると，つぎのように書ける。

$$U(L,\lambda) \equiv \frac{\hbar c}{2} \left[\sum_{n=1}^{\infty} \frac{n\pi}{L} \exp\left(-\frac{\lambda c n\pi}{L} \right) - \frac{L}{\pi} \int_0^{\infty} k e^{-\lambda c k} dk \right]$$
$$= \frac{\hbar c}{2} \left[\frac{\pi e^{-\pi c\lambda/L}}{L(1 - e^{-\pi c\lambda/L})^2} - \frac{L}{\pi c^2 \lambda^2} \right] \tag{5.10}$$

ここで，λ を 0 に近づけると，カシミールが考えた完全導体に近づき，以下に示すカシミールエネルギーと呼ばれる発散しないポテンシャルエネルギーが得られる（添字 C はカシミールエネルギーであることを表す）。

$$E_{1d,C} = -\frac{\pi \hbar c}{24L} \tag{5.11}$$

ここで，完全導体とはすべての周波数の光に対して反射率が 1 であるような物体であり，現実には存在しない。しかし，カシミール効果に関しては，間隔が大きい場合，金やアルミのような金属を近似的に完全導体と考えることができる。

電磁場についても，同様な考え方でカシミールエネルギーを計算できる。結果のみを示すと，完全導体平板が距離 L だけ離れて存在する場合，単位面積当りのカシミールエネルギーは

$$E_{3d,C}(L) = -\frac{\pi^2 \hbar c}{720L^3} \tag{5.12}$$

と表され，完全導体平板間に作用するカシミール力は

$$F_C(L) = -\frac{dE_{3d,C}(L)}{dL}$$

$$= -\frac{\pi^2 \hbar c}{240 L^4} \tag{5.13}$$

となる．この式でプランク定数をゼロにすると，カシミール力は作用しないことになる．この結果はカシミール力が古典力学では説明できないことを意味している．また，光速度を無限大とすると，カシミール力は発散する．したがって，光速度の有限性が重要になる．図 **5.2** の実線は，完全導体間のカシミール力の距離依存性を両対数で表示したものである．加えて，比較のためにシリカガラス間のカシミール力も示している．どちらの場合も，間隔が小さくなると力が急激に大きくなることがわかる．MEMS (micro electro mechanical systems) やナノマシンのような部品が高密度に集積された機械では，部品間のカシミール力が大きくなり凝着を引き起こす要因となっている．

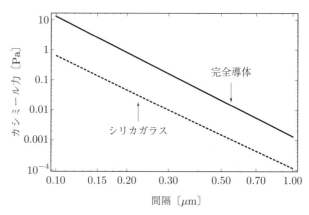

図 **5.2** 完全導体間ならびにシリカガラス間に作用する単位面積当りのカシミール力の絶対値（両対数表示）

5.1.3 量子アクチュエータの駆動力と制御

前項ではカシミール力の本質を見極めるため，仮想光子しか存在しない真空中に置かれた完全導体という現実にはあり得ない系を考えた．現実の世界ではおびただしい数の光子が存在し，あらゆる物体には電気抵抗がある[†]．したがっ

[†] 超伝導体は直流の電気抵抗はゼロであるが，交流に対しては抵抗がある．

186   5. 量子機械と量子グラフ

て，量子アクチュエータを実際に駆動・制御するためには，もう少し現実的な系で議論しなければならない。リフシッツは，温度が T の熱平衡状態にある誘電体平板に作用するカシミール力を求めた。重要な物理量は，平板間の距離 L と温度 T および板の誘電関数 $\epsilon(\omega)$ である。振動数 ω で振動する電磁場内に誘電体が置かれた場合，その分極の大きさは振動数に依存するため，誘電率は振動数の関数として考えなければならない。誘電体平板の単位面積当りに作用するカシミール力 $P(L,T)$ は，つぎに示すリフシッツの式で計算することができる。

$$P(L,T) = -\frac{k_\mathrm{B}T}{\pi} \sum_{\sigma \in \{\mathrm{TM,TE}\}} \sum_{l=0}^{\infty}{}' \int_0^{\infty} q_l G_\sigma(\xi_l, k_\perp, L) k_\perp dk_\perp \quad (5.14)$$

ここで，k_B はボルツマン定数，$\xi_l = 2\pi k_\mathrm{B}Tl/\hbar$ は松原周波数である。q_l は $(k_\perp + \xi_l^2/c^2)^{1/2}$ と定義され，$k_\perp$ は誘電体表面に射影した波数ベクトルの大きさである。Σ の右肩にあるプライムは，$l = 0$ の場合のみ $1/2$ を掛けることを表している。

リフシッツの式は複雑に見えるが，分解していくとカシミール力の物理がよくわかる。式中の l に関する和は，任意の周波数に対するゼロ点エネルギーを足し合わせていることを表している。また，平板に対する入射角の自由度があるため，その自由度の足し合わせが積分で表されている。つぎに，被積分関数の中身について説明していく。まず，TE（transverse electric）と TM（transverse magnetic）は偏光モード（σ）の違いを表しており，$G_\sigma(\xi_l, k_\perp, L)$ は次式で定義される。

$$G_\sigma(\xi_l, k_\perp, L) = \left(\frac{e^{2Lq_l}}{r_\sigma^2(i\xi_l, k_\perp)} - 1 \right)^{-1} \quad (5.15)$$

ここで，r_σ は反射係数で偏光モードによって異なる。以上のことから，カシミール力の大きさは主として物体の反射係数によって決まることがわかる。通常，反射係数が大きくなると G_σ も大きくなり，結果としてカシミール力は増大する。反射係数は，入射する光の振動数，入射角，そして偏光と物体の誘電関数によって，つぎのように決まる。

$$r_\mathrm{TM}(i\xi_l, k_\perp) = \frac{\epsilon(i\xi_l)q_l - k_l}{\epsilon(i\xi_l)q_l + k_l}, \quad r_\mathrm{TE}(i\xi_l, k_\perp) = \frac{q_l - k_l}{q_l + k_l} \quad (5.16)$$

$$k_l = \sqrt{k_\perp + \epsilon(i\xi_l)\frac{\xi_l^2}{c^2}} \tag{5.17}$$

式がいささか複雑になったので整理すると，カシミール力は反射係数に依存し，反射係数は誘電関数に依存することを，この式は表している。したがって，非磁性誘電体平板間に作用するカシミール力の大きさは温度，平板間隔，そして誘電関数で決まる。式 (5.16), (5.17) に含まれる誘電関数は虚数の周波数が引数となっており，それはつぎのクラマース–クローニッヒ（Kramers-Kronig）の関係式から計算できる。

$$\epsilon(i\xi) = 1 + \frac{2}{\pi}\int_0^\infty \frac{\omega\mathrm{Im}\epsilon(\omega)}{\omega^2 + \xi^2}d\omega \tag{5.18}$$

ここで，Im は誘電関数の虚部を表し，これは実験で測定可能な値である。例えば，シリカガラスの場合，虚数軸上の誘電関数はつぎの関数で良く近似できることが知られている。

$$\epsilon_{\mathrm{SiO}_2}(i\xi) = 1 + \frac{C_{\mathrm{UV}}\omega_{\mathrm{UV}}^2}{\xi^2 + \omega_{\mathrm{UV}}^2} + \frac{C_{\mathrm{IR}}\omega_{\mathrm{IR}}^2}{\xi^2 + \omega_{\mathrm{IR}}^2} \tag{5.19}$$

各パラメータは，$C_{\mathrm{UV}} = 1.098$, $C_{\mathrm{IR}} = 1.703$, $\omega_{\mathrm{UV}} = 2.033 \times 10^{16}\,\mathrm{rad/s}$, $\omega_{\mathrm{IR}} = 1.88 \times 10^{14}\,\mathrm{rad/s}$ である。これらの数値を用いて $T = 300\,\mathrm{K}$ におけるシリカガラス平板間のカシミール力を計算すると，**図 5.2** の破線になる。完全導体の場合と同様に間隔が小さくなると急激に増大しているが，その絶対値は完全導体の場合より小さい。Cappaso らが作製した量子アクチュエータの駆動力は $5.97 \times 10^{-5}\,\mathrm{N/rad}$ で，上述の方法に基づいた計算値とよく一致することが報告されている。カシミール力は通常の電磁気力とは異なり，バッテリーや磁石を必要としない。あらゆる場所に存在する真空の量子的な性質から生み出される力である。

ここまでは，室温においてもカシミール力がアクチュエータの駆動力となることを示した。つぎに，その制御として光を用いた方法を紹介する。MEMS の主要な材料がシリコンであるので，ドープされたシリコン間に作用するカシミール力の光制御を考える。導体の場合，光を反射する主たる担い手は自由電子で

ある．したがって，電子の数を変化させることができれば誘電率が変化し，その結果としてカシミール力も変化する．金属の誘電関数はプラズマモデルで説明されることが多く，その場合，誘電関数は

$$\epsilon(i\omega) = 1 + \frac{\omega_p^2}{\omega^2} \qquad (5.20)$$

で表され，ω_p はプラズマ振動数と呼ばれる．プラズマモデルで記述できる誘電体平板のカシミール力は，間隔が大きい場合

$$F_{\text{plasma}}(L) = F_C(L)\left(1 - \frac{16}{3}\frac{c}{\omega_p L}\right) \qquad (5.21)$$

と近似的に表すことができる．この式より，平板のプラズマ振動数が上昇するとカシミール力が増大することがわかる．シリコンに光を照射すると，電子とホールが生成される．プラズマ振動はそれら密度の平方根に比例するので，結果として光照射によりプラズマ振動数が増大し，カシミール力が増大する．その具体的な方法は，図 **5.3** に示すように，シリコン薄膜に光を照射することである．光はシリコン内で減衰するが，膜厚が十分小さい場合，生成された電子とホールは対面する表面まで拡散し反射係数を変化させる．この方法を用いたカシミール力の変調は，実験により実際に確認されている[85]．

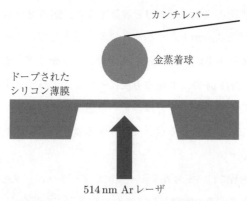

図 **5.3** カシミール力の光制御．Ar レーザの照射により薄膜部分でキャリアが増大する．

5.2 ナノメカニカル共振器

5.2.1 機械式共振器の量子ビット

重ね合わせ状態になりうる量子機械として，ナノメカニカル共振器（以下，共振器と呼ぶ）について考えていく。まず，量子力学が必要となる物体の大きさとはどれぐらいなのかを考えてみる。明らかに，古典力学だけでは電子の運動を完全には説明できない。量子力学がどうしても必要になってくる。原子はどうであろうか。原子の運動も古典力学だけでは説明できない。この問を続けていくとどうなるのか？　分子，クラスタ，ウイルス，微生物，…，人間，…，宇宙。どこに量子力学と古典力学の境界はあるのか？　これは量子力学の黎明期から問い続けられてきた問題である。量子力学の特徴である粒子性と波動性の二重性において，観測技術の向上により波動の挙動が見られる物体のスケールは，少しずつマクロな方向に進んでいる。例えば，炭素原子が 60 個集合したフラーレンの二重スリット実験では，自己干渉縞が観察されており，粒子像だけではフラーレンの挙動を説明できないことが明らかとなっている。ここで紹介する共振器はフラーレンよりはるかに多い原子から構成されているが，量子的な振る舞いをする。いかにして共振器の量子的な挙動を観測し制御するのかに注目して解説する。

梁は身近に見られる構造物であるが，それが量子的な運動をしているとは考えない。その一つの要因は，室温における熱エネルギーが，梁のエネルギー準位よりも十分大きいからである。**5.1.2** 項で述べたように，固有振動数が ω である調和振動子のエネルギー準位差は $\hbar\omega$ である。一方，温度 T の熱平衡状態における振動のエネルギーは $k_{\mathrm{B}}T$ 程度である。したがって，量子的挙動が顕著に観測されるには，$\hbar\omega \gg k_{\mathrm{B}}T$ でなければならない。梁の固有振動数は支持方法によって異なるが，厚み h，長さ l である片持ち梁の場合，固有振動数は

$$
\omega = \left(\frac{1.875}{l}\right)^2 \sqrt{\frac{Eh^2}{12\rho}} \tag{5.22}
$$

となる．シリコン（密度 $\rho = 2.39\,\mathrm{g/cm^3}$，ヤング率 $E = 167.4\,\mathrm{GPa}$）の場合，厚さが $0.1\,\mu\mathrm{m}$，長さが $100\,\mu\mathrm{m}$ であれば固有振動数は $14\,\mathrm{kHz}$ である．量子的な挙動が現れるには温度を $0.6\,\mu\mathrm{K}$ 以下にまで冷却する必要がある．ここで，長さを $100\,\mathrm{nm}$ まで縮小すると，固有振動数は $14\,\mathrm{GHz}$ となり，冷却温度は $0.6\,\mathrm{K}$ まで上昇する．この温度であれば希釈冷凍機で到達可能である．一方で，振幅は小さくなるため，検出が困難になる．

固有振動数が大きくなったことで，基底状態と第一励起状態のエネルギーギャップは大きなり，十分に冷却した状態では基底状態に存在する確率が高くなる．よって，基底状態と第一励起状態は量子ビットとなりうる．実際，カリフォルニア大学サンタバーバラ校（UCSB）のグループは，図 **5.4** のように超伝導量子ビットと共振器を組み合わせることにより，共振器が量子ビットのメモリになりうることを実証した．この実験で重要なのは，共振器が圧電素子で作製されており，機械的な運動が電気信号に変換されて電気回路と結合している点である．

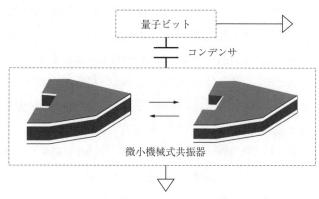

図 **5.4** ナノメカニカル共振器

量子機械の量子状態を測定する上で，超伝導量子ビットが重要な役割を果たしている．アルミやニオブのような金属は，極低温になると電気抵抗がゼロになり，超伝導（superconductivity）状態になる[86]．金属超伝導を微視的観点から説明することに成功した BCS 理論によれば，金属を低温にすると，電子と格子間の相互作用により電子間に引力が生じ，クーパー対と呼ばれる電子対が生成さ

れる。既存の素粒子はすべて，フェルミ粒子とボーズ粒子のどちらかに分類される。フェルミ粒子である電子は，パウリの排他原理により同一の量子状態を占めることはできないが，クーパー対はボーズ粒子であるため同一の量子状態になりうる。したがって，厳密ではないが，超伝導を一種のボーズ凝縮と見なすことができる。ボーズ凝縮したクーパー対は，超伝導体全体に広がった巨視的な波動関数によって記述される。それを端的に示すのが，磁束の量子化である。リング状の超伝導体の中空部に捉えられる磁束を測定すると不連続になっており，その大きさは磁束量子 $\phi_0 = h/(2e)$ の整数倍になっている。これは，波動関数の一価性，つまり，あらゆる場所で波動関数の値はただ一つの値を持つという制限から帰結される普遍的な性質である。ここで，超伝導リングの一部を絶縁体に置き換えたジョセフソン接合（Josephson junction）[87] と呼ばれる系を考える。絶縁体の厚みが薄ければ，クーパー対はトンネル効果†により絶縁体を通過することができる。その際に流れる電流は，絶縁体を挟んだ波動関数の位相差 θ を用いて

$$I = I_c \sin\theta \qquad (5.23)$$

と表される。ここで，I_c は臨界電流と呼ばれ，ジョセフソン接合に流れる電流が臨界電流以下であれば，位相差は時間に対して一定であり，電位差は生じない。電圧 V が印加された場合，位相差が時間的に変化し，その変化率は

$$\frac{d\theta}{dt} = \frac{2eV}{\hbar} \qquad (5.24)$$

で表される。

　さて，ここで図 **5.5** に示すようなジョセフソン接合（図中の×）に外部電流を繋げた回路の挙動を考える。外部からの電流を I とすると

$$I = I_c \sin\theta + C\frac{dV}{dt} + \frac{V}{R} \qquad (5.25)$$

が成り立つ。式 (5.24) を代入すると，位相に関する微分方程式

$$\frac{\hbar C}{2e}\frac{d^2\theta}{dt^2} + \frac{\hbar}{2eR}\frac{d\theta}{dt} + I_c \sin\theta - I = 0 \qquad (5.26)$$

---

† 古典力学では乗り越えられないポテンシャル障壁を透過する現象。

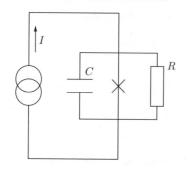

図 5.5 ジョセフソン接合を含んだ RC 回路

を得る．ここで，位相差を質量が $(\hbar/2e)^2 C$ である粒子の座標とすると，上の微分方程式は，つぎのポテンシャル U を運動する粒子の運動方程式と関係付けられる．

$$U(\theta) = -\frac{\phi_0}{2e}(I_c \cos\theta + I\theta) \tag{5.27}$$

このポテンシャルは「傾いた洗濯板ポテンシャル」と呼ばれ，I を変えると**図 5.6**のように傾きが変わる．粒子がポテンシャルの極小値にある状態から運動を始める場合を考える．初期速度が小さい場合，ポテンシャル障壁を通過することはできず，抵抗 R によるエネルギー散逸により元の位置に戻る．初速度が十分大きい場合は障壁を越えて，隣の極小値へ落ちていく．ここで強調しておきたい点は，ポテンシャル障壁の高さが電流 I により増減する点であり，のちほど，この性質を用いて量子ビットの読み出しが可能になることを述べる．

超伝導の非線形なポテンシャルをうまく利用すると，量子ビットメモリが実現できる．ジョセフソン接合を介した電荷量を Q とすると，超伝導のハミルトニアンは

$$H = \frac{Q^2}{2C} - \frac{\phi_0}{2e}(I_c \cos\theta + I\theta) \tag{5.28}$$

となる．第 1 項は帯電エネルギー，第 2 項は磁気エネルギーを表している．ポテンシャル U は，極小点近傍で調和振動子と同じような θ に関する 2 次関数で近似できる．また，Q を運動量と見なせば，極小点近傍では調和振動のハミル

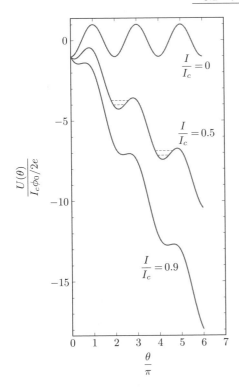

図 5.6 傾いた洗濯板ポテンシャル。破線は極小点近傍におけるエネルギー準位。

トニアンと同型である．したがって，エネルギー固有値は式 (5.7) で与えられ，固有振動数は

$$\omega = \sqrt{\frac{2\pi I_c}{\phi_0 C}} \left[1 - \left(\frac{I}{I_c}\right)^2\right]^{1/4} \tag{5.29}$$

となる．例として，$I_c = 21\,\mu\mathrm{A}$，$I = 20.8\,\mu\mathrm{A}$，$C = 6\,\mathrm{pF}$ の場合を考えると，$\omega/2\pi = 6\,\mathrm{GHz}$ となる．この場合，基底状態と第一励起状態のエネルギー差は，$25\,\mu\mathrm{eV}$ となる．ここで述べた基底状態とは極小値におけるもので，系全体の基底状態ではないことに注意しなくてはならない．超伝導の温度が $25\,\mathrm{mK}$ とすると，熱エネルギーは $2\,\mu\mathrm{eV}$ 程度であるので，この値はエネルギー準位差より十分に小さい．以上から，基底状態 $|0\rangle$ と第一励起状態 $|1\rangle$ が量子ビットになりうることがわかる．

5.2.2 量子ビットの制御

量子ビットの読み出し方法について説明する．先に述べたように，バイアス電流を臨界電流の近くまで増大させていくと，ポテンシャル障壁の高さが減少し，隣の基底状態へ遷移する．障壁を越える要因として，熱的な励起と量子的なトンネル効果が考えられる．先に示した例の場合，後者が支配的になる．トンネル確率は，ポテンシャル障壁の高さと空間的な幅に依存する．そのため，どのエネルギー準位に存在しているかによって脱出率が大きく変わる．うまくバイアス電流を調整すると，第一励起状態の脱出率を基底状態の脱出率より 1000 倍ほど大きくすることができる．したがって，トンネル現象の起こる頻度から $|1\rangle$ の状態にある確率が求められる．実際には，トンネル現象が起きると電流が生じるため，それに伴う磁束の変化を超伝導量子干渉磁束計（SQUID）で測定する．

超伝導量子ビットが生成されているかを実験的に確認するために，しばしばマイクロ波で駆動されたラビ振動を利用する[88]．基底状態と励起状態のエネルギー差が $\Delta E_{10} = \hbar\omega_{10}$ であるジョセフソン接合素子を考える．接合部を通過する電流をつぎのように変化させたとする．

$$I(t) = I_{\mathrm{dc}} + \Delta I_{\mathrm{dc}}(t) + I_{\mu c}(t)\cos\omega_{10}t + I_{\mu s}(t)\sin\omega_{10}t \tag{5.30}$$

I_{dc} はバイアス電流の増加，$I_{\mu c}$ と $I_{\mu s}$ は照射するマイクロ波の余弦成分と正弦成分の振幅を表している．振動数 ω_{10} で回転する観測者から見た超伝導量子ビットのハミルトニアンは，ΔI_{dc}, $I_{\mu c}(t)$, $I_{\mu s}(t)$ が ω_{10}^{-1} の時間よりゆっくりと変化すれば，近似的につぎのように表すことができる．

$$H_2 = \frac{1}{2}\left[\sqrt{\frac{\hbar}{2\omega_{10}C}}\left\{\hat{\sigma}_x I_{\mu c}(t) + \hat{\sigma}_y I_{\mu c}(t)\right\} + \hat{\sigma}_z \Delta I_{\mathrm{dc}}(t)\frac{\partial E_{10}}{\partial I_{\mathrm{dc}}}\right] \tag{5.31}$$

ここで，$\hat{\sigma}_{x,y,z}$ はパウリ演算子である．

$$\hat{\sigma}_x = \begin{bmatrix} 0 & 1 \\ 1 & 0 \end{bmatrix}, \quad \hat{\sigma}_y = \begin{bmatrix} 0 & -i \\ i & 0 \end{bmatrix}, \quad \hat{\sigma}_z = \begin{bmatrix} 1 & 0 \\ 0 & -1 \end{bmatrix} \tag{5.32}$$

5.2 ナノメカニカル共振器   195

パウリ演算子は量子ビットの操作を表すために多用されるため，ここで説明を
しておく。一般に 2 状態の量子系 $|\Psi\rangle$ は，$|0\rangle$ と $|1\rangle$ を規格直交系の基底とすれ
ば，つぎのブロッホ球表示で記述できる。

$$|\Psi\rangle = \cos(\theta/2)|0\rangle + e^{i\phi}|1\rangle \qquad (5.33)$$

これは量子状態が二つの角 θ と ϕ で決定できることを意味しており，幾何学的
には単位球面上の 1 点に対応する。$|0\rangle$ が北極点，$|1\rangle$ が南極点を表す。パウリ
演算子 $\hat{\sigma}_x$ を $|\Psi\rangle = |0\rangle$ に作用させると

$$\begin{bmatrix} 0 & 1 \\ 1 & 0 \end{bmatrix} \begin{bmatrix} 1 \\ 0 \end{bmatrix} = \begin{bmatrix} 0 \\ 1 \end{bmatrix} \qquad (5.34)$$

となり，$|1\rangle$ に変化する。同様に $\hat{\sigma}_x|0\rangle = |1\rangle$ となるので，$\hat{\sigma}_x$ はビット反転を行
う演算子であることがわかる。この結果を踏まえて式 (5.31) を見直すと，H_2
が $|0\rangle$ と $|1\rangle$ の間の振動を誘起する演算子であることがわかる。

　超伝導量子ビットの状態を調べるには，図 5.6 に示したように，バイアス電
流を増大させポテンシャル障壁を下げて，同時にマイクロ波をある一定時間上
乗せし，その後，SQUID でトンネル電流を測定する。ラビ振動により $|1\rangle$ の状
態にある確率が高いときに測定が行われれば，高い確率でトンネル電流が測定
される。この操作を何回も繰り返して測定することにより，$|1\rangle$ の存在確率がわ
かる。さらに，マイクロ波の照射時間を変えることにより，ラビ振動が観測さ
れる。理想的な 2 準位系ならば，ラビ振動は持続するが，実際には減衰してい
く。ラビ振動の持続時間は量子コヒーレンスの指標となっており，超伝導量子
ビットでは $1\,\mu\text{s}$ 近くまで長くすることができる。

　共振器が基底状態であることを検証する方法について考える。超伝導量子ビッ
トからすると，共振器は熱浴である。したがって，超伝導体が基底状態にあっ
ても，共振器が励起状態にあれば，電気的な相互作用を通じて超伝導量子ビッ
トは励起状態に遷移する。この状況は，空洞共振器の中に置かれた 2 準位原子
と同じである。機械式共振器において量子ビットはフォノンと相互作用するが，
空洞共振器の場合はフォトンと相互作用する。この系はよく調べられていて，

196   5. 量子機械と量子グラフ

しばしばジェインズ-カミングスモデル（Jaynes-Cummings model）を用いて
説明される。原子と電磁場を合わせたハミルトニアンは

$$H_{JC} = \frac{\Delta}{2}(|e\rangle\langle e| - |g\rangle\langle g|) + \hbar\omega\hat{a}\hat{a}^\dagger + \frac{\hbar\Omega}{2}(\hat{a}|e\rangle\langle g| + \hat{a}^\dagger|g\rangle\langle e|) \quad (5.35)$$

で表される。第1項は原子の量子ビットで $|g\rangle$ と $|e\rangle$ は基底状態と励起状態を
表している。また，Δ は励起状態と基底状態のエネルギー差である。第2項は
電磁場の部分で零点振動は省略されている。$\hat{a}^\dagger(\hat{a})$ は振動数 ω の光を生成（消
滅）する演算子である。最後の項が特に重要で，原子と電磁場の相互作用を表
している。$\hbar\Omega$ は原子と電磁場の相互作用エネルギーである。

　原子が基底状態にあり，かつ光子数がゼロである状態が，全系の基底状態と
なる。第一励起状態には二つの状態が考えられる。一つ目は，原子が励起状態
で光子数がゼロの状態（$|0, e\rangle$），もう一つは，原子は基底状態で光子数が1の
状態（$|1, g\rangle$）である。共振状態，つまり $\Delta/\hbar = \omega$ の場合を考える。初期状態
が $|1, g\rangle$ であれば，時刻 t に励起状態になる確率は $\sin^2(\Omega t/2)$ である。これは，
上述したラビ振動とまったく同じ現象である。これらの考察をメカニカル共振
器の場合に置き換えて考えると，量子ビットとメカニカル共振器がともに基底
状態であれば，共振状態にしても量子ビットは励起しない。一方，量子ビット
が基底状態であってもメカニカル共振器が励起状態にあれば，励起状態の量子
ビットが観測される確率があり，確率は $\Omega/2\pi$ の周波数で振動することが予想
される。UCSB により作製された共振器の Ω は 124 MHz で，その周期よりも
長い 1 μs 間共振状態を持続させ，超伝導量子ビットの励起確率が測定された。
その結果は，量子ビットの励起確率が 4 % 以下であり，それから推定される共
振器のフォノン数は 0.07 以下ときわめて小さい値となった。これより，共振器
が基底状態にあることが確かめられた。

　上述の操作を少し変えれば共振器を励起状態にすることができる。この場合，
超伝導量子ビットがエネルギー供給源になる。まず，超伝導量子ビットの周波
数を共振器の共振周波数から十分離した状態で基底状態に設定する。つぎに，
ラビ振動により励起確率が1となる時間だけマイクロ波のパルス（π パルス）を

5.3 カシミール効果によるメカニカル共振器の制御 197

照射する。その後，量子ビットの周波数を共振周波数に一致するようにチューニングし，その状態を一定時間保持し，再び量子ビットの周波数を共振周波数からずらす。最後の量子ビットが励起状態になっている確率を測定する。持続時間が 3.8 ns のとき超伝導体が励起している確率がほぼゼロとなり，量子ビットが共振器に移動したと考えられる。このように，開発が進んでいる超伝導量子ビットのような量子電子デバイスを，量子力学とは関係の薄かった微小機械と組み合わせることで，新しい工学分野が開拓されつつある。

5.3 カシミール効果によるメカニカル共振器の制御

5.3.1 グラフェン共振器

ここまで，量子機械の例として，カシミール力で駆動される量子アクチュエータと超伝導量子ビットを結合したメカニカル共振器を説明してきた。ここでは，これら二つの融合に利用できる技術として，カシミール効果を利用したメカニカル共振器の制御について述べる。先に述べたように，メカニカル共振器には大きな固有振動数が求められる。式 (5.22) からわかるように，形状が同じであれば，ヤング率が大きくて密度が低いほど，固有振動数は大きくなる。このような特徴を有する物質として，グラフェンが挙げられる。グラフェンは炭素原子からなるシートで，その厚みは原子 1 個分である。そのため，単位面積当りの質量はきわめて小さい。一方で，炭素間の結合は強固であるため，大きなヤング率を有する。したがって，グラフェンはメカニカル共振器の優れた材料となりうる。通常，機械式共振器は静電気力により発振と制御を行うが，ここでは図 5.7 に示すようなグラフェン共振器をカシミール効果で制御する方法について解説する。

グラフェン共振器（graphene resonator）の力学特性を調べていく上で，主として二つのアプローチがある。第一は分子動力学法を用いたものである。炭素間のポテンシャルを定め，ニュートンの運動方程式を逐次解いていくことで，

5. 量子機械と量子グラフ

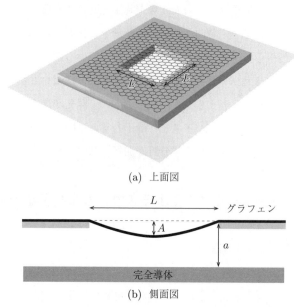

(a) 上面図

(b) 側面図

図 5.7 グラフェン共振器

形状や固有振動数が決定できる。この手法の長所は，調整しなければならないパラメータが少ない点であり，短所は，サイズが大きくなると計算時間が膨大になる点である。そのため，この方法はナノメートルサイズの共振器を解析するのに使われることが多い。第二の方法ではグラフェンを薄い梁として連続体力学を適用する。この方法ではサイズに制限はないが，ヤング率やポアソン比などを実験や分子動力学法から決定しなければならない。ここでは第二の方法を用い，図 5.7 に示した，懸垂された1辺が L である正方形グラフェン膜の力学を考えていく。

グラフェンに外力が作用していない場合，平坦形状が最も安定で，歪エネルギーはゼロとなる。外力によりグラフェンが変形すると，炭素原子間距離の伸びと炭素結合間の角度変化，つまり曲げにより，歪エネルギーが増大する。グラフェンを，厚さが h で，ヤング率とポアソン比がそれぞれ E と ν である薄板と見なすと，歪エネルギー V は，伸びが歪エネルギーの主たる要因である

場合

$$V = \frac{Eh}{2(1-\nu^2)} \iint \left[\epsilon_x^2 + \epsilon_y^2 + 2\nu\epsilon_x\epsilon_y + \frac{1}{2}(1-\nu)\gamma_{xy}^2 \right] dxdy \quad (5.36)$$

と書ける（積分領域はグラフェン全体）。ここで，$\epsilon_x, \epsilon_x, \epsilon_{xy}$ は歪成分であり，座標 (x,y) における x, y, z 軸方向の変位量を $(u(x,y), v(x,y), w(x,y))$ とすると，次式で表すことができる。

$$\epsilon_x = \frac{\partial u}{\partial x} + \frac{1}{2}\left(\frac{\partial w}{\partial x}\right)^2, \qquad \epsilon_y = \frac{\partial v}{\partial y} + \frac{1}{2}\left(\frac{\partial w}{\partial y}\right)^2 \quad (5.37)$$

$$\gamma_{xy} = \frac{\partial u}{\partial y} + \frac{\partial v}{\partial x} + \frac{\partial w}{\partial x}\frac{\partial w}{\partial y} \quad (5.38)$$

つまり，歪エネルギーは u, v, w の汎関数として表すことができる。

5.3.2　カシミール力によるグラフェンの変形

先に述べた量子アクチュエータでは，金属球を近づけることでトーションバーが駆動された。同様に，グラフェン共振器に金属板を近づけると，グラフェンは変形する。ここでは，グラフェンの安定形状がどのように決まるかを説明する。グラフェンの形状と金属板の相対位置が決まると，その間の電磁場が決まり，カシミールエネルギーが定まる。系全体のエネルギーはカシミールエネルギーと歪エネルギーの和であり，グラフェンの安定形状は全エネルギーが最小になるように決められる。ここで注意すべきことは，カシミールエネルギーがグラフェンの形状に依存する点である。平板間の場合，カシミールエネルギーはその間隔のみで決定されるが，曲面間のカシミールエネルギーはグラフェンと基板の間隔だけでは決まらず，u, v, w にも依存する。つまり，カシミールエネルギーは a と u, v, w の汎関数となっている。曲面間のカシミールエネルギーを計算する方法が開発されているが，複雑な計算を必要とするので，ここでは変形量は小さいと仮定して，つぎの近似式を用いる。

$$E_{\mathrm{C}}(a) = \iint E_{pp}(a - w(x,y))dxdy \quad (5.39)$$

ここで，$E_{pp}(d)$ はグラフェンと金属板が間隔 d で平行に配置されたときに生

じる単位面積当りのカシミールエネルギーである。この近似は近接場力近似（Derjaguin 近似）と呼ばれ，表面間力の計算にしばしば用いられる。さらに，境界条件として，グラフェンが基板と接する境界で変位量がゼロとなる条件を課し，グラフェンの形状をつぎに示すような三角関数で近似する。

$$w = A\cos\frac{\pi x}{2L}\cos\frac{\pi y}{2L}, \quad u = B\sin\frac{\pi x}{L}\cos\frac{\pi y}{2L}, \quad v = B\sin\frac{\pi y}{L}\cos\frac{\pi x}{2L} \tag{5.40}$$

この近似により，グラフェンと基板間の距離 a を固定すると系全体のエネルギーが式 (5.40) の変数 A, B の関数で表すことができ，安定形状は仮想原理から決定できる。

基板を完全導体と仮定すると，グラフェンと基板間のカシミールエネルギーは，間隔 d が狭い場合

$$E(d) = -0.025\frac{\pi^2 \hbar c}{720 d^3} \tag{5.41}$$

と近似することができる[89]。式 (5.12) と比較すると，完全導体の 2.5 % になっていることがわかる。図 5.8 はグラフェンと基板の最小間隔 a とグラフェンの最大垂直変位量 A の関係を示した概略図である。

間隔が狭くなると，カシミール力が急激に大きくなり，たわみが増大する。たわみが大きくなると，基板との間隔が狭くなり，ますますカシミール力が増大

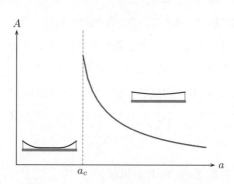

図 5.8　グラフェンの変形量。$a < a_c$ では不安定である。

する。そのため，間隔が小さくなりすぎると，プルインと呼ばれる凝着が起きる。図 **5.8** の距離 a_c 以下では，安定な平衡状態を保つことはできない。この現象はポテンシャルの変化からも理解できる。図 **5.9** は，グラフェンの最下端が z の位置にあるときのポテンシャルエネルギーを描いている。グラフェンが変形していないときの基板間距離は，a_1, a_2, a_3 の順で大きくなっている。z が 0 に近づくと，カシミールエネルギーが歪エネルギーより急激に減少するため，負の方向に発散する。間隔 a が大きい場合はポテンシャルに極小値が存在し，その位置で安定化する。間隔 a を小さくしていくとポテンシャル障壁の高さが低くなり，ついには極小値が存在しなくなる。このしきい値近傍でプルインが起こる。このような変化は図 **5.6** の洗濯板モデルでも見られた。極小値におけるポテンシャルの曲率が小さくなると，固有振動数も小さくなる。したがって，プルインが生じる状態に近づくと，固有振動数が小さくなる。このように，カシミール効果を利用して，グラフェンの形状や固有振動数を変化させることができる。

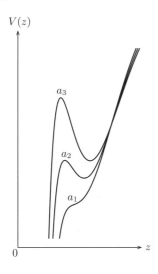

図 5.9 グラフェンの最下端が位置 z にあるときのポテンシャルエネルギー。基板との間隔は $a_1 < a_2 < a_3$。

5.4 量子グラフ理論とはなにか？

　量子グラフとは，複数の1次元的直線を節点たちで結んだグラフ様の物体を考えて，その中を量子的粒子が動き回る，という系のことである[90]。この場合，直線の中は多かれ少なかれ自由運動のようなものを想定し，なにかが起こるのは節点においてということになる。ここでいう「量子グラフ理論」は，システム工学に登場する「グラフ理論」とは直接の関係を持たないことを，あらかじめ強調しておきたい。

　長らくもっぱら数理的興味から細々と研究されてきた量子グラフが，最近はナノスケールの量子的な単電子素子のモデルとしても語られるようになってきた。カーボンナノチューブなどのナノワイヤに基づくもの，超伝導体のエッジ電流に基づくものなど，実験的にはいろいろ考えられる。実用はまだだいぶん先のようでもあるが，いまや1次元的な媒体の中の単一量子の運動の制御が実験室段階で十分可能になってきており，そのような系を理論的に取り扱う一般的な枠組みとして，量子グラフ理論を整備する機が熟しているとも考えられる。ここでいう量子グラフとは，電子1個がその上を伝達するナノチューブなどの細線を節点で繋いで組み合わせた構成物で，これに適宜電圧や磁場を加えて，電子の流れをコントロールする単電子デバイスを数学的に抽象化したものを指す。量子素子の数理的モデルとして量子グラフを眺めた場合の問題設定は，まず望ましい性質やおもしろい性質を指定して，ついで，そのような性質を帯びた量子グラフを構成する，という順序になる。すると，われわれに与えられるのは，つぎの二つの課題

- 指定した散乱の性質を持つ量子グラフを構成する道筋をつけること
- どのような基準で「おもしろい性質」を決め「有用な素子」に繋げるかのシナリオを描くこと

である。以下では，量子グラフの素粒子ともいうべき「星状量子節点」を取り

上げ，まず「フロップ-筒井型量子節点の逆散乱問題」を解くことによって，上記の第一の課題に応える。ついで，無反射かつ無透過外線を持つグラフにおける「しきい値現象」という特別な性質に焦点を当て，それからもたらされる「制御可能なスペクトルフィルタ」を考察することで，第二の課題に応える。

5.5 特異点のある直線上の量子力学

5.5.1 ハミルトニアンの自己共役性と流束の保存

点欠陥のある 1 本の直線，すなわち 1 次元空間 $\mathbf{R}$ から 1 点 $\{0\}$ を取り除いたもの $\mathbf{R} - \{0\}$ を考えて，その上にある自由粒子の量子力学的運動を考察する。自由粒子がその上を運動できる 2 本の半直線を端点で接続して，その点でなにが起こりうるかを考察する，と言い換えてもよい。ハミルトニアン $H = -\dfrac{\hbar^2}{2m}\dfrac{d^2}{dx^2}$ はこの空間上で自己共役であるべきであり，それゆえ，この系の状態を表す任意の波動関数 ψ, ϕ について

$$\langle \phi | H\psi \rangle = \langle H\phi | \psi \rangle \tag{5.42}$$

が成り立たなければならない。座標表示で書き下すと，これは

$$\int dx \frac{i\hbar}{2m}\frac{d}{dx}\left(\psi(x)\psi'^*(x) - \psi^*(x)\psi'(x)\right) = 0 \tag{5.43}$$

となり，系の定義された空間 $\mathcal{R} - \{0\}$ 上での流束

$$j(x) = \frac{i\hbar}{2m}\left(\psi(x)\psi'^*(x) - \psi^*(x)\psi'(x)\right) \tag{5.44}$$

の保存を意味している。欠陥点の無限小右側，無限小左側をそれぞれ $x = 0_+$，$x = 0_-$ と書くと，この条件は

$$\int_{0_+}^{\infty} dx \frac{i\hbar}{2m}\frac{d}{dx}\left(\psi(x)\psi'^*(x) - \psi^*(x)\psi'(x)\right)$$
$$+ \int_{-\infty}^{0_-} dx \frac{i\hbar}{2m}\frac{d}{dx}\left(\psi(x)\psi'^*(x) - \psi^*(x)\psi'(x)\right) = 0 \tag{5.45}$$

となる。外部からの流束の流入出がない，すなわち

204   5. 量子機械と量子グラフ

$$\psi(\infty)\psi'^*(\infty) - \psi^*(\infty)\psi'(\infty)$$
$$= \psi(-\infty)\psi'^*(-\infty) - \psi^*(-\infty)\psi'(-\infty) \tag{5.46}$$

と仮定すれば，この式と式 (5.45) と合わせて，欠陥点の左右について

$$\psi(0+)\psi'^*(0+) - \psi^*(0+)\psi'(0+)$$
$$= \psi(0-)\psi'^*(0-) - \psi^*(0-)\psi'(0-) \tag{5.47}$$

を得る。これは欠陥点を超えて流束が連続であるという要件を表している。欠陥点の左右での波動関数とその微分から作る二つの接続ベクトル

$$\Psi = \begin{pmatrix} \psi(0+) \\ \psi(0-) \end{pmatrix}, \quad \Psi' = \begin{pmatrix} \psi'(0+) \\ -\psi'(0-) \end{pmatrix} \tag{5.48}$$

を定義する。上の流束の連続の条件は

$$\Psi'^\dagger \Psi - \Psi^\dagger \Psi' = 0 \tag{5.49}$$

と書き直せる。ここで，Ψ' の 2 行目のマイナス符号は，欠陥点の左右の半直線を対称に扱うため，1 行目と同様に微分を外向きにとった値を用いることを表している。この条件は，「接続行列」と呼ばれる二つの 2 行 2 列の行列 A, B を用いて

$$A\Psi + B\Psi' = 0 \tag{5.50}$$

ただし

$$AB^\dagger = B^\dagger A \quad \mathrm{rank}\begin{pmatrix} A & B \end{pmatrix} = 2 \tag{5.51}$$

と書くことに同等であることを，簡単に示すことができる[91]。ここで，$\begin{pmatrix} A & B \end{pmatrix}$ は A と B を横に並べて繋いだ 2 行 4 列の行列である。このような A, B の組は一意には決まらず，同時に左から正則行列を掛けて得られる新しい A, B を選べることは明らかである。A, B を指定するのに $2 \times 4 = 8$ 個の複素数，もしくは 16 個の実数が必要で，これが $2 \times 4 + 4 = 12$ の拘束条件のもとにあるの

で，自由に指定できる実数パラメータの数は $16 - 12 = 4$ となる。この条件を満たす A, B は，つねにつぎの 4 分割した形で与えることができる[92]。

$$\begin{pmatrix} I^{(m,m)} & T \\ 0 & 0 \end{pmatrix} \Psi' + \begin{pmatrix} -S & 0 \\ T^\dagger & -I^{(2-m,2-m)} \end{pmatrix} \Psi = 0 \qquad (5.52)$$

ここで，m は 0, 1, 2 のいずれかの数で，S は $m \times m$ 次元のエルミート行列，T は $(2-m) \times m$ 次元の一般複素行列である。これを示すには，行列 B のランクに応じて三つの場合に分けて考えるのがよい。

- $\mathrm{rank}\,B = 0$ の場合

  ただちに $A\Psi = 0$ となり，明らかに $\mathrm{rank}\,A = 2$，すなわち A は正則であるので $\Psi = 0$ となる。これは式 (5.52) で $m = 0$ とおいたものになっている。

- $\mathrm{rank}\,B = 1$ の場合

  左からの正則行列の掛け算で，B の 2 行目の要素すべてをゼロにできる。B の 1 行 1 列目を 1 に選ぶことで A, B を

  $$A = \begin{pmatrix} a_{11} & a_{12} \\ a_{21} & a_{22} \end{pmatrix}, \quad B = \begin{pmatrix} 1 & t \\ 0 & 0 \end{pmatrix}$$

  にすることができる。これに式 (5.51) を適用すると

  $$a_{11} + a_{12}t^* = (a_{11} + a_{12}t^*)^*, \quad a_{21} + a_{22}t^* = 0$$

  となる。1 番目の式は $a_{11} + a_{12}t^*$ が実数であることを示している。2 番目の式を $a_{21} = -a_{22}t^*$ と読むと

  $$\begin{pmatrix} A & B \end{pmatrix} = \begin{pmatrix} a_{11} & a_{12} & 1 & t \\ -a_{22}t^* & a_{22} & 0 & 0 \end{pmatrix}$$

  なので，$\mathrm{rank}\begin{pmatrix} A & B \end{pmatrix} = 2$ となるには，a_{22} は 0 ではあり得ないことがわかる。左から

206　　5. 量子機械と量子グラフ

$$\begin{pmatrix} 1 & -a_{12}\dfrac{1}{a_{22}} \\ 0 & \dfrac{1}{a_{22}} \end{pmatrix}$$

を掛けることで，新たな A, B として

$$A = \begin{pmatrix} a_{11} + a_{12}t^* & 0 \\ -t^* & 1 \end{pmatrix}, \quad B = \begin{pmatrix} 1 & t \\ 0 & 0 \end{pmatrix}$$

が得られる。条件により $s \equiv a_{11} + a_{12}t^*$ は実数で，これは式 (5.52) で $m = 1$ とおいたものになっている。

- $\mathrm{rank}B = 2$ の場合

  これは B が正則であることを意味するから，B^{-1} を左から掛けることで，新たな A, B を

  $$A = \begin{pmatrix} s_{11} & s_{12} \\ s_{21} & s_{22} \end{pmatrix}, \quad B = \begin{pmatrix} 1 & 0 \\ 0 & 1 \end{pmatrix}$$

  の形にすることができる。条件 (5.51) は，この場合 $A^\dagger = A$ を意味する。これは式 (5.52) で $m = 1$ とおいたものになっている。

条件 (5.51) は A と B に関して対称であるので，今度は $m' = \mathrm{rank}A$ の値（0，1，2 をとる）に応じて，接続条件を式 (5.52) と「双対」な形

$$\begin{pmatrix} -\bar{S} & 0 \\ \bar{T}^\dagger & -I^{(2-m',2-m')} \end{pmatrix} \bar{\Psi}' + \begin{pmatrix} I^{(m',m')} & \bar{T} \\ 0 & 0 \end{pmatrix} \bar{\Psi} = 0 \tag{5.53}$$

と書くこともできる。ただし，$\bar{\Psi}, \bar{\Psi}'$ は Ψ, Ψ' で適宜番号の付け替えを行ったものである。ここで，m' はこれも 0 以上 2 以下の数であり，けっきょく接続を特徴付ける量の組 (m, m') があることになる。

5.5.2　接続行列と散乱行列

量子力学系における粒子の散乱は，透過振幅と反射振幅から作られる「散乱行列」によって記述される。いま $x < 0$ 側から入射波があって，$x < 0$ ではそ

の入射波と反射波，$x > 0$ では透過波がある波動関数を考える。

$$\psi_-(x) = \begin{cases} e^{ikx} + \mathcal{S}_{--}e^{-ikx}, & x < 0 \\ \mathcal{S}_{+-}e^{ikx}, & x > 0 \end{cases} \tag{5.54}$$

ここに出てくる複素数 $\mathcal{S}_{--}$，$\mathcal{S}_{+-}$ が，$x < 0$ 側からの入射波に対する反射振幅係数ならびに透過振幅係数である。同様に，$x > 0$ からの入射波のある波動関数

$$\psi_+(x) = \begin{cases} \mathcal{S}_{-+}e^{-ikx}, & x < 0 \\ e^{-ikx} + \mathcal{S}_{++}e^{ikx}, & x > 0 \end{cases} \tag{5.55}$$

を考えることで，$x > 0$ 側からの入射波に対する反射振幅係数ならびに透過振幅係数が定義できる。行列

$$M = \begin{pmatrix} \psi_+(0_+) & \psi_-(0_+) \\ \psi_+(0_-) & \psi_-(0_-) \end{pmatrix} \tag{5.56}$$

$$M' = \begin{pmatrix} \psi'_+(0_+) & \psi'_-(0_+) \\ -\psi'_+(0_-) & -\psi'_-(0_-) \end{pmatrix} \tag{5.57}$$

を定義すると，これは $\psi_+(x)$ から作ったベクトル

$$\Psi_+ = \begin{pmatrix} \psi_+(0_+) \\ \psi_+(0_-) \end{pmatrix}, \quad \Psi'_+ = \begin{pmatrix} \psi'_+(0_+) \\ -\psi'_+(0_-) \end{pmatrix} \tag{5.58}$$

と，$\psi_-(x)$ から作ったベクトル

$$\Psi_- = \begin{pmatrix} \psi_-(0_+) \\ \psi_-(0_-) \end{pmatrix}, \quad \Psi'_- = \begin{pmatrix} \psi'_-(0_+) \\ -\psi'_-(0_-) \end{pmatrix} \tag{5.59}$$

を二つの列として横に並べて作った行列 $M = \begin{pmatrix} \Psi_+ & \Psi_- \end{pmatrix}$，$M' = \begin{pmatrix} \Psi'_+ & \Psi'_- \end{pmatrix}$ になっている。散乱行列 $\mathcal{S}$ を

$$\mathcal{S} = \begin{pmatrix} \mathcal{S}_{++} & \mathcal{S}_{+-} \\ \mathcal{S}_{-+} & \mathcal{S}_{--} \end{pmatrix} \tag{5.60}$$

208   5. 量子機械と量子グラフ

で定義すると，式 (5.54), (5.55) より

$$M = I^{(2)} + \mathcal{S} \tag{5.61}$$

$$M' = -\mathrm{i}kI^{(2)} + \mathrm{i}k\mathcal{S} \tag{5.62}$$

を得る。定義により，M, M' の各列は式 (5.52) を満たすので，M, M' 自体も

$$AM + BM' = 0 \tag{5.63}$$

を満たすことになる。これから，散乱行列は接続行列 A, B を用いて

$$\mathcal{S} = -(A + \mathrm{i}B)^{-1}(A - \mathrm{i}B) \tag{5.64}$$

と求まることがわかる。

5.5.3　デルタポテンシャルとデルタプライムポテンシャル

5.5.1 項の境界条件 (5.52) で，$m = 1$ の場合を考えて $T = (1)$, $S = (v)$ と選んでみる。すなわち

$$\begin{pmatrix} 1 & 1 \\ 0 & 0 \end{pmatrix} \Psi' + \begin{pmatrix} -v & 0 \\ 1 & -1 \end{pmatrix} \Psi = 0 \tag{5.65}$$

である。これが境界条件

$$\psi'(0_+) - \psi'(0_-) = v\psi(0_+) = v\psi(0_-) \tag{5.66}$$

を与えることはわかりやすい。これは $x = 0$ の 1 点のみで特異的に作用する「ディラックのデルタ関数」ポテンシャルを持つシュレディンガー方程式の解が，特異点において満たすべき接続条件にほかならない。散乱行列を計算すると

$$\mathcal{S} = \begin{pmatrix} -\dfrac{iv}{2k+iv} & \dfrac{2k}{2k+iv} \\ \dfrac{2k}{2k+iv} & -\dfrac{iv}{2k+iv} \end{pmatrix} \tag{5.67}$$

となり，$k = 0$ では全反射，$k \to \infty$ では全透過を与える「ハイパスフィルタ」

の性質を持つことがわかる。双対な形で $m' = 1$, $\bar{T} = -1$, $\bar{S} = (u)$ と選ぶと,これは

$$\begin{pmatrix} -u & 0 \\ -1 & -1 \end{pmatrix} \Psi' + \begin{pmatrix} 1 & -1 \\ 0 & 0 \end{pmatrix} \Psi = 0 \tag{5.68}$$

であり

$$\psi(0_+) - \psi(0_-) = u\psi'(0_+) = u\psi'(0_-) \tag{5.69}$$

すなわちシェバの「デルタプライム」相互作用の境界条件を与えている。散乱行列を計算すると

$$\mathcal{S} = \begin{pmatrix} \dfrac{ku}{2i+ku} & \dfrac{2i}{2i+ku} \\ \dfrac{2i}{2i+ku} & \dfrac{ku}{2i+ku} \end{pmatrix} \tag{5.70}$$

となり,こちらのほうは $k = 0$ では全透過, $k \to \infty$ では全反射を与える「ローパスフィルタ」の性質を持つことがわかる。

5.5.4 フロップ-筒井型接続

最後に, $m = 1$ で $S = (0)$ の場合を考えてみる。境界条件は

$$\begin{pmatrix} 1 & t \\ 0 & 0 \end{pmatrix} \Psi' + \begin{pmatrix} 0 & 0 \\ t & -1 \end{pmatrix} \Psi = 0 \tag{5.71}$$

である。すなわち

$$\psi(0_+) = \frac{1}{t}\psi(0_-), \quad \psi'(0_+) = t\psi'(0_-) \tag{5.72}$$

を与えている。この条件では,波動関数,導関数ともに欠陥点の左右でスケールされ,値に飛びを持つ。この場合,散乱行列 $\mathcal{S}$ を計算すると

$$\mathcal{S} = \begin{pmatrix} \dfrac{1-t^2}{1+t^2} & \dfrac{2t}{1+t^2} \\ \dfrac{2t}{1+t^2} & -\dfrac{1-t^2}{1+t^2} \end{pmatrix} \tag{5.73}$$

210   5. 量子機械と量子グラフ

を得る。これは，k によらない一定値の透過および反射を与えている。t が小さいとき，あるいは大きいときは反射が大きく，$t = 1$ 近辺の値で透過が大きくなる。この条件をスケール不変型接続条件，または発見者の名をとってフロップ - 筒井型の接続条件と称する[93]。このような半透過の壁として働く欠陥点の存在は，量子力学に固有の確率的性質を如実に表している。

5.6　半直線と節点の量子力学

5.6.1　最も一般的なユニタリー接続行列

前節の欠陥点のある直線上の量子力学は，視点を変えると，2 本の半直線が一つの節点から伸びた系における量子的粒子の運動の記述と見なすこともできる。これは即座に一般化できる。一つの節点から n 本の端子，すなわち半直線が出ているものを想定し，この上での量子的粒子の運動を考える。各端子の座標 x_i について節点をゼロに外向きにとり，その上での波動関数を $\psi_i(x_i)$ とする。すべての端子について，$x_i = 0$ は節点を表している。すべての端子上で，節点直近傍での波動関数とその微分を用いて，二つの接続ベクトル

$$\Psi = \begin{pmatrix} \psi_1(0_+) \\ \vdots \\ \psi_n(0_+) \end{pmatrix}, \quad \Psi' = \begin{pmatrix} \psi_1'(0_+) \\ \vdots \\ \psi_n'(0_+) \end{pmatrix} \tag{5.74}$$

を定義する。量子的粒子にとって Ψ および Ψ' がどのように定まるかで，「節点の性質」が決まる。有限のチューブを接続して小さな極限を考えれば，どのような接続を考えたかに応じて異なった節点の性質が得られるのは当然だが，そのような具体的な考察以前に，そもそも量子力学ができるためには，この系の上で自由粒子ハミルトニアン演算子が自己共役でなければならない。すなわち

$$\langle \phi | H \psi \rangle = \langle H \phi | \psi \rangle \tag{5.75}$$

である。座標表示で書き下すと，これは

$$\int dx \frac{i\hbar}{2m} \frac{d}{dx} \left(\psi(x)\psi'^{*}(x) - \psi^{*}(x)\psi'(x) \right) = 0 \tag{5.76}$$

となり，系の定義された空間上での量子的流束

$$j(x) = \frac{i\hbar}{2m} \left(\psi(x)\psi'^{*}(x) - \psi^{*}(x)\psi'(x) \right) \tag{5.77}$$

の保存を意味し，積分区間を具体的に記せば

$$\sum_{j=1}^{n} \int_{0_{+}}^{\infty} dx_{j} \frac{i\hbar}{2m} \frac{d}{dx_{j}} \left(\psi_{j}(x_{j})\psi_{j}'^{*}(x_{j}) - \psi_{j}^{*}(x_{j})\psi_{j}'(x_{j}) \right) = 0 \tag{5.78}$$

となる。外部からの流束の流入出がない，すなわち

$$\sum_{j=1}^{n} \left(\psi_{j}(\infty)\psi_{j}'^{*}(\infty) - \psi_{j}^{*}(\infty)\psi_{j}'(\infty) \right) = 0 \tag{5.79}$$

と仮定すれば，この式と式 (5.78) と合わせて，節点の周りで

$$\sum_{j=1}^{n} \left(\psi_{j}(0+)\psi_{j}'^{*}(0+) - \psi_{j}^{*}(0+)\psi_{j}'(0+) \right) = 0 \tag{5.80}$$

を得る。これは欠陥点を超えて流束が連続であるべきであるという要請を表している。前節の場合と同様に，これは式 (5.74) の接続ベクトルを用いて

$$\Psi'^{\dagger}\Psi - \Psi^{\dagger}\Psi' = 0 \tag{5.81}$$

と表現できる。この条件は

$$A\Psi + B\Psi' = 0 \tag{5.82}$$

ただし

$$A^{\dagger}B = B^{\dagger}, \quad \mathrm{rank}\left(A\ B \right) = n \tag{5.83}$$

と同等であることが容易に示せる[91]。A, B を指定するのに $2n^2$ 個の複素数または $4n^2$ 個の実数が必要であり，これが $2n^2 + n^2$ の拘束条件のもとにあるので，自由に指定できる実数パラメータの数は $4n^2 - 3n^2 = n^2$ となる。条件 (5.83) を満たす A, B を用いた接続式は，0 以上 n 以下の値をとる数 m で，A と B とどもを 4 分割した

212　　5. 量子機械と量子グラフ

$$
\begin{pmatrix} I^{(m,m)} & T \\ 0 & 0 \end{pmatrix} \Psi' + \begin{pmatrix} -S & 0 \\ T^\dagger & -I^{(n-m,n-m)} \end{pmatrix} \Psi = 0 \tag{5.84}
$$

（ただし，S は $m \times m$ 次元のエルミート行列，T は $(n-m) \times m$ 次元の一般複素行列）の形につねに書けることが示せる[92]。証明は前節の $n = 2$ の場合の対応する証明を，そのまま行列に拡張するだけでよいので，これは読者への宿題としよう。言葉を換えると，式 (5.84) が，一般のグラフ節点を記述する標準形を与えている，ということができる。条件 (5.83) は A と B について対称な形をしており，そのため，いまのものと「双対」な

$$
\begin{pmatrix} -\bar{S} & 0 \\ \bar{T}^\dagger & -I^{(n-m',n-m')} \end{pmatrix} \bar{\Psi}' + \begin{pmatrix} I^{(m',m')} & \bar{T} \\ 0 & 0 \end{pmatrix} \bar{\Psi} = 0 \tag{5.85}
$$

を標準形として選ぶこともできる。ただし，$\bar{\Psi}$，$\bar{\Psi}'$ は Ψ，Ψ' で適宜番号の付け替えを行ったものである。ここで，m' はこれも 0 以上 n 以下の数である。おおよその意味をいえば，S の対角要素はデルタ的な結合の強さ，$\bar{S}$ の対角要素はデルタプライム的な結合の強さを表し，T の各要素の 1 からのズレはその線への透過のしやすさ・しにくさの目安である。すなわち，T_{ij} が 1 に比べて大きい，または小さいとき，j から i への透過が起こりにくい。

式 (5.84) と式 (5.85) が同時に成立するためには，両方の対応する行列の位数は当然等しくなければならない。すると，S のうちの真に独立な成分の数，すなわち rank(S) に $n - m$ を足したものは m' に等しく，rank($\bar{S}$) に $n - m'$ を足したものは m に等しいことになる。けっきょく $r = \mathrm{rank}(S) = \mathrm{rank}(\bar{S})$ という共通の位数があって，さらに n, m, m', r の間には $m + m' = n + r$ という関係がある[92]。接点での接続を特徴付ける量としては，二つの整数の組 (m, m') を考えればよいことになる。

5.6.2 散 乱 行 列

粒子のエネルギーを $E = k^2$ とおく。系における粒子の散乱を記述する散乱行列を求めてみる。波動関数をある一つの外線 j からの入射波と反射波，その

あらゆる外線 i への透過波とで

$$\psi_{ij}(x) = \begin{cases} e^{-ikx} + \mathcal{S}_{jj}e^{ikx}, & i = j \\ \mathcal{S}_{ij}e^{ikx}, & i \neq j \end{cases} \tag{5.86}$$

と表すときに出てくる係数 $\mathcal{S}_{jj}$ ならびに $\mathcal{S}_{ij}$ が,反射波ならびに透過波の振幅係数である。節点近傍での波動関数 $\psi_{ij}(0)$ とその微分 $\psi'_{ij}(0)$ を集めて作った行列 $M = \{\psi_{ij}(0)\}$,$M = \{\psi'_{ij}(0)\}$

$$M = I^{(n)} + \mathcal{S},$$
$$M' = -ikI^{(n)} + ik\mathcal{S} \tag{5.87}$$

は,$AM + BM' = 0$ を満たす。なぜなら,M, M' の各列は,端子 j に関して定義された式 (5.74) のベクトルにほかならないからである。これから,散乱行列は

$$\mathcal{S} = -(A + iB)^{-1}(A - iB) \tag{5.88}$$

となる。特に式 (5.84) の左上部分行列 S がゼロの場合は,これは非常に簡単になり

$$\mathcal{S} = -I^{(n)} + 2 \begin{pmatrix} I^{(m)} \\ T^{\dagger} \end{pmatrix} \left(I^{(m)} + TT^{\dagger} \right)^{-1} \left(I^{(m)} \ \ T \right) \tag{5.89}$$

の形をとる。明らかにこれは,$n = 2$ におけるフロップ-筒井型の条件の,外線数 n が一般の場合への拡張になっている。入射運動量(もしくはエネルギー)に依存しないために,フロップ-筒井型の節点のある量子グラフは,散乱行列の表現が簡単になる。それゆえ,これは解析的な扱いにいろいろと都合が良く,本節ではこれ以降,もっぱらこの場合を考察する。

5.6.3 ユニタリーかつエルミートな散乱行列

まずは,各外線状の粒子が自由運動をする場合,すなわちすべての j について $U_j = 0$ となる場合を考察する。この場合のフロップ-筒井型の散乱行列 (5.89) を見ると

$$\mathcal{S}^\dagger = \mathcal{S} \tag{5.90}$$

となっていて，$\mathcal{S}$ はユニタリー（unitary）であるだけでなく，同時にエルミート（Hermite）であることも見て取れる。そしてまた，接続行列中の S がゼロでない場合は散乱行列 $\mathcal{S}$ のエルミート性が破れるという事実も，一般の表現 (5.88) から導ける。すなわち「節点の接続条件がフロップ–筒井型で散乱行列が入射エネルギーに依存しないこと」と「散乱行列がユニタリーに加えてエルミートでもあること」は同等なのである。すると，自然に湧く疑問は「あらゆるユニタリーかつエルミートな行列は，なんらかのフロップ–筒井型グラフの散乱行列となっているのだろうか」というものである。その答えが「さよう」であることは，つぎのようにして逆散乱問題を解くことでわかる。

まず，式 (5.89) が少しの変形でつぎのようにも書き表せることに留意しよう。

$$\mathcal{S} = X_m^{-1} Z_m X_m \tag{5.91}$$

ただし，X_m, Z_m は

$$X_m = \begin{pmatrix} I^{(m)} & T \\ T^\dagger & -I^{(n-m)} \end{pmatrix}, \quad Z_m = \begin{pmatrix} I^{(m)} & 0 \\ 0 & -I^{(n-m)} \end{pmatrix} \tag{5.92}$$

で与えられる。この式はユニタリーでエルミートな行列 $\mathcal{S}$ の対角化を表しており，m，$n-m$ は固有値 1 と -1 それぞれの個数であること，また，この対角化のための変換行列 X_m の適宜の選択によるブロック化から，フロップ–筒井型接続条件の行列 T が求められることを示しているのである。このようにして求められる T が一意であることは，$\mathcal{S}$ を

$$\mathcal{S} = \begin{pmatrix} \mathcal{S}_{11} & \mathcal{S}_{12} \\ \mathcal{S}_{21} & \mathcal{S}_{22} \end{pmatrix} \tag{5.93}$$

と分解して，関係

$$\mathcal{S}_{11} = -I^{(m)} + 2\left(I^{(m)} + TT^\dagger\right)^{-1}$$

$$\mathcal{S}_{12} = 2\left(I^{(m)} + TT^\dagger\right)^{-1} T$$

$$\mathcal{S}_{22} = I^{(n-m)} - 2 \left(I^{(n-m)} + T^{\dagger}T \right)^{-1}$$

が得られ，これから

$$T = \left(I^{(m)} + \mathcal{S}_{11} \right)^{-1} \mathcal{S}_{12} = \mathcal{S}_{21}^{\dagger} \left(I^{(n-m)} - \mathcal{S}_{22} \right)^{-1} \tag{5.94}$$

という式が導けることからわかる。この式はまた，関係 $m = \mathrm{rank}(\mathcal{S} + I^{(n)})$，$n - m = \mathrm{rank}(\mathcal{S} - I^{(n)})$ をも示していて，これは，実際に式 (5.93) のように分解するのに必要な数 m を求める具体的な手順を示している[94]。

5.6.4 モデュラ交換対称性とアダマール行列，カンファレンス行列

ユニタリーでエルミートである行列は必ず固有値 1 と -1 に対角化できて，上の手順で T が求められるので，どんな散乱パターンを持つ $\mathcal{S}$ でも，フロップ－筒井型量子グラフで実現可能である。すると，問題は「ユニタリーかつエルミートな $\mathcal{S}$ としてどんなものがありうるか」に移行する。一般的な問題は広すぎるので，現実的な対称性により制限を加えた問題を考察するのがよいだろう。いま，つぎのような問題を考えてみよう。

- 各外線からの入射に対し，反射も含め各線への散乱振幅が等しく，かつ散乱行列が実行列であるものは存在するだろうか？

- 各外線からの入射に対し，反射がつねにゼロで，その他の各線への散乱振幅がすべて等しく，かつ散乱行列が実行列であるものは存在するだろうか？

また，これを少し緩めたつぎのようなものも考えられる。

- 各外線からの入射に対し，反射も含め各線への散乱振幅が等しいものは存在するだろうか？

- 各外線からの入射に対し，反射がつねにゼロで，その他の各線への散乱振幅がすべて等しいものは存在するだろうか？

これらはそれぞれ，等散乱なグラフ，無反射等透過グラフの探索と呼ぶことができるだろう。この物理的な設問を，「正方行列に対する数学的な特徴付けの問題」と読み替えることは容易である。すると，それは

216　　5.　量子機械と量子グラフ

- エルミートかつユニタリーな実正方行列で，すべての要素が符号を除いて等しい大きさのものは存在するだろうか？

- エルミートかつユニタリーな実正方行列で，対角要素がすべて0で，それ以外のすべての要素が符号を除いて等しい大きさのものは存在するだろうか？

そして，それを拡張した

- エルミートかつユニタリーな正方行列で，すべての要素が符号を除いて等しい大きさのものは存在するだろうか？

- エルミートかつユニタリーな正方行列で，対角要素がすべて0で，それ以外のすべての要素が符号を除いて等しい大きさのものは存在するだろうか？

となる。すべての要素が符号の正負を除き等しい値を持つユニタリー行列は，アダマール行列と呼ばれる。また，対角要素がすべてゼロで，それ以外の要素が符号の正負を除き等しいユニタリー行列は，カンファレンス行列と呼ばれる。上の設問はそれぞれ「アダマール予想」とそれに関連した「カンファレンス行列予想」，そしてそのおのおのの複素数版にほかならない。

　さらに，これらアダマール行列，カンファレンス行列を含む，つぎのような一般化した行列を考えることもできる[95]。

$$
\mathcal{S} = \frac{1}{\sqrt{d^2+n-1}}
\begin{pmatrix}
d & e^{i\phi_{12}} & \cdots & & e^{i\phi_{1n}} \\
e^{i\phi_{21}} & d & \cdots & & e^{i\phi_{1n}} \\
\vdots & & \ddots & & \vdots \\
e^{i\phi_{n-11}} & \cdots & & -d & e^{i\phi_{n-1n}} \\
e^{i\phi_{n1}} & \cdots & & e^{i\phi_{nn-1}} & -d
\end{pmatrix}
\tag{5.95}
$$

このような$\mathcal{S}$行列は，どの外線から入射した粒子も同じ反射確率を持ち，すべての他の外線への透過確率も等しいグラフを表している。nを与えたとき，いかなるdの値が許されるかという問題から考えてみよう。dはつぎの範囲

$$
d \in \left[0, \frac{n-2}{2}\right]
\tag{5.96}
$$

になければならないという初等的に証明可能な条件がある[96]。しかし，この領域内ですべての d について，ユニタリーかつエルミート行列が存在するかということですら，非常に困難な問題であり，現時点ではその答えは与えられていない。また，この問題のサブセットとして，式 (5.95) のうちで実数のもの，すなわちすべての ϕ_{ij} が 0 か π で与えられるものには，与えられた n についてどんな d があるかを問うこともでき，これもまた困難な問題である。いうまでもなく，$d = 1$ に関するものは「アダマール予想」であり，それゆえ，それと関連した $d = 0$ が「カンファレンス行列問題」である。

5.6.5 最も一般的な接続条件の実験的実現

量子節点の接続条件 (5.84) のうちで，$m = 1$ であって

$$T = \begin{pmatrix} 1 & \cdots & 1 \end{pmatrix}, \quad S = \begin{pmatrix} s \end{pmatrix} \tag{5.97}$$

であるものは，「デルタ関数形節点」

$$\psi_1'(0) + \cdots + \psi_n'(0) = s\psi_1(0) = \cdots = s\psi_n(0) \tag{5.98}$$

であって，これは $n = 2$ の場合の直線上の「デルタ関数ポテンシャル」の一般化にほかならない。そして，ここでさらに $s = 0$ としたものが「自由接続」である（文献上は名称に混乱が見られ，「自由接続条件」は「キルヒホフ」，「ディリクレ型」などと称されることもある）。2 次元，3 次元のチューブを複数接続してその中の量子状態を考え，チューブの幅を狭めて極限をとると，通常の滑らかな極限ではほとんどの場合，この自由接続やデルタ型節点に帰着することが知られている。これは直感的にも明らかであり，その意味で「デルタ型」接続条件は実現するのが容易で，それに対して，それ以外の接続条件は「エキゾティック」で，そうすぐには実現できないと考えられてきた。実際量子グラフが論ぜられる場合，そこで扱われたのは，ほぼつねに自由接続を含むデルタ型に限られていた。

では，フロップ–筒井型を代表とするエキゾティックな量子節点は，現実の系とは差し当たり縁遠い単なる数学的な構成物なのだろうか？　これがけっして

218　　5. 量子機械と量子グラフ

そうではなく，デルタ型接続条件を持った節点を要素とした内線で繋がれた構造を持つグラフの極小サイズ極限として実現可能であることが示されている[92]。

　一般の場合は技術的に煩瑣なので，ここでは話をフロップ–筒井型，すなわち式 (5.84) で $S = 0$ としたものに限って，具体的な構成法を示してみよう。

(i)　接続を指定する行列 T から

$$
Q = \begin{pmatrix} -TT^\dagger & T \\ -T^\dagger & I^{(m)} \end{pmatrix} \tag{5.99}
$$

を作る。行列 Q の各要素をその絶対値で置き換えた行列 R を作る。外線 j と ℓ の間を長さ $d/R_{j\ell}$ で繋ぐ。ただし，$R_{j\ell} = 0$ の場合は j と ℓ は繋がない。

(ii)　$Q_{j\ell} < 0$ となっている二つの外線を繋ぐ内線にベクトルポテンシャルを印加して，内線両端の間で位相が $e^{i\pi}$ だけ余計に加わるようにする。

(iii)　上記の行列 R と単位行列 $I^{(n)}$，そして，すべての要素が 1 である次数 n の正方行列 $J^{(n)}$ から行列

$$
V = (2I^{(n)} - J^{(n)})R \tag{5.100}
$$

を作る。j 番目の外線と内線との節点に強度 $s = \dfrac{V_{jj}}{d}$ のデルタポテンシャルを置く。

こうして作った内線のあるグラフの性質は，$d \to 0$ で接続を指定する行列 T で与えられるフロップ–筒井型節点の接続条件に収束するのである。

5.6.6　無反射等透過量子グラフ，等散乱量子グラフの構成例

　例として，まず，散乱行列が次数 6 のカンファレンス行列で与えられるものを考える。

$$
\mathcal{S} = \frac{1}{\sqrt{5}} \begin{pmatrix} I^{(3)} - J^{(3)} & -2I^{(3)} + J^{(3)} \\ -2I^{(3)} + J^{(3)} & -I^{(3)} + J^{(3)} \end{pmatrix} \tag{5.101}
$$

これは 6 本の外線からなる量子グラフで，どの外線から入射しても反射がゼロ，

5.6 半直線と節点の量子力学

透過率はどこへ行くのも等しく $\frac{1}{5}$ である無反射等透過系である。処方 (5.94) に従ってフロップ-筒井型接続行列を計算すると

$$T = -\gamma I^{(3)} + (1+\gamma)J^{(3)} \tag{5.102}$$

となる。ここで，γ は黄金比 $\gamma = \frac{\sqrt{5}-1}{2}$ である。これから Q, R, そして V と計算していって構成した有限の内線を持つグラフが，図 **5.10** (a) である。ここで，パラメータは $R_{12} = R_{23} = R_{13} = 4+3\gamma$, $R_{14} = R_{25} = R_{36} = 1$, $R_{15} = R_{16} = R_{26} = R_{24} = R_{31} = R_{32} = 1+\gamma$, $R_{45} = R_{46} = R_{56} = 0$, $e^{i\chi_{12}} = e^{i\chi_{23}} = e^{i\chi_{13}} = -1$，他のすべての (ij) の組について $e^{i\chi_{ij}} = 1$, そして，$s_1 = s_2 = s_3 = -6\frac{\gamma+1}{d}$, $s_4 = s_5 = s_6 = -2\frac{\gamma+1}{d}$ となっている。

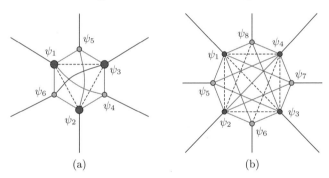

図 **5.10** $n=6$ 無反射等透過節点 (a)，ならびに $n=8$ 等散乱節点 (b) の有限グラフによる近似

つぎの例として，散乱行列が次数 8 のアダマール行列で与えられるものを考える。

$$\mathcal{S} = \frac{1}{\sqrt{8}} \begin{pmatrix} 2I^{(4)} - J^{(4)} & -2I^{(4)} + J^{(4)} \\ -2I^{(4)} + J^{(4)} & -2I^{(4)} + J^{(4)} \end{pmatrix} \tag{5.103}$$

これは 8 本の外線からなる量子グラフで，どの外線から入射してどの線へ出る場合も反射率，透過率ともに等しく $\frac{1}{8}$ である等透過系である。処方 (5.94) に従ってフロップ-筒井型接続行列を計算すると

220   5. 量子機械と量子グラフ

$$T = \frac{\sigma - 1}{\sigma + 1} I^{(4)} + \frac{1}{\sigma + 1} J^{(4)} \tag{5.104}$$

となる。ここで, σ はいわゆる白銀比 $\sigma = \sqrt{2} - 1$ である。これから Q, R, そして V と計算していって構成した有限の内線を持つグラフが, 図 **5.10** (b) である。ここではパラメータは, まず $R_{12} = R_{13} = R_{14} = R_{23} = R_{24} = R_{34} = 1 + \sigma$, $R_{15} = R_{26} = R_{37} = R_{48} = \dfrac{\sigma}{1 + \sigma}$ である。そして, $R_{16} = R_{17} = R_{18} = R_{27} = R_{28} = R_{25} = R_{38} = R_{35} = R_{36} = R_{45} = R_{46} = R_{47} = \dfrac{1}{1 + \sigma}$, $R_{56} = R_{57} = R_{58} = R_{67} = R_{68} = R_{78} = 0$ であり, さらに $e^{i\chi_{12}} = e^{i\chi_{13}} = e^{i\chi_{14}} = e^{i\chi_{23}} = e^{i\chi_{35}} = e^{i\phi_{28}} = e^{i\chi_{46}} = -1$ となっており, その他の (i, j) の組では $e^{i\chi_{ij}} = 1$, $s_1 = s_2 = s_3 = s_4 = -\dfrac{5\sigma + 3}{d}$, $s_5 = s_6 = s_7 = s_8 = -\dfrac{\sigma + 1}{d}$ となっている。

5.7   量子グラフ理論の応用

5.7.1   外線に外場のある量子グラフ

これまでの考察をさらに一般化して, 各外線には線ごとに一様なポテンシャル U_i がかかっているとしてみよう。前と同様に粒子のエネルギーを $E = k^2$ と書くと, 外線 i における波数は $k_i = \sqrt{k^2 - U_i}$ となる。系における粒子の散乱を観測して定まる量は散乱行列 $\mathcal{S}$ から得られ, これは波動関数をある一つの外線 j からの入射波と反射波, そのあらゆる外線 i への透過波とで

$$\psi_{ij}(x) = \begin{cases} e^{-ik_j x} + \mathcal{S}_{jj} e^{ik_j x}, & i = j \\[2mm] \mathcal{S}_{ij} \sqrt{\dfrac{k_j}{k_i}} e^{ik_i x}, & i \neq j \end{cases} \tag{5.105}$$

と表したときの反射波ならびに透過波の振幅係数で決まる。節点近傍での波動関数 $\psi_{ij}(0)$ とその微分 $\psi'_{ij}(0)$ を集めて作った行列 $M = \{\psi_{ij}(0)\}$, $M' = \{\psi'_{ij}(0)\}$, すなわち

$$M = I^{(n)} + K^{-1} \mathcal{S} K, \qquad M' = iK^2 + iK\mathcal{S}K \tag{5.106}$$

は $AM + BM' = 0$ を満たす.ただし $K = \{\sqrt{k_i}\delta_{ij}\}$ である.これから,散乱行列は

$$\mathcal{S} = -(AK^{-1} + iBK)^{-1}(AK^{-1} - iBK) \tag{5.107}$$

と求められる.このように,外線にポテンシャルを印加して,その大きさを変えることで系の散乱の性質を制御しようというのが,量子フィルタの考え方である[97]).粒子を入力する外線,出力用の外線,外場を印加する制御用の外線と,都合三つの外線は最小限必要だろうと想像されるが,試行錯誤の結果,有用な興味深い例が見られた最小の外線数は $n = 4$ であった.これは,外場をかけないとき,無反射でかつ無透過な外線を作れる最小の外線数が 4 であることと関係がある.

5.7.2 無反射端子,無透過端子を持つ量子グラフと平坦量子フィルタ

いま,$n = 4$ の量子グラフで,接続条件 (5.84) が $m = 2$,$S = 0$ かつ

$$T = \begin{pmatrix} a & a \\ a & -a \end{pmatrix} \tag{5.108}$$

で与えられるフロップ-筒井型のものを考える(図 **5.11**).

まず,すべての線の上でポテンシャルがない場合,すなわち $U_j = 0$ を考えると,これの散乱行列は

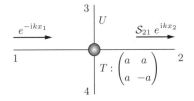

図 **5.11** $n = 4$ 無反射グラフで「制御用外線」にポテンシャル U を印加したもの

$$\mathcal{S} = \begin{pmatrix} \dfrac{1-2a^2}{1+2a^2} & 0 & \dfrac{2a}{1+2a^2} & \dfrac{2a}{1+2a^2} \\[2mm] 0 & \dfrac{1-2a^2}{1+2a^2} & \dfrac{2a}{1+2a^2} & -\dfrac{2a}{1+2a^2} \\[2mm] \dfrac{2a}{1+2a^2} & \dfrac{2a}{1+2a^2} & -\dfrac{1-2a^2}{1+2a^2} & 0 \\[2mm] \dfrac{2a}{1+2a^2} & -\dfrac{2a}{1+2a^2} & 0 & -\dfrac{1-2a^2}{1+2a^2} \end{pmatrix} \qquad (5.109)$$

と求められて，各線から一つの線への透過がゼロとなっている。特に $a = \pm\sqrt{2}$ では，すべての反射もゼロになり，入射粒子は等確率 $\dfrac{1}{2}$ で2本の線へ透過することがわかる。また，$a = \pm\dfrac{1\pm\sqrt{3}}{2}$ では，ゼロとなる線以外への透過および反射確率がすべて等しく $\dfrac{1}{3}$ となっている。ここで，線のうちの一つ，例えば外線3にのみポテンシャル $U_3 = U$ を印加してみる。外線1からの入射粒子を考えると，外線2へ向かう散乱振幅は

$$\mathcal{S}_{21}(k;U) = \frac{2a^2\left(1 - \sqrt{1 - \dfrac{U}{k^2}}\right)}{(1+2a^2) + 2a^2(1+2a^2)\sqrt{1 - \dfrac{U}{k^2}}} \qquad (5.110)$$

となっていて，その結果，外線1から外線2への透過確率 $\mathcal{P} = |\mathcal{S}_{21}|^2$ は

$$\mathcal{P}(k;U) = \begin{cases} \dfrac{\dfrac{4a^4 U}{k^2}}{(1+2a^2)^2\left(1 - 4a^4 + \dfrac{4a^4 U}{k^2}\right)}, & k \leqq \sqrt{U} \\[6mm] \dfrac{4a^4\left(1 - \sqrt{1 - \dfrac{U}{k^2}}\right)^2}{(1+2a^2)^2\left(1 + 2a^2\sqrt{1 - \dfrac{U}{k^2}}\right)^2}, & k \geqq \sqrt{U} \end{cases} \qquad (5.111)$$

で与えられる。注目すべきなのは，つぎの性質

$$\mathcal{P}(0;U) = \frac{1}{(1+2a^2)^2}, \quad \mathcal{P}(\infty;U) = 0,$$

$$\mathcal{P}(\sqrt{U};U) = \frac{4a^4}{(1+2a^2)^2} \tag{5.112}$$

であり，これから読み取れるように，$\mathcal{P}$ は $k = \sqrt{U}$ で突然性質が変化し，k がこの値を超えると急激にゼロになる。つまり，外線 3 へのポテンシャルの印加によって，外線 1 から外線 2 へ透過する運動量の上限を調整できるのである。特に $ab = \pm\frac{1}{2}$ を選ぶと，$k < \sqrt{U}$ ではフラットな透過特性 $\mathcal{P} = \frac{1}{4}$ が得られる（図 **5.12**）。このフィルタのメカニズムの背後には，1) 量子干渉による無透過外線の存在と，2) しきい値での特異的な振る舞いの，二つの現象がある。

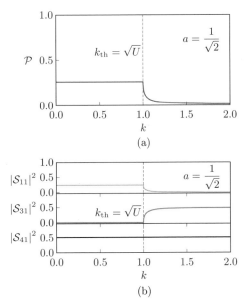

図 5.12 図 **5.11** の量子グラフの外線 1 からの透過特性。外線 3 にかけた電圧による外線 1，2 間の透過の制御可能性を示している。k_{th} はしきい値である。

星状量子グラフは，その一見しての単純さとは裏腹に，節点において非自明で多様な物理を実現しうる。それは，n^2 の広大なパラメータ空間のためであり，それは節点を有限グラフによって近似的に構成する際に現れる複雑な構造から了解されるのである。そのような豊富さは，節点を「スケール不変」なフロップ

‐筒井型節点に限定し，それにより散乱を k によらないものだけに限定した場合でも，すでに存在している。それは，散乱行列として「ユニタリーかつエルミートな行列」を選ぶことに相当する。逆にいえば，ユニタリーかつエルミートな正方行列として構成できる散乱パターンは，すべてフロップ‐筒井型量子節点として実現可能ということである。これは「望んだ性質を持つオーダーメイドな量子グラフ」への最短の道である。

5.8　まとめと展望

　複雑な機械も，その多くは単純な部品で組み立てられている。量子機械の歴史において現在は揺籃期であり，基本となる部品を開発する段階にある。今後は，古典機械では不可能な機能を発現するために，いかに基本部品を統合し利用していくかが課題になる。近年，質量の定義に関して，キログラム原器を使った定義から，より普遍的な物理定数である光速度やプランク定数に基づく定義に移行することが検討されている。今後，このような変化により，量子力学が物理だけではなく，工学においてもより身近な存在として浸透していくことになると思われる。そしていずれ，工学の教科書にもプランク定数が不可欠となる時代がやってくるに違いない。そのとき，量子機械はより自然に工学の対象となっていると思われる。ここで紹介した量子アクチュエータを単なるシーソーとして一笑に付すこともできる。しかし，それでは量子力学の持つ豊かさを見逃してしまう。量子の視点で見直すと，新たな可能性に気づく。ファインマンは "There's plenty of room at the bottom" と述べ，ナノテクノロジーの可能性を示した。微細化という軸に量子という軸を加えることで，テクノロジーはさらに広い領域に拡大すると思われる。

　一方，量子グラフ理論については，その萌芽を歴史的にたどれば，ベンゼン環状の電子状態の計算を直線と点の幾何学的形状の上で行おうとした，量子化学の初期の試みに行き着く。それは，本章で紹介した単電子デバイスの数学的モ

問　　題　　225

デルとしての量子グラフ理論とは，いささか趣を異にする。しかしながら，かりに近未来において，本章で扱った量子グラフ理論を現実化したような単電子回路が，カーボンナノチューブのような高分子素材上の電子状態の操作として実現したとすれば，つぎに来るべきはなにかを考えてみることは興味深い。おそらくは，それはより小さい分子上での電子状態の操作という方向に進まざるを得ないだろう。それは例えば，ベンゼン環の作る幾何学的形状の上での電子状態かもしれない。そのような1世紀を経た歴史の回帰を夢見るのは心楽しいことである。

問　　　　　題

（1）本章とは異なるカシミールエネルギーの導出について考える。1次元軸上に配置された三つの鏡を考える。左右両端の鏡は固定されていて，その間隔を L とする。この二つに挟まれた第三の鏡は動かすことができ，左の鏡から距離 a だけ離れているとする。可動鏡で仕切られた空間のエネルギーが式 (5.8) で表されるとして，つぎに定義するカシミールエネルギーを計算せよ。ただし，鏡の厚みは無視する。

$$E_C(a, L) = \lim_{L \to \infty} \{E_{1d}(a) + E_{1d}(L - a) - 2E_{1d}(L/2)\} \quad (5.113)$$

また，ゼロ点エネルギーの和が

$$E_{1d}(L) = \frac{\hbar c}{2} \sum_{n=1}^{\infty} \frac{\pi}{L} \left(n + \frac{1}{2}\right) \quad (5.114)$$

であるとき，カシミールエネルギーを求めよ。

（2）原子間力顕微鏡用カンチレバーの空間的揺らぎについて考える。質量 m が $6.5 \times 10^{-11}\,\mathrm{kg}$，ばね定数 k が $10\,\mathrm{N/m}$ として，基底状態における位置の不確定さを求めよ。なお，調和振動子の基底状態 $u_0(x)$ は

$$u_0(x) = \left(\frac{m\omega}{\pi\hbar}\right)^{1/4} \exp\left(-\frac{m\omega x^2}{2\hbar}\right) \quad (5.115)$$

である。ここで，$\omega = \sqrt{k/m}$ である。

226　　5. 量子機械と量子グラフ

(3)　式 (5.84), (5.108) の接続条件，すなわち

$$
\begin{pmatrix} 1 & 0 & a & a \\ 0 & 1 & a & -a \\ 0 & 0 & 0 & 0 \\ 0 & 0 & 0 & 0 \end{pmatrix} \Psi' + \begin{pmatrix} 0 & 0 & 0 & 0 \\ 0 & 0 & 0 & 0 \\ a & a & 1 & 0 \\ a & -a & 0 & 1 \end{pmatrix} \Psi = 0
$$

で与えられる節点のある，四つの外線を持つ量子グラフを考える。散乱行列が式 (5.109) で与えられることを証明せよ。

引用・参考文献

1) ファインマン, R. P. 著, 江沢 洋 訳：物理法則はいかにして発見されたか, ダイヤモンド社（1968）

2) Busemeyer, J. R. and Bruza, P. D.: Quantum Models of Cognition and Decision, Springer (2014)

3) Wichert, A.: Principles of Quantum Artificial Intelligence, World Scientific (2013)

4) Stapp, H. P.: Mind, Matter and Quantum Mechanics, Springer, (2009)

5) Coelho, L. dos Santos (ed.): Quantum Inspired Intelligent Systems, Springer (2008)

6) 原 康夫：量子力学（岩波基礎物理シリーズ）, 岩波書店（1994）

7) 白石昌武：入門現代制御理論, 啓学出版（1987）

8) 廣瀬 明：複素ニューラルネットワーク 第2版, SGC ライブラリ 126, サイエンス社（2016）

9) 岡田 章：ゲーム理論新版, 有斐閣（2011）

10) 桜井 純：現代の量子力学（下）, 吉岡書店（1989）

11) 北野正雄：量子力学の基礎, 共立出版（2010）

12) 朝永振一郎：量子力学 I, みすず書房（1966）

13) Schiff, L. I.: Quantum Mechanics, McGraw-Hill (1968)

14) 砂川重信：量子力学, 岩波書店（1996）

15) 町田 茂：基礎量子力学, 丸善（1990）

16) 清水 明：新編量子論の基礎（新物理学ライブラリ別巻 2）, サイエンス社（2003）

17) 全 卓樹：エキゾティックな量子, 東京大学出版会（2014）

18) ファインマン, R. P. 著, 釜江常好, 大貫昌子 訳：光と物質のふしぎな理論, 岩波書店（1987）

19) Bohm, D.: A Suggested Interpretation of the Quantum Theory in Terms of "Hidden Variables" I, *Physi. Rev.*, **85**, pp. 166–179 (1952)

20) Berndl, K., Dürr, D., Goldstein, S., Peruzzi, G. and Zanghi, N.: On the Global Existence of Bohmian Mechanics, *Communications in Mathematical*

Physics, **173**, pp. 647–673 (1995)

21) デスパーニア, B. 著, 柳瀬睦男, 丹治信春 訳：現代物理学にとって実在とは何か, 培風館 (1988)

22) 吉田伸夫：量子論はなぜわかりにくいのか ― 「粒子と波動の二重性」の謎を解く（知の扉シリーズ）, 技術評論社 (2017)

23) Lanczos, C.: The Variational Principle of Mechanics 4th ed., University of Toronto Press (1979)

24) 川合敏夫：物理と最適制御, 日本物理学会誌, **41**, 3, pp. 227–235 (1986)

25) Ohsumi, A.: Quantum-mechanical representations of nonlinear filtering and stochastic optimal control, *Systems and Control Letters*, **12**, pp. 185–192 (1989)

26) Rosenbrock, H. H.: Doing Quantum Mechanics with Control Theory, *Trans. A. C. IEEE*, **45**, 1, pp. 73–77 (2000)

27) 伊丹哲郎："重ね合わせ原理" に基づく非線形制御システムの最適化, 計測自動制御学会論文集, **37**, 3, pp. 193–202 (2001)

28) シュルツ, D. G., メルサ, J. L. 著, 久村富持 訳：状態関数と線形制御系, 学献社 (1970)

29) 大貫義朗：解析力学, 岩波書店 (1987)

30) Itami, T.: Quantum fluctuation in affine control systems (2005), *Trans. IEEJ*, **161**, 4, pp. 29–37 (2007)

31) 柏　太郎, 大貫義朗：経路積分（岩波講座）, 岩波書店 (1993)

32) ファインマン, R. P., ヒブス, A. R. 著, 北原和夫 訳：ファインマン経路積分と量子力学, マグロウヒル (1990)

33) Papadopoulos, G. J.: Gaussian path integrals , *Physical Review*, D11-2, pp. 2870–2875 (1975)

34) Itami, T.: Quantum mechanical theory of nonlinear optimal control, Osaka University, Dr. Th. (Dec. 2003)

35) Anderson, J.: A random-walk simulation of the Schrödinger equation: $H^+{}_3$, *J. Chem. Phys.*, **63**, 1499 (1975)

36) ゴールド, H., トボチニク, J. 著, 鈴木増雄ほか 訳：計算物理学入門, ピアソンエデュケーション (2000)

37) MacKeown, P. K.: Evaluation of Feynman path integrals by Monte Carlo methods, *American J. of Physics*, **53**, 9, pp. 880–885 (1985)

38) Manju, A. and Nigam, J.: Applications of quantum inspired computational

intelligence: a survey, *Artificial Intelligence Review*, **42**, pp. 79–156 (2014)

39) Wittek, P.: Quantum Machine Learning, Elsevier (2014)

40) Biamonte, J., Wittek, P., Pancotti, N., Rebentrost, P., Wiebe, N. and Lloyd, S.: Quantum Machine Learning, arXiv:1611.09347v1 [quant-ph] 28 (Nov. 2016)

41) Shrödinger, E.: What is life?, Cambridge University Press (1944)
【邦訳】岡　小天，鎮目恭天 訳：生命とは何か，岩波新書（1951）

42) マーフィー，M. P. ほか 編，堀　裕和ほか 訳：生命とは何か――それからの 50 年，培風館（2001）

43) ノイマン, J. 著，井上　健 訳：量子力学の数学的基礎，みすず書房（1957）

44) Stuart, C. I. J. M., Takahashi, Y. and Umezawa, H.: On the stability and non-local properties of memory, *J. Theor. Biol.* **71**, pp. 605–618 (1978)

45) 松本修文，日本生物物理学会 編：脳と心のバイオフィジックス，「心の量子論」，共立出版（1997）

46) 保江邦夫：量子場脳理論入門，サイエンス社（2003）

47) Beck, F. and Eccles, J. C.: Quantum aspects of brain activity and the role of con-sciousness, *Proceedings National Academy of Sciences*, **89**, pp. 11357–11361 (1992)

48) Eccles, J. C.: How the self controls its brain, Springer (1994)

49) Hameroff, S. and Penrose, R.: Conscious events as orchestrated spacetime selections, *Journal of Consciousness Studies*, **3**, pp. 36–53 (1996)

50) Hameroff, S. and Penrose, R.: Consciousness in the universe — A review of the 'Orch OR' theory, *Physics of Life Reviews*, **11**, pp. 39–78 (2014)

51) Bandyopadhyay, A.: Experimental Studies on a Single Microtubule, Google Workshop on Quantum Biology (2011)

52) Shor, P.: Polynomial-time algorithm for prime factorization and discrete logarithms on a quantum computer, *Proceedings of the 35th Annual Symposium on Foundations of Computer Science*, IEEE (1994)

53) Grover, L. K.: A Fast Quantum Mechanical Algorithm for Database Search, *Proceedings of the 28th Annual ACM Symposium on Theory of Computing*, pp. 212–219 (1996)

54) Kak, S. C.: On Quantum Neural Computing, *Information Sciences*, **83**, pp. 143–163 (1995)

55) Peruš, M.: Neuro-Quantum Parallelism in Brain-Mind and Computers, *In-*

formatica, **20**, pp. 173–183 (1996)

56) Nielsen, M. A. and Chuang, I. L.: Quantum Computation and Quantum Information, Cambridge University Press (2000), 10th ed. (2011)
【邦訳】木村達也 訳：量子コンピュータと量子通信 I, II, III，オーム社（2005）

57) Feynman, R. P.: Quantum Mechanical Computers, *Optics News*, **11**, pp. 11–20 (1985)

58) Deutsch, D.: Quantum Theory, the Church-Turing Principle, and the Universal Quantum Computer, *Proceedings Royal Society London*, A400, pp. 97–117 (1985)

59) ラメルハート, D. E. ほか 著，甘利俊一 訳：PDP モデル―認知科学とニューロン回路網の探索，産業図書（1989）

60) 高橋宏知：メカ屋のための脳科学入門，日刊工業新聞社（2016）

61) Hodgkin, A. L. and Huxley, A. F.: A quantitative description of membrane current and its application to conduction and excitation in nerve, *J. physiology (London)*, **117**, pp. 500–544 (1952)

62) Ivancevic, V. G. and Ivancevic, T. T.: Quantum Neural Computation, Springer (2010)

63) Matsui, N., Nishimura, H. and Isokawa, T.: Qubit Neural Networks: Its Performance and Applications, in Nitta, T. ed., *Complex-Valued Neural Networks: Utilizing High-Dimensional Parameters*, Information Science Reference, chapter XIII, pp. 325–351, IGI (2009)

64) Altaisky, M. V., Kaputkina, N. E. and Krylov, V. A.: Quantum Neural Networks: Current Status and Prospects for Development, *Physics of Particles and Nuclei*, **45**, 6, pp. 1013–1032 (2014)

65) Einstein, A., Podolsky, B. and Rosen, N.: Can quantum-mechanical description of physical reality be considered complete?, *Phys. Rev.*, **47**, pp. 777–780 (1935)

66) Cereceda, J. L.: Identification of all Hardy-type correlations for two photons or particles with spin 1/2, *Found. Phys. Lett.*, **14**, pp. 401–424 (2001)

67) Bell, J. S.: On the Einstein-Podolsky-Rosen paradox, *Physics*, **1**, pp. 195–200 (1964)

68) Aspect, A., Grangier, P. and Roger, G.: Experimental Tests of Realistic Local Theories via Bell's Theorem, *Phys. Rev. Lett.*, **47**, pp. 460–463 (1981)

69) Clauser, J. F., Horne, M. A., Shimony, A. and Holt, R. A.: Proposed experiment to test local hidden-variable theories, *Phys. Rev. Lett.*, **23**, pp. 880–884 (1969)

70) Cheon, T. and Takahashi, T.: Interference and inequality in quantum decision theory, *Phys. Lett.*, **A375**, pp. 100–104 (2010)

71) Shafir, E. and Tversky, A.: Thinking through uncertainty: Nonconsequential reasoning and choice, *Cogn. Psychol.*, **24**, pp. 449–474 (1992)

72) Tversky, A. and Kahneman, D.: Extension versus intuitive reasoning: The conjunction fallacy in probability judgment, *Psychol. Rev.*, **90**, pp. 293–315 (1983)

73) Harsanyi, J. C.: Games with incomplete information played by "Bayesian" players, *Mgt. Sci.*, **14**, pp. 159–182; *ibid.*, pp. 320–334; *ibid.*, pp. 486–502 (1967)

74) Meyer, D. A.: Quantum strategies, *Phys. Rev. Lett.*, **82**, pp. 1052–1055 (1999)

75) Eisert, J., Wilkens, M. and Lewenstein, M.: Quantum games and quantum strategies, *Phys. Rev. Lett.*, **83**, pp. 3077–3080 (1999)

76) Cheon, T. and Tsutsui, I.: Classical and quantum contents of solvable game theory on Hilbert space, *Phys. Lett.*, **A348**, pp. 147–152 (2006)

77) Cheon, T.: Altruistic duality in evolutionary game theory, *Phys. Lett.*, **A318**, pp. 327–332 (2003)

78) Ichikawa, T., Tsutsui, I. and Cheon, T.: Quantum game theory based on the Schmidt decomposition, *J. of Phys. A: Math. Theor.*, **41**, 135303, p. 29 (2008)

79) Cheon, T. and Iqbal, A.: Bayesian Nash equilibria and Bell inequalities, *Phys. Soc. Jpn.*, **77**, 024801, p. 6 (2008)

80) サクライ, J. J., ナポリターノ, J. 著, 桜井明夫 訳：現代の量子力学（下）第 2 版, 吉岡書店（2015）

81) Chan, H. B., Aksyuk, V. A., Kleiman, R. N., Bishop, D. J. and Capasso, F.: Quantum Mechanical Actuation of Microelectromechanical Systems by the Casimir Force, *Science*, **291**, 1941 (2001)

82) O'Connell, A. D., Hofheinz, M., Ansmann, M., Bialczak, R. C., Lenander, M., Lucero, E., Neeley, M., Sank, D., Wang, H., Weides, M., Wenner, J., Martinis, J. M. and Cleland, A. N.: Quantum ground state

and single-phonon control of a mechanical resonator, *Nature*, **464**, 697, (2010)

83) 高橋　康：電磁気学再入門— QED への準備，講談社（1994）

84) Bordag, M., Geyer, B., Klimchitskaya, G. L., Mohideen, U. and Mostepanenko, V. M.: Advances in the Casimir Effect, Oxford University Press (2009)

85) Chen, F., Klimchitskaya, G. L., Mostepanenko, V. M. and Mohideen, U.: Control of the Casimir force by the modification of dielectric properties with light, *Phys. Rev. B*, **76**, 035338 (2007)

86) ティンカム, M. 著，青木亮三，門脇和男 訳：超伝導入門（上），吉岡書店（2004）

87) Fulton, T. A. and Dunkleberger, L. N.:　Lifetime of the zero-voltage state in Josephson tunnel junctions, *Phys. Rev. B*, **9**, 4760 (1974)

88) Martinis, J. M., Nam, S., Aumentado, J. and Urbina, C. :Rabi oscillations in a large Josephson-junction qubit, *Phys. Rev. Lett*, **89**, 117901 (2002)

89) Bordag, M., Fialkovsky, I. V., Gitman, D. M. and Vassilevich, D. V.: Casimir interaction between a perfect conductor and graphene described by the Dirac model, *Phys. Rev. B*, **80**, 245406 (2009)

90) Exner, P., Keating, J. P., Kuchment, P., Sunada, T. and Teplyaev, A. eds.: Analysis on Graphs and Applications, *AMS "Proc. of Symposia in Pure Math." Ser.*, **77**, Providence, R.I. (2008)

91) Kostrykin, V. and Schrader, R.: Kirchhoff's rule for quantum wires, *J. Phys. A: Math. Gen.*, **32**, pp. 595–630 (1999)

92) Cheon, T., Exner, P. and Turek, O.: Approximation of a general singular vertex coupling in quantum graphs, *Ann. Phys. (NY)*, **325**, pp. 548–578 (2010)

93) Fülöp, T. and Tsutsui, I.: A free particle on a circle with point interaction, *Phys. Lett.*, **A264**, pp. 366–374 (2000)

94) Cheon, T., Exner, P. and Turek, O.: Inverse scattering problem for quantum graph vertices, *Phys. Rev.*, **A83**, 062715, p. 4 (2011)

95) Turek, O. and Cheon, T.: Hermitian unitary matrices with modular permutation symmetry, *Linear Algebra & its Applications*, **469**, pp. 569–593 (2015)

96) Cheon, T. and Turek, O.: Fulop-Tsutsui interactions on quantum graphs, *Phys. Lett.*, **A374**, pp. 4212–4221 (2010)

引 用 ・ 参 考 文 献　　*233*

97) Turek, O. and Cheon, T.: Threshold resonance and controlled filtering in quantum star graphs, *Europhys. Lett.*, **98**, 50005, p. 5 (2011)

98) 朝永振一郎：量子力学 II（第 2 版），みすず書房（1997）

問 題 解 答

【1 章】

(1) $\hat{H}$ を，ψ を展開形で表した式 (1.8) の項別に作用して，式 (1.7) を使う。これは時間微分の作用 $i\hbar\dfrac{\partial}{\partial t} = E_n \times$（$E_n$ の乗算）と等しい。この論法は式 (1.5) 右辺の $\hat{H}$ の形にはよらない。

(2) ψ を展開形で表した式 (1.8) を使って $|\psi|^2$ を計算し，これを 2 重和に展開する。正規直交条件 $\displaystyle\int dx\varphi^*_n(x)\varphi_m(x) = \delta_{nm}$ を使うと $1 = \displaystyle\int |\psi|^2 = \sum |a_n|^2$ を得る。正規直交条件は，簡単のため $n = m$ でのみ $E_n = E_m$（非縮退）を前提として，$\hat{H}$ のエルミート条件 $(H_{nm})^* = H_{mn}$ に式 (1.7) を使って得られる。

(3) 微分計算により，$\dfrac{d^2}{d\xi^2}e^{-\frac{\xi^2}{2}} = (\xi^2 - 1)e^{-\frac{\xi^2}{2}}$ となる。これは $\eta_0 = 1$ を示す。

(4) 式 (1.18) から固有値は $\Delta e_2 = 4$ である。多項式部分は $a_2 = 1$ と設定し，式 (1.16) と式 (1.17) は，それぞれ $-2 = \Delta e_2 a_0$ と $2a_1 = \Delta e_2 a_1$ である。すなわち，$a_0 = -\dfrac{1}{2}$ および $a_1 = 0$ となる。したがって，$H = \xi^2 - \dfrac{1}{2}$ であるが，定数倍して $H = 4\xi^2 - 2$ とすると，規格化条件 $\displaystyle\int dx(\psi_2)^2 = 1$ を満たす。

(5) $\dot{r} = 0$ に注意してラグランジアンを作ると，$L = \dfrac{r^2}{2m}\dot{\theta}^2 - V(\vec{x})$ となる。力学変数は θ であり，その正準運動量が $p_\theta = \dfrac{\partial L}{\partial \dot{\theta}}$ である。ゆえに，単純に考えると，正準量子化は $[\theta, \hat{p}_\theta] = i\hbar$ である。しかし，本システムは拘束条件を持つため，単純な正準量子化が正しいか否かは不明である[98]。矛盾のない方法はディラック括弧の方法であって，これによる正準量子化は **2.2.1** 項で与える。

(6) $1/\sqrt{a + ib} = \sqrt{(a + \gamma)/2}/\gamma - ib/\sqrt{2}\gamma\sqrt{a + \gamma}$（$\gamma \equiv \sqrt{a^2 + b^2}$）を使う。

(7) まず，規格化を度外視して $\psi_\gamma \equiv \uparrow_L\downarrow_R + \gamma\downarrow_L\uparrow_R$ とおく。添字 $^{(L)}$ $^{(R)}$ を付した行列は L (R) 側にのみ作用し，$(\sigma^{(L)}{}_z + \sigma^{(R)}{}_z)\psi_\gamma = (\sigma^{(L)}{}_z\uparrow_L)\downarrow_R + \uparrow_L(\sigma^{(R)}{}_z\downarrow_R) = 0$ は自明である。$\vec{\sigma}^2 = 3I_2$ に注意すると，$(\vec{\sigma}^{(L)} + \vec{\sigma}^{(R)})^2 = 3I_2{}^{(L)} + 3I_2{}^{(R)} + 2\vec{\sigma}^{(L)} \cdot \vec{\sigma}^{(R)}$ である。$\vec{\sigma}^{(L)} \cdot \vec{\sigma}^{(R)} = \displaystyle\sum_{x,y,z} \sigma^{(L)}{}_i\sigma^{(R)}{}_i$ であり，ここで，例えば $\sigma^{(L)}{}_x\sigma^{(R)}{}_x \uparrow_L\downarrow_R = (\sigma^{(L)}{}_x \uparrow_L)(\sigma^{(R)}{}_x \downarrow_R)$ である。これに $\sigma_x \uparrow = \downarrow$ などを使い，$(\vec{\sigma}^{(L)} + \vec{\sigma}^{(R)})^2\psi_\gamma = (4 + 4\gamma)\psi_\gamma$ を得る。ゆえに，$\gamma = -1$ として，スピンの大きさはゼロになる。ちなみに，$\gamma = 1$ のときは，

$(\vec{S}^{(L)} + \vec{S}^{(R)})^2 \psi_{\gamma=1} = 2\hbar^2 \psi_{\gamma=1} = s\hbar(s\hbar + \hbar)\psi_{\gamma=1}$ により $s=1$, すなわち複合系のスピンの大きさは 1 である。

(8) 式 (1.24) から, $\psi^\dagger_{L\vec{n}R\vec{m}} \uparrow_L \downarrow_R$ は L 側の $\uparrow_{L\vec{n}}{}^\dagger \uparrow_L$ と R 側の $\uparrow_{R\vec{m}}{}^\dagger \downarrow_R$ との積 (普通の乗算) である。それぞれは, 式 (1.22) と $\uparrow_L = {}^t[1,0]$, $\downarrow_R = {}^t[0,1]$ を使って, $\uparrow_{L\vec{n}}{}^\dagger \uparrow_L = \cos\dfrac{\theta_{\vec{n}}}{2} e^{i\phi_{\vec{n}}}$ と $\uparrow_{R\vec{m}}{}^\dagger \downarrow_R = \sin\dfrac{\theta_{\vec{m}}}{2}$ である。2 項目 $\psi^\dagger_{L\vec{n}R\vec{m}} \downarrow_L \uparrow_R$ も同様である。$\phi_{\vec{n}} = \phi_{\vec{m}} = 0$ のとき, 三角関数の加法公式が使える。

(9) 解図 1.1 を参照。「女」で「40 歳未満」はケリー, サーシャの 2 人である。このうちサーシャは「女」で「有段」ではない。また, ケリーは「40 歳未満」で「有段」である。すなわち, 式 (1.51) の直下に記した事実を確認できる。

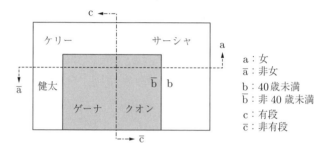

解図 1.1 5 人グループのベン図による分類

【2 章】

(1) 式 (2.74) 以降に示したディラック括弧 (2.83), (2.84), (2.85) を交換関係に置き換え, 各交換関係の右辺に $i\hbar$ を乗じる。パラメータ θ で $x_1 = r\cos\theta$, $x_2 = r\sin\theta$ と表現し, これを, 交換関係を満たす線形演算子表現 $\hat{p}_{x_1} = -i\hbar(\nabla_1{}^{f_1} + \nabla_2{}^g)$, $\hat{p}_{x_2} = -i\hbar(\nabla_2{}^{f_2} + \nabla_1{}^g)$ に使う。

(2) 交換関係の設定のためには, 行列 $\mathbf{a}$, $\mathbf{b}$, $\mathbf{c}$ が必要である。状態変数のソースは $\vec{f} \equiv [x_2; gu+F]$ である。$L + \overleftarrow{\lambda}\vec{f}$ を x_i, u で偏微分して $\mathbf{a} = [0; \lambda_2 g]$, また $\vec{f}$ を u で偏微分すると $\mathbf{c} = [0; g]$ となる。ゆえに, ${}^t\mathbf{c}\mathbf{a} - {}^t\mathbf{a}\mathbf{c} = 0$ となって $[\hat{u}, \hat{\vec{\lambda}}] = \vec{0}$ である。さらに, $\mathbf{b} = \dfrac{\partial \dfrac{mu^2}{2}}{\partial u^2} = m$ と定数である。ゆえに, $[\vec{x}, \hat{u}] = iH_R\left[0; \dfrac{g}{m}\right]$ から $\hat{u} = -i\dfrac{H_R}{m}\left(g\dfrac{\partial}{\partial x_2} + \dfrac{1}{2}\dfrac{\partial g}{\partial x_2}\right)$ となる。これは, $\hat{\vec{\lambda}} = iH_R\dfrac{\partial}{\partial \vec{x}}$ を考慮すれば, $[\hat{u}, \hat{\vec{\lambda}}] = \vec{0}$ も満たす。

(3) $\{\cdots\}^{-\frac{1}{2}}$ に対し, 1 章の章末問題 (6) の解答の式を使う。

（4） $\theta \equiv \omega(t - t_F)$ による $\dot{\theta} = \omega$ と $\dfrac{d\mathcal{F}}{d\theta}\mathcal{G} - \mathcal{F}\dfrac{d\mathcal{G}}{d\theta} = 1 - \dfrac{4f^2}{m^2\omega^2}$ を使う。終期条件は，$t = t_F$ のとき $\theta = 0$ を使う。

（5） $\hat{H}$ を $\psi_0(\vec{x})$ に作用すると，定数項 $E_0\psi_0$ と x_1, x_2 の 2 次形式を係数とする ψ_0 が残る。後者は $A = [A_{11}, A_{12}; A_{21}, A_{22}]$, $B = [0; 1]$, 対角行列 Q $\left(Q_{11} = \dfrac{m\omega_1{}^2}{2}\right.$, $Q_{22} = \dfrac{m\omega_2{}^2}{2}\right)$ と $R = \dfrac{m}{2}$ に対するリッカチ行列 $P = [K_{11}, K_{12}; K_{12}, K_{22}]$ のリッカチ方程式 ${}^t\!AP + PA + Q - PBR^{-1}{}^t\!BP = 0$ により，$x_1{}^2$, $x_1 x_2$, $x_2{}^2$ それぞれの係数はゼロになる。

（6） $D_i \equiv -iH_R\dfrac{\partial}{\partial x_i}$, $P_i \equiv p_i + \dfrac{iH_R}{2}\dfrac{\partial}{\partial X_i}$ として，$h\left(\vec{X} + \dfrac{\vec{r}}{2}\right)D_1{}^{n_1}D_2{}^{n_2}\delta(\vec{r}) = \displaystyle\iint \dfrac{d\vec{p}}{(2\pi H_R)^2}e^{i\frac{\vec{p}\vec{r}}{H_R}}P_1{}^{n_1}P_2{}^{n_2}h(\vec{X})$ と $\hat{H} = \displaystyle\sum h_{n_1 n_2}(\vec{x})D_1{}^{n_1}D_1{}^{n_2}$ を使う。ここで，$h_{02} = \dfrac{g^2}{2m}$, $h_{10} = F_1$, $h_{01} = F_2$, および $h_{00} = -V_{\mathrm{cost}} - \dfrac{iH_R}{2}\mathrm{div}\vec{F}$ である。これらを $H^q = \displaystyle\sum P_1{}^{n_1}P_2{}^{n_2}h_{n_1 n_2}(\vec{X})$ に代入して c 数ハミルトニアン H^q が算出される。

（7） 式 (2.287) を展開すると，式 (2.139) で $h_2 = \dfrac{g^2}{2m}$, $h_1 = -\dfrac{iH_R}{m}gg' + F$, $h_0 = -\dfrac{H_R^2}{2m}\left\{\dfrac{gg'}{2} + \dfrac{(g')^2}{4}\right\} - V - \dfrac{iH_R}{2}F'$ である。これらを式 (2.140) に代入して式 (2.141) を得る。なお，非エルミートであれば，$\hat{H}_x = -\dfrac{H_R^2}{2m}\left(g\dfrac{\partial}{\partial x}\right)^2 - V - iH_R F\dfrac{\partial}{\partial x}$ から $h_2 = \dfrac{g^2}{2m}$, $h_1 = F - \dfrac{iH_R}{2m}gg'$, $h_0 = -V$ と計算され，c 数ハミルトニアンは $H^q = H + iH_R\dfrac{pgg'}{2m} + iH_R\dfrac{F'}{2}$ である。ここでも右辺第 2 項の量子揺らぎ項を H_R で除したあとに，$H_R = 0$ での特異性は発生しない。また，質点力学のハミルトニアンでは，$h_2 = \dfrac{1}{2m}$, $h_1 = 0$, $h_0 = V$ から $H^q(p, x) = H(p, x) = \dfrac{p^2}{2m} + V$ と計算され，解析力学のハミルトニアンと同一である。

【3 章】

（1） 量子状態 $\dfrac{1}{\sqrt{2}}(|00\rangle + |11\rangle) = (a|0\rangle + b|1\rangle)\otimes(c|0\rangle + d|1\rangle) = ac|00\rangle + ad|01\rangle + bc|10\rangle + bd|11\rangle$ となるが，$ac = \dfrac{1}{\sqrt{2}}$, $ad = bc = 0$, $bd = \dfrac{1}{\sqrt{2}}$ を満たす a, b, c, d は存在しない。したがって，量子状態 $\dfrac{1}{\sqrt{2}}(|00\rangle + |11\rangle)$ はテンソル積に分解できないもつれ状態である。

(2) $U = \begin{bmatrix} 1 & 0 & 0 & 0 \\ 0 & 0 & 1 & 0 \\ 0 & 1 & 0 & 0 \\ 0 & 0 & 0 & 1 \end{bmatrix}$

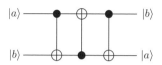

(3) 回路の出力例を**解表 3.1** に示す。

解表 3.1

	AND	OR	XOR	NAND	NOR
θ_1	$\pi/8$	$\pi/8$	$\pi/4$	$-3\pi/8$	$3\pi/8$
θ_2	$\pi/8$	$-\pi/8$	$-\pi/4$	$-\pi/8$	$\pi/8$
θ_3	$-\pi/8$	$-\pi/8$	0	$\pi/8$	$\pi/8$
θ_4	$-\pi/8$	$\pi/8$	0	$\pi/8$	$-\pi/8$

(4) $|\psi_k\rangle = \alpha_k |X\rangle + \beta_k |Y\rangle$ $\left(\text{ここで, } |X\rangle = \sum_{i \neq Y}^{N-1} |i\rangle\right)$ とおけば, $|\psi_0\rangle = |S\rangle = \frac{1}{\sqrt{N}} \sum_{i=0}^{N-1} |i\rangle = \alpha_0 |X\rangle + \beta_0 |Y\rangle$ $\left(\alpha_0 = \beta_0 = \frac{1}{\sqrt{N}}\right)$ であり, $U_S U_Y |X\rangle = \frac{N-2}{N} |X\rangle + \frac{2(N-1)}{N} |Y\rangle$, $U_S U_Y |Y\rangle = \frac{-2}{N} |X\rangle + \frac{N-2}{N} |Y\rangle$ が得られるから, $|\psi_k\rangle = U_S U_Y |\psi_{k-1}\rangle$ より $\alpha_k = \frac{N-2}{N} \alpha_{k-1} + \frac{-2}{N} \beta_{k-1}$, $\beta_k = \frac{2(N-1)}{N} \alpha_{k-1} + \frac{N-2}{N} \beta_{k-1}$ となる。よって, $\alpha_1 = \frac{1}{\sqrt{N}} \left(1 - \frac{4}{N}\right)$, $\beta_1 = \frac{1}{\sqrt{N}} \left(3 - \frac{4}{N}\right)$, $\alpha_2 = \frac{1}{\sqrt{N}} \left(1 - \frac{12}{N} + \frac{16}{N^2}\right)$, $\beta_2 = \frac{1}{\sqrt{N}} \left(5 - \frac{20}{N} + \frac{16}{N^2}\right)$ となる。また, $\alpha_k = \frac{1}{\sqrt{N-1}} \cos(2k+1)\theta$, $\beta_k = \sin(2k+1)\theta$ $\left(\text{ただし, } \cos\theta = \sqrt{1 - \frac{1}{N}}, \sin\theta = \sqrt{\frac{1}{N}}\right)$ である。よって, $\beta_m = \sin(2k+1)\theta = 1$ となる m は, $(2m+1)\theta = \frac{\pi}{2}$ より $m = \frac{\pi}{4\theta} - \frac{1}{2}$, $N \gg 1 \to \sin\theta \approx \theta$ である。したがって, $m = \frac{\pi}{4\theta} - \frac{1}{2} \approx \frac{\pi}{4}\sqrt{N} - \frac{1}{2} \sim \sqrt{N}$ となる。

238　問　題　解　答

【4章】

（1）与件状態 $|c)$ を分解した係数 c_0, c_1 は，与件を与える確率 p_0, p_1 で $c_0 = \sqrt{p_0}$, $c_1 = \sqrt{p_1}$ と書かれることに注意する。一方，与件 $|0)$ のもとでの選択を表す状態を分解した係数 A_0, A_1 は，選択の確率 $q_{0|0}$, $q_{1|0}$ を用いて $A_0 = \sqrt{q_{0|0}}$, $A_1 = \sqrt{q_{1|0}}$ と書くことができる。同様に，与件 $|1)$ のもとでの選択を考えることができて，$B_0 = \sqrt{q_{0|1}}$, $B_1 = \sqrt{q_{1|1}}$ を得る。式 (4.21), (4.22) にこの置き換えを行い，さらに置き換え $\chi = \chi_0$, $\chi - \phi = \chi_1$ を行うと，式 (4.23), (4.24) に至る。

（2）まず，セレセーダ不等式 (4.8), (4.9) に登場する確率を，不完備情報量子ゲームでの選択確率に書き直すことを考える。測定軸 z, x がそれぞれプレーヤタイプ $\{0\}$, $\{1\}$ に相当し，測定結果 $+$, $-$ がそれぞれ戦略 0, 1 に対応することに注意すれば，$P_{z,z}(+,+) \to P_{0,0}^{\{0,0\}}$, $P_{z,z}(+,-) \to P_{0,1}^{\{0,0\}}$, $P_{z,z}(-,-) \to P_{1,1}^{\{0,0\}}$ といった置き換えができる。同様に，$P_{x,x}(+,+) \to P_{0,0}^{\{1,1\}}$, $P_{x,x}(-,+) \to P_{1,0}^{\{1,1\}}$, $P_{x,x}(-,-) \to P_{1,1}^{\{1,1\}}$ という書き換え，さらに $P_{z,x}(+,+) \to P_{0,0}^{\{0,1\}}$, $P_{z,x}(-,-) \to P_{1,1}^{\{0,1\}}$，また $P_{x,z}(+,+) \to P_{0,0}^{\{1,0\}}$, $P_{x,z}(-,-) \to P_{1,1}^{\{1,0\}}$ の書き換えができる。これらの置換によって，不等式 (4.127), (4.128) が得られるが，これらの不等式の左辺は，式 (4.117), (4.118) で与えられるゲームの効用関数 Π_A, Π_B を構成する二つの項であり，ただちにベル不等式の成立と $\Pi_A \leqq 0$, $\Pi_B \leqq 0$ が同等であることが帰結する。

【5章】

（1）**5.1.2** 項で導入したカットオフ関数を用いて，第 1 項と第 2 項の和 $V_1(a, L)$ $\equiv E_{1d}(a) + E_{1d}(L - a)$ を λ でマクローリン展開すると

$$V_1(a, L) = \frac{\hbar c}{2}\left[\frac{L}{\pi^2 \lambda^2} + \frac{L}{12a(a - L)} + \mathcal{O}(\lambda^2)\right]$$

となる。同様に第 3 項 $V_2(a, L) \equiv 2E_{1d}(L/2)$ を計算すると

$$V_2(a, L) = \frac{\hbar c}{2}\left[\frac{L}{\pi^2 \lambda^2} - \frac{1}{3L} + \mathcal{O}(\lambda^2)\right]$$

となる。したがって，カシミールエネルギーは

$$E_{1d}(L) = \lim_{L \to \infty}(V_1(a, L) + V_2(a, L))$$

$$= -\frac{\hbar c}{24a}$$

となり，**5.1.2** 項と同じ結果を得る。この導出方法では，大きな空間の中央に鏡を置き，そのときにエネルギーをゼロとしている。その上で可動鏡を動かし

エネルギーの変化を計算している。**5.1.2** 項で L が大きいとして積分で置き換えた操作が不要となっている。

つぎに，量子数が $1/2$ だけずれた場合，つまり，ゼロ点エネルギーが $1/2\hbar\omega$，$3/2\hbar\omega$，$\cdots$ となる系のカシミールエネルギーを考える。上と同じ方法で計算すると，$\hbar c/(48a)$ となり，a の単調減少関数となる。よって，カシミール力は斥力となり，可動鏡は中央の位置が最も安定な位置になる。このような系は，波動関数の境界条件が両端の鏡ではゼロ，可動鏡では微分係数がゼロとなる場合に該当し，カシミール力は斥力になる。3 次元電磁場の場合で考えると，両端の鏡が完全導体，可動壁が完全磁性体（透磁率が無限大で誘電率が 1 となる仮想上の物体）に対応し，カシミール力は斥力になる。このように高い周波数でも磁性を有する物体（例えばメタマテリアル）に作用するカシミール力は斥力になりうる。

(2) 位置の不確定さを $(\Delta x)^2 \equiv \langle x^2 \rangle - \langle x \rangle^2$ とする。ここで，$\langle x \rangle$ は位置の期待値でゼロである。$\langle x^2 \rangle$ は位置の 2 乗の期待値で $\hbar/(2m\omega)$ ある。カンチレバーの固有振動数 ω は 3.9×10^5 rad/s であるから，位置の不確定さ $\sqrt{\hbar/2m\omega}$ は 1.4×10^{-15} m（およそ陽子 1 個分の大きさ）となる。

(3) フロップ‐筒井型に適用できる散乱行列の式 (5.89) で，$n = 4$，$m = 2$ として，ここで与えられた $T = \begin{pmatrix} a & a \\ a & -a \end{pmatrix}$ を直接代入する。このとき

$$\left(I^{(2)} + TT^\dagger\right)^{-1} = \begin{pmatrix} \dfrac{1}{1+2a^2} & 0 \\ 0 & \dfrac{1}{1+2a^2} \end{pmatrix}$$

に注意すると，式 (5.109) を容易に得ることができる。また，この T から A，B が

$$A = \begin{pmatrix} 0 & 0 & 0 & 0 \\ 0 & 0 & 0 & 0 \\ -a & -a & -1 & 0 \\ -a & a & 0 & -1 \end{pmatrix}, \quad B = \begin{pmatrix} 1 & 0 & a & a \\ 0 & 1 & a & -a \\ 0 & 0 & 0 & 0 \\ 0 & 0 & 0 & 0 \end{pmatrix}$$

と与えられることに注意すれば，これを散乱行列の式 (5.64) に代入して，逆行計算を含む少し手間のかかる計算を行うことで，やはり式 (5.109) を得ることができる。

索　　　引

【あ】

アインシュタイン　　144
アスペ　　　147
アダマール　　215–217, 219
アダマール変換　　105
アフィンシステム　　48

【い】

意識理論　　98
位　相　142, 143, 149, 151,
　　　162, 167, 174, 218
位相操作　　105
位相反転操作部　　132
位相変換ゲート　　116
一般化シュレディンガー
　　方程式　　40

【え】

エージェント　　148–151
エックルス-ベック理論　　98
エルミート　　205, 212, 214,
　　　215, 217, 224

【か】

解析力学　　36
階層型ニューラルネット
　　ワーク　　111
回転ゲート演算　　116
ガウス積分　　61
可逆論理ゲート　　99
拡　散　　81
学習過程　　111
確率解釈　　97, 99, 100,
　　　121, 124, 130
確率振幅　　100
確率波　　4
確率分布　　141–143
隠れた変数
　　　141, 144, 145, 147
重ね合わせ　　99
重ね合わせ原理　　36
カシミール効果　　180
活動電位　　110
カーネマン　　153
カラー画像圧縮復元問題　133
干　渉　142, 143, 152,
　　　167, 178, 223
観　測
　　　141–143, 145, 146, 177
カンファレンス行列　215–218

【き】

基本量子論理ゲート　　104
逆散乱　　203, 214
強化学習　　112
教師あり学習　　112
教師なし学習　　112

【く】

空間境界条件　　68
グラフェン共振器　　197

【け】

計算基底　　100
経路積分　　12
決定論　　141, 144, 145
ケットベクトル　　100

【こ】

コインフリップ　　162
交換関係　　13
更新則　　111
拘束力学　　40
効用関数　　154, 156, 160,
　　164, 166, 167, 169, 177
誤差逆伝播ニューラルネット
　　ワーク　　111
古典ビット　　100
古典力学　　12
固有値方程式　　9

【さ】

散乱行列　　206, 207,
　　212–215, 218, 219, 221

【し】

しきい値　　110, 203, 223
軸　索　　110
シグモイド関数　　111
自己共役　　203, 210
自己組織化ネット　　112
自己符号化器　　133
実数値階層型ニューラル
　　ネットワーク　　123
自動運転　　108
シナプス結合　　110
シナプス結合荷重パラメータ
　　　111
集合論的に自明な不等式　24
収　縮　　141, 142
囚人のジレンマ　　158, 159,

161, 162, 167, 170
自由接続 217
樹状突起 110
シュレディンガー方程式 4
状態フィードバック 54
状態方程式 38
ジョセフソン接合 191
人工知能 108
深層学習 97, 134

【す】

スピン 142–144, 146, 147, 163, 172, 177
スピン $\frac{1}{2}$ 5

【せ】

制御定数 H_R 47
制御 NOT ゲート演算 117
正準運動量 13
正準量子化 12
接続行列 204, 208, 210, 214, 219
セレセーダ 146, 177, 179

【そ】

相関演算子 164
相関均衡 171
相互結合型ニューラルネットワーク 111
相補性 141
測定の作業仮説 9

【た】

対応原理 14
対称化の演算 47
対流 81
多状態操作 104

【ち】

超伝導 190

【つ】

追加コスト 30

【て】

定常位相条件 55
定常最適制御 71
ディラック括弧 43
デルタ型 208, 212, 217, 218
デルタプライム型 208, 209, 212
テンソル積 103

【と】

当然原理 152, 162
トンネル効果 12

【な】

ナッシュ均衡 155–158, 166, 167, 169, 170, 173
ナノメカニカル共振器 180

【に】

二重スリットによる干渉 12
入力の最適性条件 43
ニューラルネットワーク 109
ニューロン 109

【の】

ノイマン 149, 162

【は】

排他的論理和（XOR） 105
バインディング問題 113
ハーサニィ 160, 161, 173
パーセプトロン 111
発火状態 115
波動関数 99
── の固有モード 4
波動方程式 97
ハミルトニアン 7, 203, 210
ハミルトニアン演算子 8
ハミルトン原理 37
ハミルトン-ヤコビ方程式 40
── の一般化 54
パレート効率 158, 159,

167, 170

【ひ】

微小管 98
非線形最適フィードバック制御 37
ヒルベルト 162, 164, 173
ヒルベルト空間 100

【ふ】

不確定性原理 6
不完備情報 160, 161, 173, 175, 178
複素関数表示 116
複素数値化 130
複素数値ニューラルネットワーク 123
複素数値ニューロンモデル 124
物質波 6
ブラケットベクトル記法 100
ブラベクトル 100
プランク定数 5
フロップ-筒井型 203, 210, 214, 217, 218, 221, 223
ブロッホ球 100
分岐 81

【へ】

ベイズ-ナッシュ均衡 160, 161, 175–177
ベル 24, 144, 146, 147, 173, 177

【ほ】

ポアソン括弧 13
── の交換関係への置き換え 14
ホジキン-ハクスレー回路 110
補助変数 39
ホップフィールドネットワーク 111
ボーム 144
ボルツマン因子 91

ボルツマン分布	87	
ボルツマンマシン	111	

【ま】

膜電位　110

【む】

無反射　203, 215, 219, 221

【め】

メトロポリス法　90

【も】

もつれ状態（エンタングルメント）　106

モンテカルロ法　87

【ゆ】

有効理論　140, 147, 173
ユニタリー　210, 214, 215, 217, 224
ユニタリー行列　105
ユニタリー変換　99

【よ】

与件　148–153
弱い等式　41

【ら】

ラグランジュ未定乗数　41

ランダムウォーク　81

【り】

利他性　167, 169, 170
リッカチ方程式　65
流束　203, 204, 211
量子誤り補正　104
量子アルゴリズム　98
量子エンタングルメント効果　132
量子回路　99
量子回路対応ネットワーク　121
量子重ね合わせ状態　130
量子機械　180
量子機械学習　97
量子計算　99
量子計算知能　97
量子計算導入効果　130
量子検索アルゴリズム　98, 106
量子コンピュータ　97
量子生物学　98
量子チューリングマシン　99
量子的もつれ　99, 143, 144, 162–165, 171, 172, 174
量子的もつれ状態（量子エンタングルメント）　103, 118, 130
量子的粒子群最適化法　99
量子転送　104

量子ニューラルネットワーク　99
量子ニューロコンピューティング　113
量子脳力学理論　98
量子バイオロジー　98
量子ビット　100
量子ビットニューラルネットワーク　123
量子ビットニューロンモデル　115
量子描像ニューラルネットワーク　99
量子フィルタ　221
量子並列計算　99
量子ポテンシャル　12
量子力学の観測問題　98
量子論理回路　104

【れ】

連結確率　143, 146, 149, 151, 152, 164, 165, 172–174, 176
連言錯誤　153

【ろ】

論理回路　104

【英字】

AI ビジネス　108
AND ゲート　104
c 数ハミルトニアン　58
Complex-valued NN　123
n ビット符号問題　123
NAND ゲート　104

NOT ゲート　104
psips　81
Qubit NN　123
Real-valued NN　123

【数字】

1 エポック　126

1 量子ビットのユニタリー変換ゲート　104
2 項積　104
2 状態量子系　100
2 量子ビットの制御 NOT ゲート　104
3 ビット量子回路　117

―― 著 者 略 歴 ――

伊丹 哲郎（いたみ　てつろう）

1975年	京都大学理学部物理学科卒業
1977年	京都大学大学院工学研究科修士課程修了（原子核工学専攻）
1980年	京都大学大学院工学研究科博士課程単位取得退学（原子核工学専攻）
1980年	京都大学研究員
1982年	バブコック日立株式会社勤務
2003年	博士（工学）（大阪大学）
2005年	大阪大学特別研究員
2009年	広島国際大学教授
2015年	福岡県ロボット産業振興会議

松井 伸之（まつい　のぶゆき）

1975年	京都大学理学部物理学科卒業
1977年	京都大学大学院工学研究科修士課程修了（原子核工学専攻）
1980年	京都大学大学院工学研究科博士課程修了（原子核工学専攻）
	工学博士
1984年	近畿大学助手
1987年	近畿大学講師
1993年	姫路工業大学教授
1998年	姫路工業大学教授
2004年	兵庫県立大学教授
2017年	兵庫県立大学名誉教授・特任教授
	現在に至る

乾 徳夫（いぬい　のりお）

1990年	関西学院大学理学部物理学科卒業
1992年	神戸大学大学院理学研究科修士課程修了（地球科学専攻）
1995年	東北大学大学院情報科学研究科博士課程修了（イメージ解析学専攻）博士（情報科学）
1995年	姫路工業大学助手
2001年	姫路工業大学講師
2003年	姫路工業大学助教授
2004年	兵庫県立大学助教授
2007年	兵庫県立大学准教授
	現在に至る

全 卓樹（ぜん　たくじゅ）

1980年	東京大学理学部物理学科卒業
1982年	東京大学大学院理学系研究科修士課程修了（物理学専攻）
1985年	東京大学大学院理学系研究科博士課程修了（物理学専攻）理学博士
1985年	ミシガン州立大学研究員
1986年	ジョージア大学客員助教授
1987年	メリーランド大学研究員
1990年	法政大学助手
1997年	高知工科大学助教授
2006年	高知工科大学教授
	現在に至る

量子力学的手法によるシステムと制御
Quantum pictures in systems and optimal control
　　　　　　　　　　　　　　© 公益社団法人 計測自動制御学会 2017

2017 年 12 月 27 日　初版第 1 刷発行

検印省略	編　者	公益社団法人 計 測 自 動 制 御 学 会
	著　者	伊　　丹　　哲　　郎 松　　井　　伸　　之 乾　　　　　徳　　夫 全　　　　　卓　　樹
	発 行 者	株式会社　コ ロ ナ 社 代 表 者　牛来真也
	印 刷 所	三美印刷株式会社
	製 本 所	有限会社　愛千製本所

112-0011　東京都文京区千石 4-46-10
発 行 所　株式会社　コ ロ ナ 社
CORONA PUBLISHING CO., LTD.
Tokyo Japan
振替 00140-8-14844・電話(03)3941-3131(代)
ホームページ　http://www.coronasha.co.jp

ISBN 978-4-339-03356-4　C3353　Printed in Japan　　　　(新宅) G

本書のコピー，スキャン，デジタル化等の無断複製・転載は著作権法上での例外を除き禁じられています。
購入者以外の第三者による本書の電子データ化及び電子書籍化は，いかなる場合も認めていません。
落丁・乱丁はお取替えいたします。

システム制御工学シリーズ

(各巻A5判，欠番は品切です)

■編集委員長　池田雅夫
■編集委員　足立修一・梶原宏之・杉江俊治・藤田政之

配本順		著者	頁	本体
2.（1回）	信号とダイナミカルシステム	足立修一著	216	2800円
3.（3回）	フィードバック制御入門	杉江俊治 藤田政之 共著	236	3000円
4.（6回）	線形システム制御入門	梶原宏之著	200	2500円
5.（4回）	ディジタル制御入門	萩原朋道著	232	3000円
6.（17回）	システム制御工学演習	杉江俊治 梶原宏之 共著	272	3400円
7.（7回）	システム制御のための数学（1） ―線形代数編―	太田快人著	266	3200円
8.	システム制御のための数学（2） ―関数解析編―	太田快人著		
9.（12回）	多変数システム制御	池田雅夫 藤崎泰正 共著	188	2400円
10.（22回）	適応制御	宮里義彦著	近刊	
11.（21回）	実践ロバスト制御	平田光男著	228	3100円
13.（5回）	スペースクラフトの制御	木田隆著	192	2400円
14.（9回）	プロセス制御システム	大嶋正裕著	206	2600円
17.（13回）	システム動力学と振動制御	野波健蔵著	208	2800円
18.（14回）	非線形最適制御入門	大塚敏之著	232	3000円
19.（15回）	線形システム解析	汐月哲夫著	240	3000円
20.（16回）	ハイブリッドシステムの制御	井村順一 東俊一 増淵泉 共著	238	3000円
21.（18回）	システム制御のための最適化理論	延山英沢 瀬部昇 共著	272	3400円
22.（19回）	マルチエージェントシステムの制御	東俊一 永原正章 編著	232	3000円
23.（20回）	行列不等式アプローチによる制御系設計	小原敦美著	264	3500円

定価は本体価格+税です。
定価は変更されることがありますのでご了承下さい。

図書目録進呈◆

計測・制御テクノロジーシリーズ

（各巻A5判，欠番は発行しません）

■計測自動制御学会 編

配本順				頁	本体
1.（9回）	計測技術の基礎	山﨑 中	弘郎 充	共著	254	3600円
2.（8回）	センシングのための情報と数理	出本 口多	光一郎 敏	共著	172	2400円
3.（11回）	センサの基本と実用回路	中沢 松井 山田	信明 利一 功	共著	192	2800円
4.（17回）	計測のための統計	椿 広 寺本 顕	計武	共著	近刊	
5.（5回）	産業応用計測技術	黒森 健	一他著		216	2900円
6.（16回）	量子力学的手法による システムと制御	伊丹・松井 乾・全		共著	256	3400円
7.（13回）	フィードバック制御	荒木 光彦 細江 繁幸		共著	200	2800円
8.（1回）	線形ロバスト制御	劉 康志著			228	3000円
9.（15回）	システム同定	和田・奥 田中・大松		共著	264	3600円
11.（4回）	プロセス制御	高津 春雄編著			232	3200円
13.（6回）	ビークル	金井 喜美雄他著			230	3200円
15.（7回）	信号処理入門	小畑 秀文 浜田 望 田村 安孝		共著	250	3400円
16.（12回）	知識基盤社会のための 人工知能入門	國藤 進 中田 久 羽山 豊彩 徹		共著	238	3000円
17.（2回）	システム工学	中森 義輝著			238	3200円
19.（3回）	システム制御のための数学	田村 捷利 武藤 康彦 笹川 徹史		共著	220	3000円
20.（10回）	情報数学 —組合せと整数および アルゴリズム解析の数学—	浅野 孝夫著			252	3300円
21.（14回）	生体システム工学の基礎	福岡 豊 内山 孝憲 野村 泰伸		共著	252	3200円

定価は本体価格+税です。
定価は変更されることがありますのでご了承下さい。

図書目録進呈◆